Heidelberger Taschenbücher Band 43

D1735550

Hans Grauert · Ingo Lieb

Differential- und Integralrechnung III

Integrationstheorie
Kurven- und Flächenintegrale
Vektoranalysis

Zweite, neubearbeitete und erweiterte Auflage

Mit 40 Abbildungen

Springer-Verlag
Berlin Heidelberg New York 1977

Prof. Dr. Hans Grauert
Mathematisches Institut der Universität Göttingen

Prof. Dr. Ingo Lieb
Mathematisches Institut der Universität Bonn

AMS Subject Classifications (1970): 26A42, 26A66
ISBN 3-540-08383-9 Springer-Verlag Berlin Heidelberg New York
ISBN 0-387-08383-9 Springer-Verlag New York Heidelberg Berlin

Library of Congress Cataloging in Publication Data. Grauert, Hans, 1930–. Differential- und Integralrechnung. (Heidelberger Taschenbücher, Bd. 26, 36, 43). Vol. 2 by Hans Grauert and Wolfgang Fischer. Includes earlier editions of each volume. Includes bibliographies. Contents. – 1. Funktionen einer reellen Veränderlichen. (4., verb. Aufl.) (2., verb. Aufl.) – 2. Differentialrechnung in mehreren Veränderlichen, Differentialgleichungen. – 3. Integrationstheorie. Kurven- und Flächenintegrale. (2. Aufl.). 1. Calculus. I. Lieb, Ingo, 1939– joint author. II. Fischer, Wolfgang, 1936– joint author. III. Title. QA303.G773. 517. 67-18965

Das Werk ist urheberrechtlich geschützt. Die dadurch begründeten Rechte, insbesondere die der Übersetzung, des Nachdruckes, der Entnahme von Abbildungen, der Funksendung, der Wiedergabe auf photomechanischem oder ähnlichem Wege und der Speicherung in Datenverarbeitungsanlagen bleiben, auch bei nur auszugsweiser Verwertung, vorbehalten. Bei Vervielfältigungen für gewerbliche Zwecke ist gemäß § 54 UrhG eine Vergütung an den Verlag zu zahlen, deren Höhe mit dem Verlag zu vereinbaren ist.
© by Springer-Verlag Berlin Heidelberg 1968, 1977.
Printed in Germany.
Gesamtherstellung: Universitätsdruckerei H. Stürtz AG, Würzburg
2144/3140-543210

Heinrich Behnke
gewidmet

Vorwort zur zweiten Auflage

Um dem Anfänger das Verständnis des Buches zu erleichtern, haben wir die Integration über Radonsche Maße in der Neuauflage nicht mehr behandelt. In vielen Lehrbüchern spielt der Formalismus der Vektoranalysis noch eine große Rolle. Wir haben ihm daher ein zusätzliches Kapitel des Buches (Kap. IV) gewidmet und dort insbesondere den Zusammenhang der Formeln des Kalküls der Differentialformen mit denen der Vektoranalysis dargestellt. Weiter werden in diesem Kapitel Kurven- und Flächenintegrale und damit die klassischen Integralsätze von Gauß und Stokes anschaulich interpretiert. Für die Anfertigung der zugehörigen Skizzen möchten wir Herrn Spindler herzlich danken.

Göttingen und Bonn, im April 1977

H. Grauert
I. Lieb

Aus dem Vorwort zur ersten Auflage

Der dritte und letzte Teil unserer Darstellung der Differential- und Integralrechnung ist der Integrationstheorie im $\mathbb{R}^n$ gewidmet. Er ist gedacht für Mathematik- und Physikstudenten des dritten und vierten Semesters. Zum Verständnis wird der Stoff von Band I und ein kleiner Teil des Stoffes von Band II vorausgesetzt.

1. Wir beginnen (in Kap. I) mit dem Lebesgueschen Integral im $\mathbb{R}^n$.

Die Definition des Integrals in § 2 ist wieder so gefaßt, daß sie sich unverändert auf allgemeinste Fälle überträgt, z.B. auf Funktionen mit Werten in einem topologischen Vektorraum V. Selbstverständlich muß V ein lokal-konvexer Hausdorff-Raum sein, wenn man sinnvolle Ergebnisse erwarten will. In diesem Fall werden Funktionsbereiche folgendermaßen erklärt: Es sei $W \subset \mathbb{R}^n \times V$ eine offene Menge, so daß für jeden Punkt $\mathfrak{x} \in \mathbb{R}^n$ der Durchschnitt $(\{\mathfrak{x}\} \times V) \cap W$ nichtleer und konvex ist; ferner gebe es eine kompakte Menge $K \subset \mathbb{R}^n$ mit $(\mathbb{R}^n - K) \times \{0\} \subset W$. Alle Funktionen $f\colon \mathbb{R}^n \to V$, deren Graph zu W gehört, bilden dann den durch W bestimmten Funktionsbereich $\mathfrak{F}$. Vektorräume $\mathfrak{T}$ von Treppenfunktionen (mit Werten in V) lassen sich wie in § 1 definieren; die Aussage „$t \in\in \mathfrak{F}$" bedeutet jetzt, daß (wir übernehmen die Bezeichnungen von § 1) alle Mengen $U_J^* \times \bigcup_{K \subset J} t(U_K^*)$ in W liegen.[1] Jetzt liefert Definition 2.5 die Definition des Integrals einer Funktion $f\colon \mathbb{R}^n \to V$ bezüglich eines Maßes $\mu\colon \mathfrak{T} \to V$; der Wert $A = \int f\,d\mu$ ist also ein Element[2] von V. (Die in Def. 2.5 auftretenden ε-Umgebungen sind natürlich durch beliebige Umgebungen von A zu ersetzen.)

Bei dem von uns gewählten Aufbau der Integrationstheorie ist es nicht nötig, die Maßtheorie in allen Feinheiten zu entwickeln;

---

[1] In den Begriffsbildungen der 2. Auflage bedeutet „$t \in\in \mathfrak{F}$", daß die abgeschlossene Hülle des Graphen von $t\,|\,\mathbb{R}^n - \partial\mathfrak{U}$ in W liegt.

[2] Bei N. Bourbaki ist A ein Element des Bidualraums von V.

wir begügen uns mit dem Nachweis, daß die meßbaren Mengen eine σ-Algebra bilden, auf welcher der Inhalt als σ-additives Funktional operiert, und daß jede offene Menge meßbar ist.

2. Das zweite Kapitel bringt den Begriff der alternierenden Differentialform. Die multilineare Algebra wird in dem Umfang, in dem wir sie brauchen, mitbehandelt. Differentialformen sind die natürlichen Integranden der in Kap. III untersuchten Flächenintegrale. Hier werden auch die wichtige Transformationsformel für die Integration in n Veränderlichen und der Stokessche Satz bewiesen. Die Integration erfolgt über (kompakte) „gepflasterte" Flächen; das Integral erweist sich dabei als unabhängig von der Auswahl der Pflasterung. Da sich jede glatte Fläche $\mathfrak{F}$ in natürlicher Weise pflastern läßt, ist eine Integration über $\mathfrak{F}$ stets möglich. Ähnlich dürfte jede kompakte semianalytische Menge (mit Singularitäten!) Pflasterungen besitzen.

Die letzten beiden Paragraphen des dritten Kapitels sind dann den Kurvenintegralen über beliebige rektifizierbare Wege gewidmet. Um das Integral in dieser Allgemeinheit zu erhalten, ist eine Untersuchung der absolut stetigen Funktionen notwendig. Damit werden auch die bereits in Band I angegebenen Sätze über die Variablentransformation im Lebesgue-Integral und über den Zusammenhang zwischen Differentiation und Integration bewiesen.

3. Differentialformen und Flächenintegrale ersetzen die nach strukturellen Gesichtspunkten unzulängliche Vektoranalysis, deren Formeln – völlig unnötig – von der Maßbestimmung des $\mathbb{R}^n$ Gebrauch machen und deshalb nur wenige Invarianzeigenschaften aufweisen. Ist z.B. $\mathfrak{a}=(a_1, a_2, a_3)$ ein Vektorfeld im $\mathbb{R}^3$, so schreibt die Vektoranalysis das Kurvenintegral als $\int_W \mathfrak{a}(\mathfrak{x})\, d\mathfrak{s}$. Dabei ist $d\mathfrak{s}=\Phi'(s)\, ds$ und $\Phi(s)$ die ausgezeichnete Parametrisierung von W. Man benutzt ferner das Skalarprodukt von $\mathfrak{a}$ mit $d\mathfrak{s}$ – und damit die Metrik des $\mathbb{R}^3$ gleich zweimal! In unserer Theorie ersetzt man $\mathfrak{a}$ durch die Pfaffsche Form $\varphi=a_1\, dx_1+a_2\, dx_2+a_3\, dx_3$; das Kurvenintegral $\int_W \varphi$ ist von der Maßbestimmung unabhängig und daher invariant gegenüber beliebigen differenzierbaren Koordinatentransformationen. Ähnliches gilt für das Integral über glatte zweidimensionale Flächen des $\mathbb{R}^3$. In der Vektoranalysis bildet man zu dem Vektorfeld $\mathfrak{b}=(b_1, b_2, b_3)$ das Flächenintegral $\int_{\mathfrak{F}} \mathfrak{b}(\mathfrak{x})\, d\mathfrak{o}$, wobei $d\mathfrak{o}=\mathfrak{n}\, do$ ist, $\mathfrak{n}$ den Normalenvektor auf $\mathfrak{F}$ und do das Riemannsche Flächenelement von $\mathfrak{F}$ bezeichnet. In unserer Theorie haben wir statt dessen einfach das

Integral $\int_{\mathfrak{F}} \psi$ über die 2-Form

$$\psi = b_1\, dx_2 \wedge dx_3 + b_2\, dx_3 \wedge dx_1 + b_3\, dx_1 \wedge dx_2 .$$

Der für alle Dimensionen gültige Stokessche Satz ersetzt den Gaußschen Integralsatz sowie den Stokesschen Satz, der in Physikbüchern auftritt (bei der Verbindung von Flächen- und Randintegralen), ferner die entsprechenden Formeln für das Raum-Zeit-Kontinuum. Es ist nämlich

$$\begin{aligned} d\varphi &= d(a_1\, dx_1 + a_2 dx_2 + a_3 dx_3) \\ &= c_1\, dx_2 \wedge dx_3 + c_2 dx_3 \wedge dx_1 + c_3 dx_1 \wedge dx_2 \end{aligned}$$

mit $\mathfrak{c} = \operatorname{rot} \mathfrak{a}$, weiter

$$\begin{aligned} d\psi &= d(b_1\, dx_2 \wedge dx_3 + b_2 dx_3 \wedge dx_1 + b_3 dx_1 \wedge dx_2) \\ &= c\, dx_1 \wedge dx_2 \wedge dx_3 \end{aligned}$$

mit $c = \operatorname{div} \mathfrak{b}$. Die Formeln

$$\int_{\partial \mathfrak{F}} \mathfrak{a}\, d\mathfrak{s} = \int_{\mathfrak{F}} (\operatorname{rot} \mathfrak{a})\, d\mathfrak{o}$$

und

$$\int_{\partial G} \mathfrak{b}\, d\mathfrak{o} = \int_{G} (\operatorname{div} \mathfrak{b})\, dx_1\, dx_2\, dx_3$$

sind also, wie man sofort nachrechnet, gleichbedeutend mit

$$\int_{\partial \mathfrak{F}} \varphi = \int_{\mathfrak{F}} d\varphi \quad \text{und} \quad \int_{\partial G} \psi = \int_{G} d\psi .$$

Ähnliches gilt für den $\mathbb{R}^4$.

Auch aus praktischen Gründen ist der Kalkül der alternierenden Differentialformen der Vektoranalysis vorzuziehen. Die sehr einfachen Rechenregeln aus Kap. II, §§ 4, 5, machen manche komplizierten Beweise überflüssig und ersparen einige schwer zu behaltende Festsetzungen (man denke etwa an die Definition von $\operatorname{rot} \mathfrak{a}$).

4. Viele physikalische Größen sind, wie die Messung zeigt, durch Differentialformen und nicht etwa durch (kontravariante) Vektoren zu beschreiben. Das gilt insbesondere in der Elektrodynamik. Wir formulieren daher in Kap. IV[3] die Maxwellschen Gleichungen in der Sprache der Differentialformen. – Der Physi-

[3] Kap. V der 2. Auflage.

ker bestimmt beispielsweise durch Messung den Fluß der magnetischen Feldintensität $\mathfrak{B}$ durch ein zweidimensionales Flächenstück, d.h. er bestimmt den Wert des Integrals einer 2-Form. Es ist also sinnvoller,

$$\mathfrak{B} = B_1 dx_2 \wedge dx_3 + B_2 dx_3 \wedge dx_1 + B_3 dx_1 \wedge dx_2$$

anstelle von $\mathfrak{B} = (B_1, B_2, B_3)$ zu schreiben. Die Zuordnung der 2-Form $\mathfrak{B}$ zum Vektorfeld (B_1, B_2, B_3) ist nur invariant gegenüber orthogonalen Transformationen, die außerdem noch die Orientierung erhalten[4], beruht also wieder einmal wesentlich auf der Metrik des $\mathbb{R}^3$. – Auch die elektrische Feldstärke ist eine (eindimensionale) Differentialform (weil nach den Erkenntnissen der Relativitätstheorie die Kraft als Gradient der Energie eine solche ist). In unserer Formulierung ist die zweite Gruppe der Maxwellschen Gleichungen ($\operatorname{div} \mathfrak{B} = 0$; $\operatorname{rot} \mathfrak{E} = -\dot{\mathfrak{B}}$) invariant gegenüber beliebigen differenzierbaren Abbildungen – und das hat physikalische Bedeutung!

Die erste Gruppe der Maxwellschen Gleichungen besitzt weniger Invarianzeigenschaften. Zu ihrer Formulierung muß man nämlich den von der Metrik des Raum-Zeit-Kontinuums wesentlich abhängigen $*$-Operator einführen. Er verwandelt Differentialformen in Ströme, das sind Objekte, die sich bei orientierungserhaltenden Abbildungen wie Differentialformen transformieren (und daher bei derartigen Transformationen nicht von Differentialformen zu unterscheiden sind); bei allgemeineren Koordinatentransformationen F multiplizieren sie sich zusätzlich mit dem Vorzeichen der Funktionaldeterminante von F. – Das ganze System der Maxwellschen Gleichungen ist dann invariant gegenüber Lorentz-Transformationen (wenigstens gegenüber allen eigentlichen Lorentz-Transformationen und den Raumspiegelungen).

Um dem Praktiker den Gebrauch der neuen Begriffe zu erleichtern, haben wir noch besonderen Wert auf die Veranschaulichung von Differentialformen und Strömen im $\mathbb{R}^3$ gelegt. Auch hier ergeben sich Unterschiede zu der bislang üblichen Benutzung von „Feldlinien".

Es sei uns gestattet, an dieser Stelle den Herren Prof. Dr. H.J. Borchers (Elektrodynamik) und Dr. W. Jäger (Integrationstheorie) für wertvolle Hinweise zu danken.

H. Grauert

Göttingen, im März 1968 I. Lieb

---

[4] Aus diesem Grunde heißt $\mathfrak{B}$ in vielen modernen Physikbüchern auch ein Pseudovektor (axialer Vektor).

Inhaltsverzeichnis

I. Kapitel

Integration im *n*-dimensionalen Raum

Die im letzten Kapitel des ersten Bandes entwickelte Integrationstheorie ist in mehrfacher Hinsicht noch unvollkommen. Zunächst haben wir als Definitionsbereich der betrachteten Funktionen nur abgeschlossene beschränkte Intervalle zugelassen – für die Anwendungen sind aber über die ganze reelle Achse erstreckte Integrale besonders wichtig. Weiterhin haben wir die wichtigen Konvergenzsätze der Theorie (Vertauschung der Integration mit anderen Grenzprozessen) nur gestreift. Schließlich ist der Zusammenhang zwischen Integration und Differentiation in einem zu engen Rahmen abgehandelt worden.

Wir entwickeln jetzt die *Lebesguesche Integrationstheorie* für Funktionen mehrerer Veränderlicher, eine Theorie, die von all den oben beschriebenen Unvollkommenheiten frei ist. Dabei sollen die Begriffe gleich so allgemein gefaßt werden, daß man sie auf Funktionen mit Werten in beliebigen lokal-konvexen Vektorräumen übertragen kann.

Wie im Falle einer Veränderlichen wird der Integralbegriff zunächst für sehr einfache Funktionen, die Treppenfunktionen, eingeführt und dann durch einen geeigneten Grenzübergang auf eine sehr allgemeine Funktionsklasse übertragen. Da bei diesem Grenzübergang halbstetige Funktionen eine entscheidende Rolle spielen, wollen wir als erstes ihre Eigenschaften besprechen.

§ 0. Halbstetige Funktionen

Zunächst wollen wir einige unserer Bezeichnungen festlegen. Im *n*-dimensionalen Zahlenraum $\mathbb{R}^n = \{\mathfrak{x} = (x_1, x_2, \ldots, x_n): x_\nu \in \mathbb{R}\}$ führen wir mit Hilfe der *Maximumsnorm* $|\mathfrak{x}| = \max_{\nu=1,\ldots,n} |x_\nu|$ *offene* und *abgeschlossene* Mengen sowie *Umgebungen* bzw. ε-Umgebungen ein (vgl. Band II, I. Kapitel, § 1, II. Kapitel, §§ 1, 2); die ε-Umgebung von $\mathfrak{x}_0 \in \mathbb{R}^n$ ist der offene *n*-dimensionale Würfel

$$U_\varepsilon(\mathfrak{x}_0) = \{\mathfrak{x}: |\mathfrak{x} - \mathfrak{x}_0| < \varepsilon\}.$$

Unter einer *Überdeckung* einer Menge $M \subset \mathbb{R}^n$ versteht man eine indizierte Familie $\mathfrak{U} = \{U_\iota: \iota \in I\}$ von Teilmengen U_ι des $\mathbb{R}^n$ mit $M \subset \bigcup_{\iota \in I} U_\iota$. I ist dabei eine ganz beliebige Indexmenge; im Falle einer endlichen Indexmenge spricht man von einer *endlichen* Überdeckung. Sind alle U_ι offen, so heißt $\mathfrak{U}$ eine *offene* Überdeckung; entsprechend nennt man $\mathfrak{U}$ *abgeschlossen*, wenn alle U_ι abgeschlossen sind. Eine Teilmenge $A \subset \mathbb{R}^n$ heißt *kompakt*, wenn jede offene Überdeckung von A eine endliche Teilüberdeckung enthält; die Menge A ist genau dann kompakt, wenn sie abgeschlossen und beschränkt ist. Wichtige Beispiele solcher Mengen sind die abgeschlossenen Würfel $Q_r = \{\mathfrak{x}: |\mathfrak{x}| \leqq r\}$, $r \geqq 0$.

Wir betrachten durchweg Funktionen, die auf einer Teilmenge $M \subset \mathbb{R}^n$ definiert sind und ihre Werte in $\overline{\mathbb{R}} = \mathbb{R} \cup \{-\infty, +\infty\}$ annehmen. Um mit solchen Funktionen zu rechnen, legen wir gleich Rechenregeln für ∞ $(= +\infty)$ und $-\infty$ fest:

$$\begin{aligned}
\infty + a = a + \infty &= \infty, && \text{für } a \neq -\infty,\\
-\infty + a = a + (-\infty) &= -\infty, && \text{für } a \neq +\infty,\\
\left.\begin{aligned}\infty \cdot a = a \cdot \infty &= \infty,\\ (-\infty) \cdot a = a(-\infty) &= -\infty,\end{aligned}\right\} & && \text{für } a > 0 \text{ reell},\\
\infty \cdot 0 = 0 \cdot \infty = 0, &\quad (-\infty) \cdot 0 = 0 \cdot (-\infty) = 0,\\
\left.\begin{aligned}\infty \cdot a = a \cdot \infty &= -\infty,\\ (-\infty) \cdot a = a \cdot (-\infty) &= +\infty,\end{aligned}\right\} & && \text{für } a < 0 \text{ reell},\\
a - b &= a + (-1) \cdot b && \text{für } a, b \in \overline{\mathbb{R}}.
\end{aligned}$$

Nicht definiert sind die Ausdrücke $\infty + (-\infty)$, $-\infty + \infty$ (daher auch nicht $\infty - \infty$ und $(-\infty) - (-\infty)$) sowie Produkte, in denen beide Faktoren $\pm\infty$ sind.

In Abänderung der Begriffsbildungen des ersten Bandes führen wir zur Vereinfachung der Terminologie den Konvergenzbegriff auch für unbeschränkte Folgen ein. Dementsprechend definieren wir auch den Limes superior und den Limes inferior für beliebige Folgen. Wir betonen jedoch ausdrücklich, daß die neuen Begriffe im Hinblick auf $\overline{\mathbb{R}}$ und nicht in bezug auf $\mathbb{R}$ zu sehen sind. Unser Ausgangspunkt sind die Formeln

$$\overline{\lim}\, a_\nu = \inf_{\kappa \in \mathbb{N}} (\sup_{\nu \geqq \kappa} a_\nu),$$

$$\underline{\lim}\, a_\nu = \sup_{\kappa \in \mathbb{N}} (\inf_{\nu \geqq \kappa} a_\nu),$$

die für jede beschränkte Zahlenfolge gelten. Die rechten Seiten haben aber für beliebige Punktfolgen in $\overline{\mathbb{R}}$ einen Sinn; daher definieren wir den *Limes inferior* und den *Limes superior* durch diese Formeln. Eine Punktfolge (a_ν) in $\overline{\mathbb{R}}$ heißt *konvergent*, wenn $\underline{\lim}\, a_\nu = \overline{\lim}\, a_\nu$ ist; wie in $\mathbb{R}$ setzt man dann

$$\lim_{\nu \to \infty} a_\nu = \overline{\lim}\, a_\nu = \underline{\lim}\, a_\nu.$$

Zum Beispiel konvergiert jede monotone Folge und deshalb jede Reihe mit nichtnegativen (bzw. nicht-positiven) Gliedern.

Das *Produkt* einer $\overline{\mathbb{R}}$-wertigen Funktion f mit einer reellen Zahl kann nun punktweise erklärt werden:

$$(cf)(\mathfrak{x}) = c \cdot f(\mathfrak{x}), \qquad c \in \mathbb{R}.$$

Eine Funktion f heißt *Summe* der $\overline{\mathbb{R}}$-wertigen Funktionen f_1 und f_2, in Zeichen: $f = f_1 + f_2$, wenn in allen Punkten $\mathfrak{x}$, in denen $f_1(\mathfrak{x}) + f_2(\mathfrak{x})$ definiert ist, die Gleichung

$$f(\mathfrak{x}) = f_1(\mathfrak{x}) + f_2(\mathfrak{x})$$

besteht. Man beachte, daß die $\overline{\mathbb{R}}$-wertigen Funktionen keinen Vektorraum bilden, da zum Beispiel die Addition keine eindeutige Operation ist.

Schließlich werden bei Funktionenfolgen die Ausdrücke $\underline{\lim}\, f_\nu$, $\overline{\lim}\, f_\nu$, $\lim\limits_{\nu \to \infty} f_\nu$, $\inf f_\nu$, $\sup f_\nu$ punktweise erklärt: $(\underline{\lim}\, f_\nu)(\mathfrak{x}) = \underline{\lim}\, f_\nu(\mathfrak{x})$, $(\inf f_\nu)(\mathfrak{x}) = \inf\{f_\nu(\mathfrak{x}) \colon \nu \in \mathbb{N}\}$, usw. Entsprechend behandelt man Reihen von Funktionen.

Wollen wir darauf hinweisen, daß die Werte einer Funktion f immer in $\mathbb{R}$ liegen, so nennen wir f reell oder endlichwertig.

Definition 0.1. *Es sei $f \colon M \to \overline{\mathbb{R}}$ eine Funktion. f heißt in $\mathfrak{x}_0 \in M$ nach oben halbstetig, wenn gilt:*

1. $f(\mathfrak{x}_0) \neq +\infty$.

2. *Zu jedem $r > f(\mathfrak{x}_0)$ gibt es eine Umgebung U von $\mathfrak{x}_0$, so daß $f(\mathfrak{x}) < r$ für alle $\mathfrak{x} \in U \cap M$ ist.*

Ist f in jedem $\mathfrak{x} \in M$ nach oben halbstetig, so heißt f nach oben halbstetig auf M.

Entsprechend führt man den Begriff der unteren Halbstetigkeit durch die folgenden Bedingungen ein:

1. $f(\mathfrak{x}_0) \neq -\infty$.

2. *Zu jedem $r < f(\mathfrak{x}_0)$ gibt es eine Umgebung U von $\mathfrak{x}_0$, so daß $r < f(\mathfrak{x})$ für alle $\mathfrak{x} \in U \cap M$ ist.*

Funktionen, die gleichzeitig nach oben und nach unten halbstetig sind, sind stetig. Sind f_1 und f_2 zwei Funktionen, die auf M beide nach unten bzw. beide nach oben halbstetig sind, so ist $f_1(\mathfrak{x}) + f_2(\mathfrak{x})$ auf M in jedem Punkt erklärt; ebenso ist das Produkt $c f(\mathfrak{x})$ erklärt, wenn c reell und f (nach oben oder unten) halbstetig ist. Es gilt genauer

Satz 0.1. 1. *Es sei $c \geqq 0$ und f in $\mathfrak{x}_0$ nach unten halbstetig. Dann ist cf in $\mathfrak{x}_0$ auch nach unten halbstetig.*

2. *Ist $c \leqq 0$ und f in $\mathfrak{x}_0$ nach unten halbstetig, so ist cf in $\mathfrak{x}_0$ nach oben halbstetig.*

3. *Mit f_1 und f_2 ist auch $f_1 + f_2$ in $\mathfrak{x}_0$ nach unten halbstetig.*

Die Worte „unten" und „oben" darf man in Satz 0.1 natürlich vertauschen.

Wir beweisen nur Aussage 3. Es sei

$$r < f_1(\mathfrak{x}_0) + f_2(\mathfrak{x}_0),$$

also

$$r - f_2(\mathfrak{x}_0) < f_1(\mathfrak{x}_0).$$

Wir wählen ein $r_1 \in \mathbb{R}$ mit

$$r - f_2(\mathfrak{x}_0) < r_1 < f_1(\mathfrak{x}_0).$$

Wegen der unteren Halbstetigkeit von f_1 und (nach Teil 2) der oberen von $-f_2$ gibt es eine Umgebung U von $\mathfrak{x}_0$, so daß

$$r_1 < f_1(\mathfrak{x}) \quad \text{und} \quad -f_2(\mathfrak{x}) < r_1 - r$$

für alle $\mathfrak{x} \in U$ gilt. Also hat man für $\mathfrak{x} \in U$

$$r - f_2(\mathfrak{x}) < r_1 < f_1(\mathfrak{x}),$$
$$r < r_1 + f_2(\mathfrak{x}) < f_1(\mathfrak{x}) + f_2(\mathfrak{x});$$

damit ist $f_1 + f_2$ in $\mathfrak{x}_0$ als nach unten halbstetig erkannt.

Satz 0.2. *Sind $f_1, \ldots, f_k$ in $\mathfrak{x}_0$ nach unten halbstetig, so auch* $\min(f_1, \ldots, f_k)$ *und* $\max(f_1, \ldots, f_k)$.

Derselbe Satz gilt natürlich für nach oben halbstetige Funktionen.

Beweis von Satz 0.2. Wir dürfen $k=2$ annehmen. Ist $r < \min(f_1, f_2)(\mathfrak{x}_0)$, so ist erst recht $r < f_1(\mathfrak{x}_0)$ und $f_2(\mathfrak{x}_0)$. Damit gibt es eine Umgebung von $\mathfrak{x}_0$, so daß dort sowohl $r < f_1(\mathfrak{x})$ als auch $r < f_2(\mathfrak{x})$ ist. Für diese $\mathfrak{x}$ folgt dann die Ungleichung $r < \min(f_1(\mathfrak{x}), f_2(\mathfrak{x}))$. Nun sei $r < \max(f_1(\mathfrak{x}_0), f_2(\mathfrak{x}_0))$. Ist $f_1(\mathfrak{x}_0)$ dieses Maximum, so gilt also für alle $\mathfrak{x}$ in einer Umgebung von $\mathfrak{x}_0$ die Ungleichung $r < f_1(\mathfrak{x})$ und damit erst recht

$$r < \max(f_1(\mathfrak{x}), f_2(\mathfrak{x})).$$

Satz 0.3. *Eine auf einer kompakten Menge K nach oben halbstetige Funktion f nimmt auf K ihr Maximum an; eine dort nach unten halbstetige ihr Minimum.*

Beweis (für nach oben halbstetige Funktionen). Der Fall $f = -\infty$ ist trivial. Es sei nun $s_0 = \sup f(K) > -\infty$. Ist $s_0 = +\infty$, so gibt es eine Punktfolge $\mathfrak{x}_\nu \in K$ mit $f(\mathfrak{x}_\nu) \geqq \nu$; ist $s_0 \in \mathbb{R}$, so kann man eine Folge $\mathfrak{x}_\nu \in K$ mit $\lim\limits_{\nu \to \infty} f(\mathfrak{x}_\nu) = s_0$ finden. In beiden Fällen darf man wegen der Kompaktheit von K annehmen, daß die Folge $\mathfrak{x}_\nu$ gegen ein $\mathfrak{x}_0 \in K$ konvergiert. Sicher ist dann $f(\mathfrak{x}_0) \leqq s_0$. Wäre etwa $f(\mathfrak{x}_0) < s_0$, so gäbe es ein s_1 mit

$$f(\mathfrak{x}_0) < s_1 < s_0.$$

Da f nach oben halbstetig ist, hätte man eine Umgebung U von $\mathfrak{x}_0$ mit

$$f(\mathfrak{x}) < s_1 \qquad \text{für } \mathfrak{x} \in U \cap K.$$

Insbesondere gälte für alle $\mathfrak{x}_\nu \in U$, d.h. für fast alle $\mathfrak{x}_\nu$, die Ungleichung

$$f(\mathfrak{x}_\nu) < s_1 < s_0;$$

das ist aber nach Konstruktion der Folge $f(\mathfrak{x}_\nu)$ unmöglich. Somit haben wir

$$f(\mathfrak{x}_0) = s_0,$$

insbesondere ist $s_0 < +\infty$, und f nimmt in $\mathfrak{x}_0$ das Maximum an.

§ 1. Treppenfunktionen

Ausgangspunkt der Integrationstheorie ist die Definition eines Integralbegriffs für einen Raum besonders einfacher Funktionen. Wir wählen hier den Raum der Treppenfunktionen.

Ein *Quader* im $\mathbb{R}^n$ (genauer: ein abgeschlossener achsenparalleler nicht entarteter Quader) ist eine Punktmenge der Gestalt

$$U = \{(x_1, \ldots, x_n) \in \mathbb{R}^n \colon a_\nu \leqq x_\nu \leqq b_\nu,\ \nu = 1 \ldots n\},$$

wobei die a_ν, $b_\nu \in \overline{\mathbb{R}}$ der Ungleichung $a_\nu < b_\nu$ genügen sollen. Sind alle a_ν und b_ν endlich, so ist U kompakt; in jedem Fall ist U abgeschlossen. Der Rand von U ist die Menge der Punkte $\mathfrak{x} \in U$, in denen für mindestens ein ν die Gleichheit $x_\nu = a_\nu$ oder $x_\nu = b_\nu$ besteht; das Innere $\mathring{U}$ ist der *offene Quader* $\{\mathfrak{x}\colon a_\nu < x_\nu < b_\nu\}$. Offenbar ist $U = \overline{\mathring{U}}$. Wir notieren noch

Hilfssatz 1. *Ist für zwei Quader U und V der Durchschnitt $U \cap \mathring{V} \neq \emptyset$, so ist $\mathring{U} \cap \mathring{V} = \widehat{U \cap V} \neq \emptyset$ und $U \cap V$ wieder ein Quader.*

Die Aussage ist anschaulich klar; der einfache Beweis sei dem Leser überlassen.

Es seien nun für $\nu = 1, \ldots, n$ endlich viele reelle Zahlen

$$a_1^{(\nu)} < a_2^{(\nu)} < \cdots < a_{s_\nu}^{(\nu)}$$

gegeben (für $s_\nu = 0$ ist keine Zahl gegeben); wir setzen $a_0^{(\nu)} = -\infty$, $a_{s_\nu+1}^{(\nu)} = +\infty$. Dann ist

$$U_{(\mu_1 \ldots \mu_n)} = \{\mathfrak{x} \in \mathbb{R}^n \colon a_{\mu_\nu}^{(\nu)} \leqq x_\nu \leqq a_{\mu_\nu+1}^{(\nu)},\ \nu = 1 \ldots n\}$$

ein Quader im $\mathbb{R}^n$ für alle $(\mu_1, \ldots, \mu_n)$ mit $0 \leqq \mu_\nu \leqq s_\nu$.

Definition 1.1. *Das System*

$$\mathfrak{U}=\{U_{(\mu_1\ldots\mu_n)}\colon 0\leqq\mu_\nu\leqq s_\nu,\ \nu=1\ldots n\}$$

heißt die durch die $a_\mu^{(\nu)}$ bestimmte Quaderüberdeckung des $\mathbb{R}^n$.

Es ist klar, daß $\mathfrak{U}$ eine Überdeckung des $\mathbb{R}^n$ ist; $\mathfrak{U}$ enthält endlich viele Quader, von denen die $U_{(\mu_1\ldots\mu_n)}$ mit $1\leqq\mu_\nu\leqq s_\nu-1$ für alle ν kompakt, die anderen unbeschränkt sind.

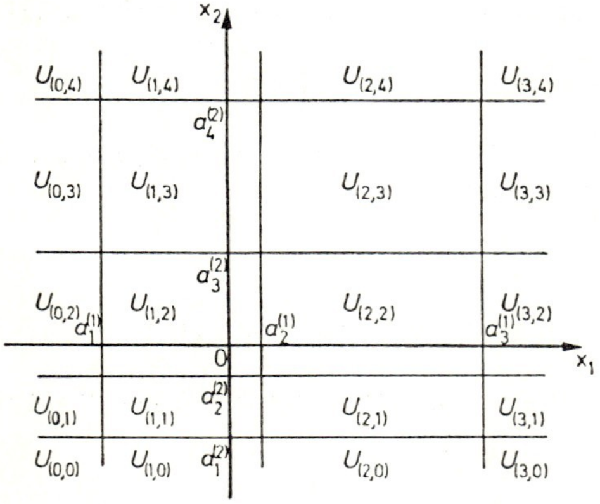

Fig. 1. Quaderüberdeckung der Ebene (Rechtecküberdeckung)

Im allgemeinen schreiben wir einfach $\mathfrak{U}=\{U\}$; manchmal numerieren wir die Quader $U\in\mathfrak{U}$ auch in irgend einer Weise durch. Sicher ist für $U, V\in\mathfrak{U}$ entweder $U=V$ oder $\mathring{U}\cap V=\emptyset$: *zwei verschiedene Quader von $\mathfrak{U}$ haben höchstens Randpunkte gemeinsam.* Die Vereinigung aller Mengen ∂U, $U\in\mathfrak{U}$, ist gerade die Vereinigung der *Zerlegungshyperebenen* $\{\mathfrak{x}\colon x_\nu=a_{\mu_\nu}^{(\nu)}\}$, $1\leqq\mu_\nu\leqq s_\nu$; wir bezeichnen diese Menge mit $\partial\mathfrak{U}$. Also gilt:

$$\partial\mathfrak{U}=\bigcup_{U\in\mathfrak{U}}\partial U=\{\mathfrak{x}\in\mathbb{R}^n\colon x_\nu=a_{\mu_\nu}^{(\nu)} \text{ für mindestens ein } \nu\}.$$

Die Menge $\mathbb{R}^n-\partial\mathfrak{U}$ ist offen; sie ist die disjunkte Vereinigung der offenen Quader $\mathring{U}$, $U\in\mathfrak{U}$; die Menge $\partial\mathfrak{U}$ ist abgeschlossen und hat keine inneren Punkte.

Hilfssatz 2. *Es sei $\mathfrak{U}=\{U\}$ eine Quaderüberdeckung des $\mathbb{R}^n$ und $\mathfrak{x}_0$ ein Punkt. Dann ist die Menge*

$$U(\mathfrak{x}_0)=\bigcup_{\mathfrak{x}_0\in U}U-\bigcup_{\mathfrak{x}_0\notin U}U$$

eine offene Umgebung von $\mathfrak{x}_0$.

Beweis. Offensichtlich ist $\mathfrak{x}_0 \in U(\mathfrak{x}_0)$. Da weiter

$$\mathbb{R}^n = \bigcup_{U \in \mathfrak{U}} U = \bigcup_{\substack{U \in \mathfrak{U} \\ \mathfrak{x}_0 \in U}} U \cup \bigcup_{\substack{U \in \mathfrak{U} \\ \mathfrak{x}_0 \notin U}} U$$

ist, folgt

$$U(\mathfrak{x}_0) = \mathbb{R}^n - \bigcup_{\substack{U \in \mathfrak{U} \\ \mathfrak{x}_0 \notin U}} U.$$

Als endliche Vereinigung abgeschlossener Mengen ist $\bigcup_{\mathfrak{x}_0 \notin U} U$ aber abgeschlossen, und daher ist $U(\mathfrak{x}_0)$ offen.

Wir vergleichen nun Quaderüberdeckungen miteinander.

Definition 1.2. *Es seien $\mathfrak{U}_1$ und $\mathfrak{U}_2$ Quaderüberdeckungen. $\mathfrak{U}_1$ heißt feiner als $\mathfrak{U}_2$ (eine Verfeinerung von $\mathfrak{U}_2$), in Zeichen*

$$\mathfrak{U}_1 \leqq \mathfrak{U}_2,$$

wenn jede Zerlegungshyperebene von $\mathfrak{U}_2$ auch eine von $\mathfrak{U}_1$ ist.

Wird also $\mathfrak{U}_1$ durch die Zahlen $a_\mu^{(\nu)}$ gegeben, $\mathfrak{U}_2$ durch $b_\mu^{(\nu)}$, so muß für jedes ν und μ

$$b_\mu^{(\nu)} \in \{a_1^{(\nu)}, \ldots, a_{s_\nu}^{(\nu)}\}$$

sein. In diesem Fall gibt es zu jedem $U_1 \in \mathfrak{U}_1$ ein $U_2 \in \mathfrak{U}_2$ mit $U_1 \subset U_2$.

Die Relation „$\leqq$" hat die bekannten Eigenschaften einer Halbordnung, insbesondere ist sie transitiv.

Hilfssatz 3. *Zu endlich vielen Quaderüberdeckungen $\mathfrak{U}_1, \ldots, \mathfrak{U}_k$ gibt es stets eine gemeinsame Verfeinerung $\mathfrak{U}$.*

Beweis. Wir brauchen nur den Fall $k=2$ zu betrachten. $\mathfrak{U}_1$ werde durch die Zahlen $a_\mu^{(\nu)}$, $\mathfrak{U}_2$ durch $b_\mu^{(\nu)}$ gegeben. Es sei $A_\nu = \{a_\mu^{(\nu)}\colon\ \mu = 1 \ldots s_\nu\}$, $B_\nu = \{b_\mu^{(\nu)}\colon\ \mu = 1 \ldots t_\nu\}$ und $C_\nu = A_\nu \cup B_\nu$. Die Menge C_ν werde in natürlicher Weise geordnet: $C_\nu = \{c_\mu^{(\nu)}\colon\ c_1^{(\nu)} < c_2^{(\nu)} < \ldots < c_{r_\nu}^{(\nu)}\}$. Durch die $c_\mu^{(\nu)}$ wird dann eine gemeinsame Verfeinerung von $\mathfrak{U}_1$ und $\mathfrak{U}_2$ definiert.

Definition 1.3. *Die im obigen Beweis konstruierte Überdeckung heißt das Produkt $\mathfrak{U}_1 \cdot \mathfrak{U}_2$ der Überdeckungen $\mathfrak{U}_1$ und $\mathfrak{U}_2$.*

Man erkennt leicht, daß

$$\mathfrak{U}_1 \cdot \mathfrak{U}_2 = \{U_1 \cap U_2\colon\ U_1 \in \mathfrak{U}_1, U_2 \in \mathfrak{U}_2, \mathring{U}_1 \cap \mathring{U}_2 \neq \emptyset\}$$

gilt.

Definition 1.4. *Von zwei Überdeckungen $\mathfrak{U}$ und $\mathfrak{V}$ des $\mathbb{R}^n$ heißt $\mathfrak{U}$ feiner als $\mathfrak{V}$ – in Zeichen: $\mathfrak{U} \leqq \mathfrak{V}$ –, wenn es zu jedem $U \in \mathfrak{U}$ ein $V \in \mathfrak{V}$ mit $U \subset V$ gibt.*

Für Quaderüberdeckungen ist das der frühere Begriff.

Wir zeigen nun, daß es „beliebig feine" Quaderüberdeckungen gibt.

Hilfssatz 4. *Es sei $\mathfrak{V} = \{V_0, V_1, \ldots, V_k\}$ eine endliche offene Überdeckung des $\mathbb{R}^n$. Es gebe ein $r \geqq 0$, so daß $\mathbb{R}^n - \mathring{Q}_r = \{\mathfrak{x}: |\mathfrak{x}| \geqq r\}$ in V_0 enthalten ist. Dann existiert eine Quaderüberdeckung $\mathfrak{U}$, die feiner als $\mathfrak{V}$ ist.*

Beweis. Jeder Punkt $\mathfrak{x} \in Q_r$ gehört einem V_κ an, und da V_κ offen ist, gibt es ein (von $\mathfrak{x}$ abhängiges) $\varepsilon(\mathfrak{x}) > 0$ mit $U_{2\varepsilon(\mathfrak{x})}(\mathfrak{x}) \subset V_\kappa$. Durch $W(\mathfrak{x}) = U_{\varepsilon(\mathfrak{x})}(\mathfrak{x})$, $\mathfrak{x} \in Q_r$, ist eine offene Überdeckung $\mathfrak{W}$ von Q_r erklärt, die wegen der Kompaktheit von Q_r eine endliche Teilüberdeckung $\{W(\mathfrak{x}_i): i = 1, \ldots, s\}$ enthält. Für jedes i gilt also mit passendem $\kappa(i)$:

$$W(\mathfrak{x}_i) \subset U_{2\varepsilon(\mathfrak{x}_i)}(\mathfrak{x}_i) \subset V_{\kappa(i)}.$$

Wir setzen $\delta = \min\limits_{i=1,\ldots,s} \varepsilon(\mathfrak{x}_i)$, wählen eine so große natürliche Zahl t, daß $\dfrac{2r}{t-1} < \delta$ wird, und definieren für $\nu = 1, \ldots, n$:

$$a^{(\nu)}_{\mu_\nu} = -r + \frac{2r}{t-1}(\mu_\nu - 1), \quad \text{mit} \quad \mu_\nu = 1, \ldots, t.$$

Demnach ist

$$a^{(\nu)}_1 = -r, \qquad a^{(\nu)}_t = +r, \qquad a^{(\nu)}_{\mu_\nu} - a^{(\nu)}_{\mu_\nu - 1} = \frac{2r}{t-1} < \delta.$$

Die zu den $a^{(\nu)}_{\mu_\nu}$ gehörige Quaderüberdeckung $\mathfrak{U}$ des $\mathbb{R}^n$ besteht aus Würfeln der Kantenlänge $\dfrac{2r}{t-1} < \delta$ und gewissen nichtbeschränkten Mengen. Wir zeigen: $\mathfrak{U} \leqq \mathfrak{V}$. Es sei zunächst $U_{(\mu_1, \ldots, \mu_n)} \in \mathfrak{U}$ kompakt, d.h. $1 \leqq \mu_\nu \leqq t-1$. Dann gelten die Ungleichungen $|a^{(\nu)}_{\mu_\nu}| \leqq r$, $|a^{(\nu)}_{\mu_\nu + 1}| \leqq r$, und deshalb ist $U_{(\mu_1, \ldots, \mu_n)} \subset Q_r$. Es sei (für ein gewisses i) $U_{(\mu_1, \ldots, \mu_n)} \cap W(\mathfrak{x}_i) \neq \emptyset$ und $\mathfrak{x}_0$ ein Punkt dieses Durchschnittes und ferner $\mathfrak{x} \in U_{(\mu_1, \ldots, \mu_n)}$ beliebig. Aus der Abschätzung

$$|\mathfrak{x} - \mathfrak{x}_i| \leqq |\mathfrak{x} - \mathfrak{x}_0| + |\mathfrak{x}_0 - \mathfrak{x}_i| < \delta + \varepsilon(\mathfrak{x}_i) \leqq 2\varepsilon(\mathfrak{x}_i)$$

folgt: $\mathfrak{x} \in U_{2\varepsilon(\mathfrak{x}_i)}(\mathfrak{x}_i)$. Somit ist

$$U_{(\mu_1, \ldots, \mu_n)} \subset U_{2\varepsilon(\mathfrak{x}_i)}(\mathfrak{x}_i) \subset V_{\kappa(i)}.$$

Falls $U_{(\mu_1, \ldots, \mu_n)}$ nicht kompakt ist, besteht für alle $\mathfrak{x} \in U_{(\mu_1, \ldots, \mu_n)}$ die Ungleichung $|\mathfrak{x}| \geqq r$; demnach ist $U_{(\mu_1, \ldots, \mu_n)} \subset \mathbb{R}^n - \mathring{Q}_r \subset V_0$. – Unsere Behauptung ist damit bewiesen.

Definition 1.5. *Es sei* $\mathfrak{U}=\{U\}$ *eine Quaderüberdeckung des* $\mathbb{R}^n$. *Eine (reelle) Funktion* $t\colon \mathbb{R}^n\to\mathbb{R}$ *heißt Treppenfunktion zu* $\mathfrak{U}$, *wenn gilt:*

1. t *ist auf allen offenen Quadern* $\mathring{U}$ *von* $\mathfrak{U}$ *konstant.*
2. *Ist* $\mathring{U}$ *nicht beschränkt, so ist* $t(\mathring{U})=0$.

Die Werte von t auf den offenen Quadern $\mathring{U}$ bezeichnen wir immer mit $t(\mathring{U})$. Über das Verhalten von t auf den Rändern der kompakten Quader wird gar nichts vorausgesetzt: t kann da ganz „wild" sein. Wir skizzieren für $n=1$ den Graphen einer Treppenfunktion:

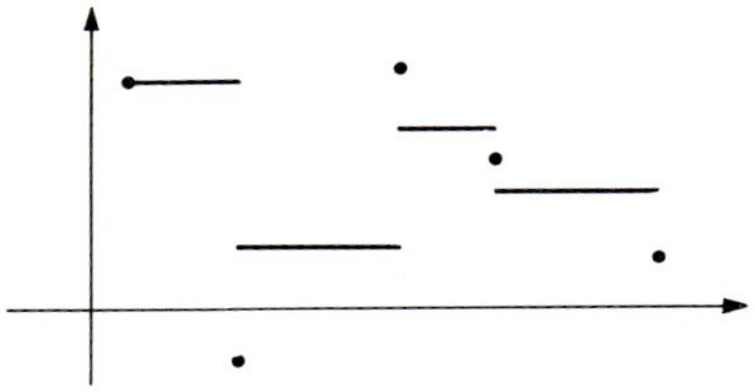

Fig. 2. Treppenfunktion

Offenbar bilden die Treppenfunktionen zu $\mathfrak{U}$ einen reellen Vektorraum, den wir mit $\mathfrak{T}(\mathfrak{U})$ bezeichnen. Ist $\mathfrak{U}_1$ eine Verfeinerung von $\mathfrak{U}$, so ist t auch eine Treppenfunktion zu $\mathfrak{U}_1$, d.h.

$$\mathfrak{T}(\mathfrak{U})\subset\mathfrak{T}(\mathfrak{U}_1).$$

Wir bezeichnen mit $\mathfrak{T}$ die Menge aller Treppenfunktionen (zu irgendwelchen Quaderüberdeckungen), d.h.

$$\mathfrak{T}=\bigcup \mathfrak{T}(\mathfrak{U}),$$

wobei $\mathfrak{U}$ alle Quaderüberdeckungen durchläuft, und beweisen

Satz 1.1. 1. *Die Menge aller Treppenfunktionen ist ein reeller Vektorraum* $\mathfrak{T}$.

2. *Mit* t *sind auch die Funktionen* $|t|$, $t^+=\max(t,0)$, $t^-=\min(t,0)$ *Treppenfunktionen.*

3. *Das Produkt zweier Treppenfunktionen ist eine Treppenfunktion.*

Beweis. Ist $t_1\in\mathfrak{T}(\mathfrak{U}_1)$, $t_2\in\mathfrak{T}(\mathfrak{U}_2)$, so sind t_1 und t_2 beides Treppenfunktionen zu $\mathfrak{U}_1\cdot\mathfrak{U}_2$; also ist $t=t_1+t_2\in\mathfrak{T}(\mathfrak{U}_1\cdot\mathfrak{U}_2)$. Die übrigen Vektorraumaxiome sind trivial erfüllt. Aussage 2 ist ebenfalls trivial; die Abgeschlossenheit bezüglich der Multiplikation folgt wie bei der Addition.

Wegen Aussage 2 sind mit t_1, t_2 natürlich auch $\max(t_1,t_2)$ und $\min(t_1,t_2)$ Treppenfunktionen.

Durch die folgende „Glättungsoperation" kontrollieren wir das Verhalten von Treppenfunktionen auf den Zerlegungshyperebenen:

Definition 1.6. *Es sei t eine Treppenfunktion zur Zerlegung $\mathfrak{U}$. Dann ist*

$$\bar{t}(\mathfrak{x}) = \max\{t(\mathring{U}) \colon \mathfrak{x} \in U,\, U \in \mathfrak{U}\}$$
$$\underline{t}(\mathfrak{x}) = \min\{t(\mathring{U}) \colon \mathfrak{x} \in U,\, U \in \mathfrak{U}\}.$$

Offensichtlich sind $\bar{t}$ und $\underline{t}$ wieder Treppenfunktionen zu $\mathfrak{U}$. Wir müßten genauer $\bar{t}_{\mathfrak{U}}$ und $\underline{t}_{\mathfrak{U}}$ schreiben, da die Überdeckung $\mathfrak{U}$ in die Definition eingeht. Ist aber $\mathfrak{U}_1$ eine Verfeinerung von $\mathfrak{U}$, also auch $t \in \mathfrak{T}(\mathfrak{U}_1)$, so prüft man sofort die Beziehungen

$$\max\{t(\mathring{U}) \colon \mathfrak{x} \in U,\, U \in \mathfrak{U}\} = \max\{t(\mathring{U}_1) \colon \mathfrak{x} \in U_1,\, U_1 \in \mathfrak{U}_1\}$$
$$\min\{t(\mathring{U}) \colon \mathfrak{x} \in U,\, U \in \mathfrak{U}\} = \min\{t(\mathring{U}_1) \colon \mathfrak{x} \in U_1,\, U_1 \in \mathfrak{U}_1\}$$

nach und schließt daraus, daß $\bar{t}$ und $\underline{t}$ nur von t, nicht von der zufälligen Auswahl von $\mathfrak{U}$, abhängen.

Die wesentlichen Eigenschaften dieser „geglätteten" Treppenfunktionen sind in den folgenden Sätzen zusammengestellt.

Satz 1.2. 1. $\underline{t} \leqq \bar{t}$.

2. *Ist $t \in \mathfrak{T}(\mathfrak{U})$ und $\mathfrak{x} \in \mathring{U}$, so ist* $\underline{t}(\mathfrak{x}) = t(\mathfrak{x}) = \bar{t}(\mathfrak{x})$.

3. *$\bar{t}$ ist nach oben und $\underline{t}$ nach unten halbstetig.*

Beweis. Wir zeigen nur die untere Halbstetigkeit von $\underline{t}$. Ist $t \in \mathfrak{T}(\mathfrak{U})$, $\mathfrak{x}_0 \in \mathbb{R}^n$, so sei $U(\mathfrak{x}_0)$ die in Hilfssatz 2 konstruierte Umgebung von $\mathfrak{x}_0$:

$$U(\mathfrak{x}_0) = \bigcup_{\substack{U \in \mathfrak{U} \\ \mathfrak{x}_0 \in U}} U - \bigcup_{\substack{U \in \mathfrak{U} \\ \mathfrak{x}_0 \notin U}} U.$$

Ein Quader $U \in \mathfrak{U}$, der ein $\mathfrak{x} \in U(\mathfrak{x}_0)$ enthält, enthält auch $\mathfrak{x}_0$. Also folgt für $\mathfrak{x} \in U(\mathfrak{x}_0)$:

$$\begin{aligned} \underline{t}(\mathfrak{x}_0) &= \min\{t(\mathring{U}) \colon \mathfrak{x}_0 \in U\} \\ &\leqq \min\{t(\mathring{U}) \colon \mathfrak{x} \in U\} \\ &= \underline{t}(\mathfrak{x}). \end{aligned}$$

Hieraus ergibt sich die Halbstetigkeit von $\underline{t}$.

Satz 1.3. *Es seien t, t_1, t_2 Treppenfunktionen und $c > 0$ eine reelle Zahl. Dann gilt:*

1. $\underline{ct} = c\underline{t}$, $\overline{ct} = c\bar{t}$;
2. $\overline{-t} = -\underline{t}$, $\underline{-t} = -\bar{t}$;
3. $\underline{t_1 + t_2} \geqq \underline{t}_1 + \underline{t}_2$;
4. $\overline{t_1 + t_2} \leqq \bar{t}_1 + \bar{t}_2$;
5. $\underline{t_1 - t_2} \geqq \underline{t}_1 - \bar{t}_2$;
6. $\overline{t_1 - t_2} \leqq \bar{t}_1 - \underline{t}_2$;
7. *Aus $t_1 \leqq t_2$ folgt $\underline{t}_1 \leqq \underline{t}_2$ und $\bar{t}_1 \leqq \bar{t}_2$.*

Der Beweis ist trivial.

§ 2. Integrierbarkeit

Definition 2.1. *Es sei U der kompakte Quader*

$$\{(x_1, \ldots, x_n): x_\nu \in [a_\nu, b_\mu],\ \nu = 1, \ldots, n\}.$$

Der (euklidische) Inhalt von U ist die Zahl

$$I(U) = \prod_{\nu=1}^{n} (b_\nu - a_\nu).$$

Diese Definition stimmt in den anschaulich zugänglichen Fällen $n = 1, 2, 3$ mit dem üblichen Begriff der Länge eines Intervalls, Fläche eines Rechtecks bzw. Volumen eines Quaders überein.

Nun sei $\mathfrak{U}$ eine Quaderüberdeckung und $\mathfrak{T}(\mathfrak{U})$ der zugehörige Vektorraum von Treppenfunktionen. Ist t irgendein Element von $\mathfrak{T}(\mathfrak{U})$, so setzen wir

$$\Sigma(t, \mathfrak{U}) = \sum_{U \in \mathfrak{U}} t(\mathring{U})\, I(U).$$

Für nichtkompaktes U ist $I(U)$ nicht erklärt; wir setzen dann $t(\mathring{U})\, I(U) = 0$. Es ist ja $t(\mathring{U}) = 0$. Trivialerweise ist $\Sigma(t, \mathfrak{U})$ eine *positive Linearform* auf $\mathfrak{T}(\mathfrak{U})$, d.h.

$$\begin{aligned} \Sigma(t_1 + t_2, \mathfrak{U}) &= \Sigma(t_1, \mathfrak{U}) + \Sigma(t_2, \mathfrak{U}), \\ \Sigma(ct, \mathfrak{U}) &= c\,\Sigma(t, \mathfrak{U}), \\ \Sigma(t, \mathfrak{U}) &\geqq 0 \quad \text{für } t \geqq 0. \end{aligned}$$

Auf dem Raum $\mathfrak{T}$ aller Treppenfunktionen definieren wir

$$\Sigma(t) = \Sigma(t, \mathfrak{U}), \quad \text{falls} \quad t \in \mathfrak{T}(\mathfrak{U}).$$

Satz 2.1. *Σ ist eine positive Linearform auf $\mathfrak{T}$.*

Beweis[1] (vgl. Band I, VII. Kap., Satz 1.3). Wir müssen nur nachweisen, daß Σ unabhängig von der Auswahl der Überdeckung erklärt ist; das ist genau dann der Fall, wenn stets für $t \in \mathfrak{T}(\mathfrak{U}_1)$ und irgendein $\mathfrak{U}_2$

$$\Sigma(t, \mathfrak{U}_1) = \Sigma(t, \mathfrak{U}_1 \cdot \mathfrak{U}_2)$$

ist. Nun gilt, wenn $\mathfrak{U}_1$ durch die Zahlen $a^{(\nu)}_{\mu_\nu}$ und $\mathfrak{U}_2$ durch $b^{(\nu)}_{\varrho_\nu}$ gegeben ist, mit $1 \leqq \mu_\nu \leqq s_\nu$ bzw. $1 \leqq \varrho_\nu \leqq r_\nu$ und $\nu = 1, \ldots, n$, wenn ferner $I_{(\mu_1, \ldots, \mu_n), (\varrho_1, \ldots, \varrho_n)}$ den Inhalt des kompakten Quaders $U^1_{(\mu_1 \ldots \mu_n)} \cap U^2_{(\varrho_1 \ldots \varrho_n)}$ bezeichnet:

$$\Sigma(t, \mathfrak{U}_1 \cdot \mathfrak{U}_2) = \sum_{\substack{\mu_1 \ldots \mu_n \\ \varrho_1 \ldots \varrho_n \\ 0 < \mu_\nu < s_\nu \\ 0 < \varrho_\nu < r_\nu}} t(\mathring{U}^1_{(\mu_1 \ldots \mu_n)} \cap \mathring{U}^2_{(\varrho_1 \ldots \varrho_n)})\, I_{(\mu_1 \ldots \mu_n), (\varrho_1 \ldots \varrho_n)}$$

---

[1] Der Beweis ist trivial; nicht trivial sind bloß die Bezeichnungen.

Dabei ist

$$U^1_{(\mu_1\dots\mu_n)} = \{\mathfrak{x}\colon a^{(\nu)}_{\mu_\nu} \leqq x_\nu \leqq a^{(\nu)}_{\mu_\nu+1}\} \in \mathfrak{U}_1$$
$$U^2_{(\varrho_1\dots\varrho_n)} = \{\mathfrak{x}\colon b^{(\nu)}_{\varrho_\nu} \leqq x_\nu \leqq b^{(\nu)}_{\varrho_\nu+1}\} \in \mathfrak{U}_2,$$

und es ist nur über die Indizes zu summieren, für die

$$\mathring{U}^1_{(\mu_1\dots\mu_n)} \cap \mathring{U}^2_{(\varrho_1\dots\varrho_n)} \neq \emptyset$$

ist. Für diese Indizes ist

$$t(\mathring{U}^1_{(\mu_1\dots\mu_n)} \cap \mathring{U}^2_{(\varrho_1\dots\varrho_n)}) = t(\mathring{U}^1_{(\mu_1\dots\mu_n)}),$$

und es bleibt zu zeigen:

$$\sum_{\substack{\varrho_1,\dots,\varrho_n\\ 0<\varrho_\nu<r_\nu}} I_{(\mu_1,\dots,\mu_n),(\varrho_1,\dots,\varrho_n)} = I_{(\mu_1,\dots,\mu_n)}.$$

Bezeichnet man diejenigen $b^{(\nu)}_{\varrho_\nu}$ mit $a^{(\nu)}_{\mu_\nu} < b^{(\nu)}_{\varrho_\nu} < a^{(\nu)}_{\mu_\nu+1}$ der Reihe nach durch $c^{(\nu)}_1, c^{(\nu)}_2, \dots, c^{(\nu)}_{t_\nu-1}$ und setzt man $c^{(\nu)}_0 = a^{(\nu)}_{\mu_\nu}$, $c^{(\nu)}_{t_\nu} = a^{(\nu)}_{\mu_\nu+1}$, so wird

$$I_{(\mu_1,\dots,\mu_n)} = \prod_{\nu=1}^{n} (c^{(\nu)}_{t_\nu} - c^{(\nu)}_0),$$

$$\sum_{\substack{\varrho_1,\dots,\varrho_n\\ 0<\varrho_\nu<r_\nu}} I_{(\mu_1,\dots,\mu_n),(\varrho_1,\dots,\varrho_n)} = \sum_{\substack{\sigma_1,\dots,\sigma_n\\ 1\leqq\sigma_\nu\leqq t_\nu}} \prod_{\nu=1}^{n} (c^{(\nu)}_{\sigma_\nu} - c^{(\nu)}_{\sigma_\nu-1}).$$

Dann gilt:

$$\begin{aligned}\prod_{\nu=1}^{n} (c^{(\nu)}_{t_\nu} - c^{(\nu)}_0) &= \prod_{\nu=1}^{n} (c^{(\nu)}_{t_\nu} - c^{(\nu)}_{t_\nu-1} + c^{(\nu)}_{t_\nu-1} - c^{(\nu)}_{t_\nu-2} + - \cdots + c^{(\nu)}_1 - c^{(\nu)}_0)\\ &= \prod_{\nu=1}^{n} \sum_{\sigma_\nu=1}^{t_\nu} (c^{(\nu)}_{\sigma_\nu} - c^{(\nu)}_{\sigma_\nu-1})\\ &= \sum_{\substack{\sigma_1,\dots,\sigma_n\\ 1\leqq\sigma_\nu\leqq t_\nu}} \prod_{\nu=1}^{n} (c^{(\nu)}_{\sigma_\nu} - c^{(\nu)}_{\sigma_\nu-1}).\end{aligned}$$

Das war zu zeigen.

Definition 2.2. *Die Abbildung $\Sigma\colon \mathfrak{T} \to \mathbb{R}$ heißt die Riemannsche Summe.*

Für $n=1$ ist $\Sigma(t)$ der Flächeninhalt unter dem Graphen von t, wobei Flächen unterhalb der x-Achse negativ gerechnet werden; die Werte von t in den Zerlegungspunkten spielen keine Rolle.

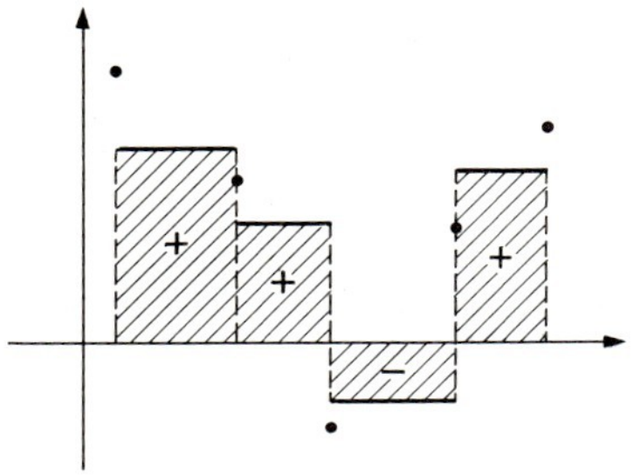

Fig. 3. Riemannsche Summe

Wir notieren die Aussage von Satz 2.1 nochmals ausführlich.

Satz 2.1. 1. $\Sigma(t_1+t_2)=\Sigma(t_1)+\Sigma(t_2)$.
2. $\Sigma(ct)=c\,\Sigma(t)$.
3. $\Sigma(t)\geqq 0$ *für* $t\geqq 0$.
Dabei sind t, t_1, t_2 *Treppenfunktionen,* c *eine reelle Zahl.*

Eine weitere wichtige Eigenschaft von Σ, die unmittelbar aus der Definition folgt, ist

Satz 2.2. *Ist* $\mathfrak{U}$ *eine Quaderüberdeckung und sind* $t_1, t_2 \in \mathfrak{U}$ *mit* $t_1(\mathring{U})=t_2(\mathring{U})$ *für alle* $U\in\mathfrak{U}$, *dann ist* $\Sigma(t_1)=\Sigma(t_2)$. *Insbesondere ist stets* $\Sigma(\underline{t})=\Sigma(t)=\Sigma(\overline{t})$.

Auf den Zerlegungshyperebenen darf man eine Treppenfunktion also beliebig abändern, ohne ihre Riemannsche Summe zu beeinflussen.

Durch einen geeigneten Umgebungsbegriff im Raum aller Funktionen werden wir nun das Funktional Σ von den Treppenfunktionen auf einen sehr viel größeren Funktionenraum fortsetzen.

Definition 2.3. *Es seien* h *und* g *zwei auf dem* $\mathbb{R}^n$ *erklärte Funktionen mit folgenden Eigenschaften:*

1. *h ist nach oben und g nach unten halbstetig.*
2. *Für alle* $\mathfrak{x}\in\mathbb{R}^n$ *ist* $h(\mathfrak{x})<g(\mathfrak{x})$.
3. *Es gibt einen Würfel* $Q_r=\{\mathfrak{x}\colon |\mathfrak{x}|\leqq r\}$, *so daß für alle* $\mathfrak{x}\in\mathbb{R}^n-Q_r$ *die Ungleichung*

$$h(\mathfrak{x})<0<g(\mathfrak{x})$$

gilt.

Die Menge aller Funktionen f (mit Werten in der abgeschlossenen Zahlengeraden $\overline{\mathbb{R}}=\mathbb{R}\cup\{+\infty, -\infty\}$), *die den Ungleichungen* $h(\mathfrak{x})\leqq f(\mathfrak{x})\leqq g(\mathfrak{x})$ *für alle* $\mathfrak{x}\in\mathbb{R}^n$ *und* $h(\mathfrak{x})<f(\mathfrak{x})<g(\mathfrak{x})$ *für die* $\mathfrak{x}$ *mit* $f(\mathfrak{x})\neq\pm\infty$ *gehorchen, heißt der durch* h *und* g *bestimmte Funktionsbereich* $\mathfrak{F}[h,g]$. *Eine Umgebung einer Funktion* f *ist ein Funktionsbereich, der* f *enthält.*

Grob gesagt, besteht ein Funktionsbereich aus allen Funktionen, die zwischen h und g liegen; die Eigenschaften 1–3 werden garantieren, daß in Funktionsbereichen stets Treppenfunktionen enthalten sind. Aus den Sätzen über Maximum und Minimum halbstetiger Funktionen (Satz 0.2), folgt sofort, daß der Durchschnitt zweier Umgebungen einer Funktion f wieder eine Umgebung dieser Funktion ist.

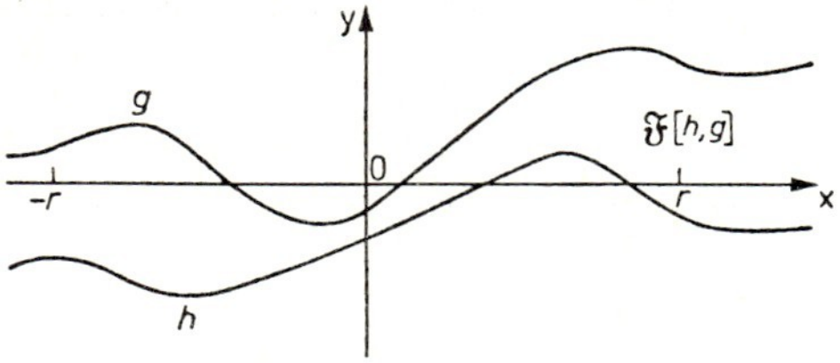

Fig. 4. Funktionsbereich über $\mathbb{R}$

Der folgende Satz sichert die Existenz von Treppenfunktionen in Funktionsbereichen; er ist für den hier gewählten Aufbau der Integrationstheorie grundlegend.

Satz 2.3. *Es seien h und g Funktionen auf dem $\mathbb{R}^n$ mit folgenden Eigenschaften:*
a) *h ist nach oben und g nach unten halbstetig.*
b) *Für alle $\mathfrak{x}$ ist $h(\mathfrak{x}) < g(\mathfrak{x})$.*
c) *Es gibt ein $r \geqq 0$, so daß*

$$h(\mathfrak{x}) \leqq 0 < g(\mathfrak{x})$$

für alle $\mathfrak{x}$ mit $|\mathfrak{x}| \geqq r$ ist.

Dann existiert eine Treppenfunktion t, so daß gilt:
1. *Für $\mathfrak{x} \in Q_r$ ist $h(\mathfrak{x}) < \underline{t}(\mathfrak{x}) \leqq \bar{t}(\mathfrak{x}) < g(\mathfrak{x})$.*
2. *Für $\mathfrak{x} \in \mathbb{R}^n - Q_r$ ist $0 \leqq \underline{t}(\mathfrak{x}) \leqq \bar{t}(\mathfrak{x}) < g(\mathfrak{x})$.*

Wenn außerhalb von $\mathring{Q}_r$ die Bedingung $h < 0 \leqq g$ erfüllt ist, so kann man ein $t \in \mathfrak{T}$ finden, welches neben 1. der Bedingung

2'. *Für $\mathfrak{x} \in \mathbb{R}^n - Q_r$ ist $h(\mathfrak{x}) < \underline{t}(\mathfrak{x}) \leqq \bar{t}(\mathfrak{x}) \leqq 0$*
gehorcht.

Beweis. Es genügt, die erste Behauptung zu beweisen.

Die durch $h^*(\mathfrak{x}) = h(\mathfrak{x})$ für $|\mathfrak{x}| < r$, $h^*(\mathfrak{x}) = 0$ für $|\mathfrak{x}| \geqq r$ erklärte Funktion ist ebenfalls nach oben halbstetig und genügt der Ungleichung $h \leqq h^* < g$.

Jedem Punkt $\mathfrak{x}_0 \in Q_r$ werde nun ein $c(\mathfrak{x}_0) \in \mathbb{R}$ mit $h^*(\mathfrak{x}_0) < c(\mathfrak{x}_0) < g(\mathfrak{x}_0)$ zugeordnet. Wegen der Halbstetigkeit der beiden Funktionen h^* und g gibt es zu $\mathfrak{x}_0$ eine offene beschränkte Umgebung $V = V(\mathfrak{x}_0)$, so daß $h^*(V) < c(\mathfrak{x}_0) < g(V)$ ist. Das System der $V(\mathfrak{x}_0)$ mit $\mathfrak{x}_0 \in Q_r$ bildet eine offene Überdeckung von Q_r, aus der sich wegen der Kompaktheit dieses Würfels eine endliche Teilüberdeckung $V_1 =$

$V(\mathfrak{x}_1), \ldots, V_k = V(\mathfrak{x}_k)$ auswählen läßt. Wir setzen $c_k = c(\mathfrak{x}_\kappa)$, $\kappa = 1, \ldots, k$, ferner $V_0 = \mathbb{R}^n - Q_r$ und $c_0 = 0$. Damit erhält man eine endliche offene Überdeckung $\mathfrak{B} = \{V_\kappa\colon \kappa = 0, \ldots, k\}$ des $\mathbb{R}^n$ und Zahlen $c_0, \ldots, c_k$, so daß für $\mathfrak{x} \in V_\kappa$ und $\kappa \neq 0$ stets $h^*(\mathfrak{x}) < c_\kappa < g(\mathfrak{x})$ ist; für $\mathfrak{x} \in V_0$ ist $h^*(\mathfrak{x}) \leqq c_0 < g(\mathfrak{x})$. Da die Menge $\mathbb{R}^n - Q_{r+1}$ in V_0 enthalten ist, gibt es nach Hilfssatz 1.4 eine Quaderüberdeckung $\mathfrak{U}$, die feiner als $\mathfrak{B}$ ist. Wir ordnen jedem $U \in \mathfrak{U}$ ein für alle mal einen Index $\kappa(U) \in \{0, \ldots, k\}$ so zu, daß

$$U \subset V_{\kappa(U)}$$

gilt, und definieren eine Funktion t auf dem $\mathbb{R}^n$ folgendermaßen:

$$t(\mathfrak{x}) = c_{\kappa(U)}, \qquad \text{falls } \mathfrak{x} \in \mathring{U};$$
$$t(\mathfrak{x}) \in \mathbb{R}, \qquad \text{falls } \mathfrak{x} \in \partial \mathfrak{U}.$$

Auf $\partial\mathfrak{U}$ soll t also ganz willkürlich definiert werden. Wir zeigen nun, daß t die im Satz gewünschten Eigenschaften hat.

α) t ist eine Treppenfunktion. Denn t ist definitionsgemäß auf allen $\mathring{U}$ konstant. Ist ferner $\mathring{U}$ nicht beschränkt, so kann U nur in V_0 enthalten sein, da die andern V_κ beschränkt sind; also ist $t(\mathring{U}) = c_{\kappa(U)} = c_0 = 0$.

β) Es sei nun $\mathfrak{x}_0 \in \mathbb{R}^n$. Dann ist

$$\mathfrak{x}_0 \in \bigcap_{\substack{U \in \mathfrak{U} \\ \mathfrak{x}_0 \in U}} U \subset \bigcap_{\mathfrak{x}_0 \in U} V_{\kappa(U)}.$$

Demnach ist für die U mit $\mathfrak{x}_0 \in U$

$$h^*(\mathfrak{x}_0) \leqq c_{\kappa(U)} < g(\mathfrak{x}_0),$$

also

$$\begin{aligned} h(\mathfrak{x}_0) \leqq h^*(\mathfrak{x}_0) &\leqq \min\{c_{\kappa(U)}\colon \mathfrak{x}_0 \in U\} \\ &= \underline{t}(\mathfrak{x}_0) \leqq \bar{t}(\mathfrak{x}_0) = \max\{c_{\kappa(U)}\colon \mathfrak{x}_0 \in U\} < g(\mathfrak{x}_0). \end{aligned}$$

γ) Jetzt sei $\mathfrak{x}_0$ ein Punkt mit $|\mathfrak{x}_0| \leqq r$. Ist dann U ein Quader, der $\mathfrak{x}_0$ enthält, so ist $U \not\subset V_0$, also $\kappa(U) \neq 0$. In $\mathfrak{x}_0$ gilt daher die strikte Ungleichung

$$h^*(\mathfrak{x}_0) < c_{\kappa(U)},$$

und derselbe Beweis wie in β) liefert dann

$$h(\mathfrak{x}_0) < \underline{t}(\mathfrak{x}_0).$$

Durch β) und γ) zusammen sind die Eigenschaften 1 und 2 verifiziert.

Wir wollen einen Teil des Satzes mit neuen Begriffen formulieren.

Definition 2.4. *Eine Treppenfunktion t ist ganz im Funktionsbereich $\mathfrak{F}$ enthalten, in Zeichen:*

$$t \in\in \mathfrak{F},$$

wenn $\underline{t}$ und $\bar{t}$ zu $\mathfrak{F}$ gehören.

Es sei $\mathfrak{F} = \mathfrak{F}[h, g]$ ein Funktionsbereich und Q_r ein Würfel, so daß auf $\mathbb{R}^n - \mathring{Q}_r$ die Ungleichung $h < 0 < g$ besteht. Ist t dann eine Treppenfunktion, die den Bedingungen von Satz 2.2 genügt, so gilt: $t \in\in \mathfrak{F}$. Also haben wir den fundamentalen

Satz 2.4. *Zu jedem Funktionsbereich $\mathfrak{F}$ gibt es ein $t \in \mathfrak{T}(\mathfrak{U})$ mit $t \in\in \mathfrak{F}$.*

Man kann dem Funktionsbereich $\mathfrak{F}[h, g]$ die Menge

$$F = \{(\mathfrak{x}, y) \in \mathbb{R}^n \times \mathbb{R} : h(\mathfrak{x}) < y < g(\mathfrak{x})\}$$

zuordnen. Aus der Halbstetigkeit von h und g folgt, daß F offen ist (wie sehr leicht einzusehen). Schränkt man eine gegebene Treppenfunktion $t \in \mathfrak{T}(\mathfrak{U})$ auf die offenen Quader $\mathbb{R}^n - \partial\mathfrak{U}$ ein und bezeichnet mit G_t den Graphen dieser Einschränkung in $\mathbb{R}^n \times \mathbb{R}$, mit $\bar{G}_t$ seine abgeschlossene Hülle, so liegt t gerade dann ganz in $\mathfrak{F}$, wenn $\bar{G}_t \subset F$ gilt.

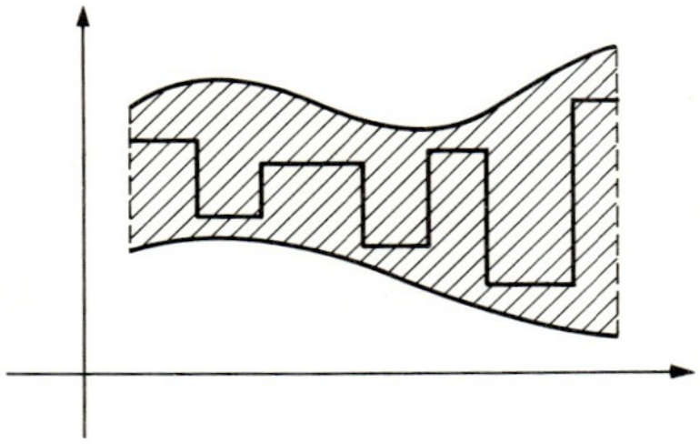

Fig. 5. „Konvexe" Hülle von $\bar{G}_t$

Wir notieren noch für spätere Anwendungen

Satz 2.5. *Es sei $\mathfrak{F}[h, g]$ ein Funktionsbereich, t eine Treppenfunktion mit $\bar{t} < g$. Dann existiert eine Treppenfunktion $\tau \in\in \mathfrak{F}$ mit $\bar{t} \leqq \tau$.*

Zum Beweis wähle man ein beliebiges $\tau^* \in\in \mathfrak{F}$ und setze $\tau = \max(\bar{t}, \bar{\tau}^*)$.

Jetzt sind alle Vorbereitungen zur Definition des Lebesgue-Integrals getroffen.

Definition 2.5. *Eine Funktion f auf dem $\mathbb{R}^n$ ist integrierbar, wenn es eine reelle Zahl A und zu jedem $\varepsilon > 0$ eine Umgebung $\mathfrak{F} = \mathfrak{F}[h, g]$ von f gibt, so daß für jede Treppenfunktion $t \in\in \mathfrak{F}$ die Ungleichung $|\Sigma(t) - A| < \varepsilon$ richtig ist.*

Wir schreiben

$$A = \int_{\mathbb{R}^n} f(\mathfrak{x})\, d\mathfrak{x} = \int_{\mathbb{R}^n} f(x_1, \ldots, x_n)\, dx_1 \ldots dx_n = \int_{\mathbb{R}^n} f\, d\mathfrak{x}$$

und nennen A das *Integral* von f über den $\mathbb{R}^n$, genauer das *Lebesgue-Integral.* Für die Riemannsche Summe Σ sagt man auch gelegentlich *Lebesgue-Maß.* Der Hinweis auf den $\mathbb{R}^n$ wird oft fortgelassen.

Satz 2.6. *A ist durch f eindeutig bestimmt.*

Beweis. Sind A und A' zwei Integrale von f, so gibt es zu jedem $\varepsilon > 0$ Umgebungen $\mathfrak{F}$ und $\mathfrak{F}'$ von f mit $|\Sigma(t) - A| < \varepsilon$ und $|\Sigma(t') - A'| < \varepsilon$ für alle $t \in\in \mathfrak{F}$ bzw. $t' \in\in \mathfrak{F}'$. $\mathfrak{F} \cap \mathfrak{F}'$ ist wieder ein Funktionsbereich. Wählt man nun $\tau \in\in \mathfrak{F} \cap \mathfrak{F}'$, so ist

$$|A - A'| \leqq |A - \Sigma(\tau)| + |A' - \Sigma(\tau)| < 2\varepsilon;$$

also folgt $A = A'$.

Die Abbildung $f \to \int f(\mathfrak{x})\, d\mathfrak{x}$ ist die gewünschte Fortsetzung von Σ auf einen größeren Funktionenraum. Das können wir aber erst nach und nach einsehen. Zunächst ist noch nicht einmal klar, ob es überhaupt integrierbare Funktionen gibt. Wir zeigen daher

Satz 2.7. *Die Nullfunktion ist integrierbar:*

$$\int 0\, d\mathfrak{x} = 0.$$

Beweis. Wir müssen zu jedem $\varepsilon > 0$ eine Umgebung $\mathfrak{F}$ der Nullfunktion so finden, daß für alle $t \in\in \mathfrak{F}$

$$|\Sigma(t)| < \varepsilon$$

wird. Diese Umgebung wird von der Gestalt $\mathfrak{F}[-\eta, \eta]$ sein, wobei η eine nach unten halbstetige Funktion ist, die folgendermaßen konstruiert wird: Man wählt nicht-negative Treppenfunktionen t_λ mit $\lambda = 0, 1, 2, \ldots$, deren Träger, d.h. die Menge $\{\mathfrak{x}\colon t_\lambda(\mathfrak{x}) \neq 0\}$, ganz außerhalb eines kompakten Würfels $Q_{\lambda-2}$ liegt; die $Q_{\lambda-2}$ mit $\lambda = 2, 3, 4, \ldots$, werden dabei als monoton aufsteigende Folge von Mengen angenommen, die den ganzen Raum ausschöpfen. Dann läßt sich die Summe $\sum_{\lambda=0}^{\infty} c_\lambda t_\lambda$ mit beliebigen $c_\lambda > 0$ bilden; bei geeignet bestimmten c_λ liefert sie die gesuchte Funktion η. Nun zu den Einzelheiten des Beweises.

Wie stets sei $Q_\nu = \{\mathfrak{x}\colon |\mathfrak{x}| \leqq \nu\}$ der Würfel der Kantenlänge 2ν um 0 und $\mathring{Q}_\nu = \{\mathfrak{x}\colon |\mathfrak{x}| < \nu\}$ das Innere von Q_ν; wir setzen noch $Q_{-1} = \emptyset$. Für $\nu = 0, 1, 2, \ldots$ sei nun

$$V_\nu = \mathring{Q}_{\nu+1} - Q_{\nu-1}, \qquad W_\nu = \mathbb{R}^n - Q_{\nu-1}.$$

Für jede ganze Zahl $\lambda \geqq 0$ ist dann $\mathfrak{V}_\lambda = \{V_0 \ldots, V_\lambda, W_{\lambda+1}\}$ eine endliche offene Überdeckung des $\mathbb{R}^n$; zu $\mathfrak{V}_\lambda$ gibt es einen offenen Würfel $\mathring{Q}_r$ (etwa $\mathring{Q}_{\lambda+1}$), dessen Komplement $\mathbb{R}^n - \mathring{Q}_r$ in $W_{\lambda+1}$ enthalten ist. Nach Hilfssatz 1.4 können wir zu jedem λ eine Quaderüberdeckung $\mathfrak{U}_\lambda \leqq \mathfrak{V}_\lambda$ finden. Wir definieren nun Treppenfunktionen $t_\lambda \in \mathfrak{T}(\mathfrak{U}_\lambda)$ durch

$$t_\lambda(\mathfrak{x}) = \begin{cases} 1, & \text{falls für alle } U \in \mathfrak{U}_\lambda \text{ mit } \mathfrak{x} \in U \text{ gilt:} \\ & U \subset V_\lambda \cup V_{\lambda-1} \\ 0 & \text{sonst.} \end{cases}$$

t_λ ist in der Tat eine Treppenfunktion zu $\mathfrak{U}_\lambda$. Ist nämlich $U \in \mathfrak{U}_\lambda$ und $U \subset V_\lambda \cup V_{\lambda-1}$, so ist $t_\lambda | \mathring{U} \equiv 1$; ist $U \not\subset V_\lambda \cup V_{\lambda-1}$, so ist $t_\lambda | \mathring{U} \equiv 0$. Falls U nicht kompakt ist, ist $U \not\subset V_\lambda \cup V_{\lambda-1}$, also $t_\lambda | \mathring{U} \equiv 0$.

Wir verifizieren nun die folgenden Eigenschaften der t_λ:

α) $t_\lambda = \underline{t}_\lambda$, *insbesondere ist* t_λ *nach unten halbstetig.*
β) $t_\lambda | Q_\lambda - \mathring{Q}_{\lambda-1} \equiv 1$.
γ) $t_\lambda | Q_{\lambda-2} \equiv 0$.

Zu α). Es ist

$$\underline{t}_\lambda(\mathfrak{x}) = \min\{t_\lambda(\mathring{U}) \colon \ \mathfrak{x} \in U \in \mathfrak{U}_\lambda\}.$$

Entweder sind alle diese U in $V_\lambda \cup V_{\lambda-1}$ enthalten; dann ist immer $t_\lambda(\mathring{U}) = 1$, also auch $\underline{t}_\lambda(\mathfrak{x}) = 1$ und $t_\lambda(\mathfrak{x}) = 1$. Oder es gibt ein $U \not\subset V_\lambda \cup V_{\lambda-1}$ mit $\mathfrak{x} \in U$. Dann ist $t_\lambda(\mathfrak{x}) = 0$ und $t_\lambda(\mathring{U}) = 0$, also auch $\underline{t}_\lambda(\mathfrak{x}) = 0$.

Zu β). Es sei $\mathfrak{x} \in Q_\lambda - \mathring{Q}_{\lambda-1}$. Da $\mathfrak{x} \notin \mathbb{R}^n - Q_\lambda = W_{\lambda+1}$, gilt für jedes $U \in \mathfrak{U}_\lambda$, das $\mathfrak{x}$ enthält: $U \subset V_\kappa$, $\kappa \leqq \lambda$. Nun ist $\mathfrak{x} \notin \mathring{Q}_{\lambda-1}$, also

$$\mathfrak{x} \notin \bigcup_{\nu \leqq \lambda-2} V_\nu.$$

Demnach gilt $U \subset V_\lambda$ oder $V_{\lambda-1}$. Nach Konstruktion von t_λ hat man dann $t_\lambda(\mathfrak{x}) = 1$.

Zu γ). Ist $\mathfrak{x} \in Q_{\lambda-2}$ und U ein Quader in $\mathfrak{U}_\lambda$, der $\mathfrak{x}$ enthält, so ist $U \not\subset V_\lambda \cup V_{\lambda-1} = \mathring{Q}_{\lambda+1} - Q_{\lambda-2}$, also $t_\lambda(\mathfrak{x}) = 0$.

Wir wählen nun eine Folge c_λ, $\lambda = 0, 1, \ldots$, positiver reeller Zahlen so, daß $\sum_{\lambda=0}^{\infty} c_\lambda \Sigma(t_\lambda) < \varepsilon$ wird. Dabei sei ε eine vorgegebene reelle positive Zahl. Weiter sei $\eta = \sum_{\lambda=0}^{\infty} c_\lambda t_\lambda$. Wegen Eigenschaft γ) konvergiert die Reihe punktweise, denn jedes $\mathfrak{x}$ liegt für hinreichend großes λ_0 in einem Würfel Q_{λ_0-2}, so daß höchstens für $\lambda < \lambda_0$ der Wert $t_\lambda(\mathfrak{x}) \neq 0$ sein kann. Nach α) ist η in jedem $\mathfrak{x} \in \mathbb{R}^n$ halbstetig nach unten, und auf Grund von Aussage β) ist stets $\eta(\mathfrak{x}) > 0$. Der Funktionsbereich $\mathfrak{F} = \mathfrak{F}[-\eta, \eta]$ ist also eine Umgebung der Nullfunktion. Es sei nun $t \in \in \mathfrak{F}$ eine beliebige

Treppenfunktion. Da für passendes λ_0 die Funktion t auf $\mathbb{R}^n - Q_{\lambda_0 - 1}$ Null ist, gilt die Ungleichung

$$-\sum_{\lambda=0}^{\lambda_0} c_\lambda t_\lambda \leqq t \leqq \sum_{\lambda=0}^{\lambda_0} c_\lambda t_\lambda,$$

und deshalb folgt weiter

$$-\varepsilon < -\sum_{\lambda=0}^{\lambda_0} c_\lambda \Sigma(t_\lambda) \leqq \Sigma(t) \leqq \sum_{\lambda=0}^{\lambda_0} c_\lambda \Sigma(t_\lambda) < \varepsilon,$$

d.h.

$$|\Sigma(t)| < \varepsilon.$$

Das war zu zeigen.

Aus den bisherigen Sätzen folgern wir noch

Satz 2.8. *Ist $\mathfrak{F} = \mathfrak{F}[h, g]$ eine Umgebung der Nullfunktion, so daß für alle $t \in\in \mathfrak{F}$ stets $|\Sigma(t)| < \varepsilon$ gilt, so folgt $\Sigma(\tau) < \varepsilon$ für jede Treppenfunktion τ mit $\bar{\tau} < g$ und $\Sigma(\tau) > -\varepsilon$ für jedes τ mit $\underline{\tau} > h$.*

Beweis. Nach Satz 2.5 gibt es ein $\tau^* \in\in \mathfrak{F}$ mit $\bar{\tau} \leqq \tau^*$, also

$$\Sigma(\tau) = \Sigma(\bar{\tau}) \leqq \Sigma(\tau^*) < \varepsilon.$$

Die zweite Behauptung ergibt sich entsprechend.

§ 3. Integration halbstetiger Funktionen

Bisher wissen wir nur, daß die Nullfunktion integrierbar ist. Die folgenden Sätze zeigen, daß die Klasse der integrablen Funktionen sehr umfangreich ist.

Satz 3.1. *Die Funktion f: $\mathbb{R}^n \to \bar{\mathbb{R}}$ sei nach unten halbstetig, und außerhalb des Würfels $Q_r = \{\mathfrak{x} \in \mathbb{R}^n \,|\, |\mathfrak{x}| \leqq r\}$ sei $f \geqq 0$; dann sind folgende Aussagen äquivalent:*

1. *f ist integrierbar.*
2. *$A = \sup\{\Sigma(t) \,|\, t \in \mathfrak{T}$ und $\bar{t} \leqq f\} < +\infty$.*

Ist 1 oder 2 erfüllt, dann gilt $A = \int_{\mathbb{R}^n} f(\mathfrak{x})\, d\mathfrak{x}$.

Zusatz. *Gilt sogar $f > 0$ außerhalb von Q_r, so folgt:*

$$\int_{\mathbb{R}^n} f(\mathfrak{x})\, d\mathfrak{x} = \sup\{\Sigma(t) \,|\, t \in \mathfrak{T},\ \bar{t} < f\}.$$

Beweis. a) Zunächst sei die Voraussetzung 2 erfüllt; wir zeigen dann die Integrierbarkeit von f und die Gleichheit

$$\int f(\mathfrak{x})\,d\mathfrak{x}=A.$$

Es sei $\varepsilon>0$ gegeben. Wir wählen eine Treppenfunktion $t_0=\bar{t}_0\leqq f$ mit

$$0\leqq A-\Sigma(t_0)<\frac{\varepsilon}{2};$$

wenn die Voraussetzung des Zusatzes gilt, sei sogar $\bar{t}_0<f$. Weiterhin sei $\mathfrak{F}^*=\mathfrak{F}[h^*,g^*]$ eine Umgebung der Nullfunktion mit

$$|\Sigma(t)|<\frac{\varepsilon}{2}\qquad \text{für}\quad t\in\in\mathfrak{F}^*;$$

nach Satz 2.7 gibt es eine solche Umgebung.

Wir setzen jetzt

$$g=f+g^*,\qquad h=t_0+h^*.$$

Sicher sind h und g nach oben bzw. unten halbstetig. Für alle $\mathfrak{x}$ mit $f(\mathfrak{x})\neq+\infty$ ist

$$h(\mathfrak{x})=t_0(\mathfrak{x})+h^*(\mathfrak{x})<t_0(\mathfrak{x})\leqq f(\mathfrak{x})<f(\mathfrak{x})+g^*(\mathfrak{x})=g(\mathfrak{x});$$

ist $f(\mathfrak{x})=\infty$, so ist die letzte Ungleichung nicht mehr strikt. Schließlich gilt außerhalb eines hinreichend großen Würfels

$$h=h^*<0\leqq f<g,$$

denn $t_0\equiv 0$ außerhalb einer kompakten Menge. Somit ist $\mathfrak{F}=\mathfrak{F}[h,g]$ eine Umgebung von f. Wir sind fertig, wenn wir für jedes $t\in\in\mathfrak{F}$ die Abschätzung

$$|\Sigma(t)-A|<\varepsilon$$

verifiziert haben. Es sei also $t\in\in\mathfrak{F}$. Wegen

$$\bar{t}<f+g^*,\qquad \text{also}\quad \bar{t}-f<g^*$$

genügen die Funktionen $\bar{t}-f$ und g^* den Voraussetzungen von Satz 2.3; unter den Voraussetzungen des Zusatzes ist $\mathfrak{F}[\bar{t}-f,g^*]$ sogar ein Funktionsbereich. Daher existiert ein $\tau\in\mathfrak{T}$ mit

$$\bar{t}-f\leqq\underline{\tau}\leqq\bar{\tau}<g^*$$

bzw.

$$\bar{t}-f<\underline{\tau}\leqq\bar{\tau}<g^*$$

im Falle des Zusatzes. Daher ist

$$\overline{t-\tau} \leqq \bar{t} - \underline{\tau} \leqq f \quad \text{(bzw. } < f\text{)},$$

also nach Definition von A

$$\Sigma(t-\tau) \leqq A$$
$$\Sigma(t) \leqq A + \Sigma(\tau).$$

Aber nach Satz 2.8 ist $\Sigma(\tau) < \frac{\varepsilon}{2}$, d.h.

$$\Sigma(t) < A + \frac{\varepsilon}{2}.$$

Um $\Sigma(t)$ nach unten abzuschätzen, beachten wir

$$\underline{t} > h = t_0 + h^*$$
$$\underline{t - t_0} \geqq \underline{t} - \bar{t}_0 > h^*,$$

also nach Satz 2.8

$$\Sigma(t-t_0) > -\frac{\varepsilon}{2}$$
$$\Sigma(t) > \Sigma(t_0) - \frac{\varepsilon}{2} > A - \varepsilon.$$

b) Es sei nun f als integrierbar vorausgesetzt. Wendet man Satz 2.3 auf die Funktionen $-\infty$ und f an, so erhält man Treppenfunktionen $\bar{t} \leqq f$ (bzw. $< f$, wenn f den Voraussetzungen des Zusatzes genügt). A ist also definiert. Es sei $\bar{t} \leqq f$. Wir können eine Umgebung $\mathfrak{F} = \mathfrak{F}[h, g]$ von f so finden, daß

$$|\Sigma(\tau) - \int f(\mathfrak{x})\, d\mathfrak{x}| < 1$$

für alle $\tau \in\in \mathfrak{F}$ wird. Nach Satz 2.5 gibt es ein $\tau \in\in \mathfrak{F}$ mit $\bar{t} \leqq \tau$. Daher ist

$$\Sigma(t) \leqq \Sigma(\tau) < \int f(\mathfrak{x})\, d\mathfrak{x} + 1,$$

also

$$A \leqq \int f(\mathfrak{x})\, d\mathfrak{x} + 1 < \infty.$$

Damit ist alles bewiesen.

Für nach oben halbstetige Funktionen zeigt man entsprechend

Satz 3.2. *Die Funktion f: $\mathbb{R}^n \to \bar{\mathbb{R}}$ sei nach oben halbstetig, und außerhalb eines Würfels $Q_r = \{\mathfrak{x} \in \mathbb{R}^n \,|\, |\mathfrak{x}| \leqq r\}$ sei $f \leqq 0$. Dann sind folgende Aussagen äquivalent:*

1. *f ist integrierbar.*
2. *$A = \inf\{\Sigma(t) \,|\, t \in \mathfrak{T}$ und $\underline{t} \geqq f\} > -\infty$.*

Ist 1 oder 2 erfüllt, dann gilt $A = \int_{\mathbb{R}^n} f(\mathfrak{x})\, d\mathfrak{x}$.

Zusatz. *Gilt sogar $f<0$ außerhalb von Q_r, so folgt:*

$$\int_{\mathbb{R}^n} f(\mathfrak{x})\,d\mathfrak{x} = \inf\{\Sigma(t) \mid t \in \mathfrak{T} \text{ und } \underline{t} > f\}.$$

Als Folgerung erhält man sofort

Satz 3.3. *Jede stetige Funktion, die außerhalb einer kompakten Menge identisch verschwindet, ist integrierbar.*

Der Leser kann leicht sehr viele von Null verschiedene derartige Funktionen konstruieren. Man beachte aber, daß konstante Funktionen $\neq 0$ nicht integrierbar sind (Beweis?).

§ 4. Integrationskriterien

Die Ergebnisse des vorigen Paragraphen liefern eine Reihe sehr nützlicher Methoden, um die Integrierbarkeit einer Funktion festzustellen. Zunächst brauchen wir einen neuen Begriff.

Definition 4.1. *Es sei ε eine positive Zahl. Ein Funktionsbereich $\mathfrak{F}$ heißt ε-Bereich, wenn für je zwei Treppenfunktionen $t_1, t_2 \in\in \mathfrak{F}$ stets*

$$|\Sigma(t_1) - \Sigma(t_2)| \leqq \varepsilon$$

ist. Eine ε-Umgebung einer Funktion f ist ein ε-Bereich, der f enthält.

Natürlich ist jeder Funktionsbereich, der in einem ε-Bereich enthalten ist, wieder ein ε-Bereich. Der folgende Satz charakterisiert ε-Bereiche.

Satz 4.1. *Für einen Funktionsbereich $\mathfrak{F} = \mathfrak{F}[h, g]$ sind folgende Aussagen äquivalent:*

1. *$\mathfrak{F}$ ist ein ε-Bereich.*
2. *g und h sind integrierbar, und es ist*

$$\int g(\mathfrak{x})\,d\mathfrak{x} - \int h(\mathfrak{x})\,d\mathfrak{x} \leqq \varepsilon.$$

(Sind h, g integrierbar, so ist stets $\int h(\mathfrak{x})\,d\mathfrak{x} \leqq \int g(\mathfrak{x})\,d\mathfrak{x}$.)

Beweis. a) Es sei $\mathfrak{F}$ ein ε-Bereich. Zu $\bar{t} < g$ gibt es nach Satz 2.5 ein $\tau \in\in \mathfrak{F}$ mit $\bar{t} \leqq \tau$ und daher $\Sigma(t) \leqq \Sigma(\tau)$. Demnach ist

$$A = \sup\{\Sigma(t)\colon\ \bar{t} < g\} = \sup\{\Sigma(\tau)\colon\ \tau \in\in \mathfrak{F}\}.$$

Analog ist

$$B = \inf\{\Sigma(t)\colon\ \underline{t} > h\} = \inf\{\Sigma(\tau)\colon\ \tau \in\in \mathfrak{F}\}.$$

Wegen $|\Sigma(\tau_1)-\Sigma(\tau_2)|\leqq\varepsilon$ für $\tau_1,\tau_2\in\in\mathfrak{F}$ sind A und B endlich, mit $A-B\leqq\varepsilon$ und natürlich $A\geqq B$. Nach den Zusätzen zu Satz 3.1 bzw. 3.2 ist aber

$$A=\int g(\mathfrak{x})\,d\mathfrak{x}, \qquad B=\int h(\mathfrak{x})\,d\mathfrak{x}.$$

b) Wenn

$$\int g(\mathfrak{x})\,d\mathfrak{x}-\int h(\mathfrak{x})\,d\mathfrak{x}\leqq\varepsilon,$$

so folgt für $t_1, t_2\in\in\mathfrak{F}$ nach § 3:

$$\int h(\mathfrak{x})\,d\mathfrak{x}\leqq\Sigma(t_i)\leqq\int g(\mathfrak{x})\,d\mathfrak{x}, \qquad i=1,2;$$

also

$$|\Sigma(t_1)-\Sigma(t_2)|\leqq\varepsilon.$$

Jetzt läßt sich ein Integrierbarkeitskriterium aufstellen, in dem, anders als in der ursprünglichen Definition, vom Integral der betrachteten Funktion nicht mehr die Rede ist.

Satz 4.2 (Cauchy-Kriterium). *Eine Funktion f ist genau dann integrierbar, wenn sie zu jedem $\varepsilon>0$ eine ε-Umgebung besitzt.*

Beweis. a) f sei integrierbar. Wir wählen zu $\varepsilon>0$ eine Umgebung $\mathfrak{F}$ von f, so daß

$$\left|\Sigma(t)-\int f(\mathfrak{x})\,d\mathfrak{x}\right|<\frac{\varepsilon}{2}$$

für alle $t\in\in\mathfrak{F}$ ist. Sind dann $t_1, t_2\in\in\mathfrak{F}$, so ist

$$|\Sigma(t_1)-\Sigma(t_2)|\leqq\left|\Sigma(t_1)-\int f(\mathfrak{x})\,d\mathfrak{x}\right|+\left|\Sigma(t_2)-\int f(\mathfrak{x})\,d\mathfrak{x}\right|<\varepsilon;$$

$\mathfrak{F}$ ist also eine ε-Umgebung.

b) Die Umkehrung ist etwas schwieriger. Gibt es zu jedem $\varepsilon>0$ eine ε-Umgebung von f, so können wir insbesondere $\frac{1}{\nu}$-Umgebungen

$$\mathfrak{F}_\nu^*=\mathfrak{F}[h_\nu^*, g_\nu^*]$$

von f wählen, $\nu=1,2,\ldots$. Setzt man

$$h_\nu=\max(h_1^*,\ldots,h_\nu^*),$$
$$g_\nu=\min(g_1^*,\ldots,g_\nu^*),$$

so ist

$$\mathfrak{F}_\nu=\mathfrak{F}[h_\nu, g_\nu]$$

eine Umgebung von f mit $\mathfrak{F}_\nu \subset \mathfrak{F}_\nu^*$, also wieder eine $\frac{1}{\nu}$-Umgebung. Nach Satz 4.1 sind h_ν und g_ν integrierbar, mit

$$\int g_\nu(\mathfrak{x})\,d\mathfrak{x} - \int h_\nu(\mathfrak{x})\,d\mathfrak{x} \leqq \frac{1}{\nu}.$$

Wegen

$$h_1 \leqq h_2 \leqq \cdots \leqq g_2 \leqq g_1$$

folgt aus den Sätzen 3.1 und 3.2:

$$\int h_1(\mathfrak{x})\,d\mathfrak{x} \leqq \int h_2(\mathfrak{x})\,d\mathfrak{x} \leqq \cdots \leqq \int g_2(\mathfrak{x})\,d\mathfrak{x} \leqq \int g_1(\mathfrak{x})\,d\mathfrak{x}$$

und damit die Existenz von

$$\lim_{\nu\to\infty} \int h_\nu(\mathfrak{x})\,d\mathfrak{x} = \lim_{\nu\to\infty} \int g_\nu(\mathfrak{x})\,d\mathfrak{x} = A.$$

Wir zeigen nun: f ist integrierbar, und

$$A = \int f(\mathfrak{x})\,d\mathfrak{x}.$$

Es sei $\varepsilon > 0$ gegeben. Wählt man ν so groß, daß $\frac{1}{\nu} < \varepsilon$ ist, so gilt für $t \in\in \mathfrak{F}_\nu$

$$\int h_\nu(\mathfrak{x})\,d\mathfrak{x} \leqq \Sigma(t) \leqq \int g_\nu(\mathfrak{x})\,d\mathfrak{x}$$

(nach § 3); da aber auch

$$\int h_\nu(\mathfrak{x})\,d\mathfrak{x} \leqq A \leqq \int g_\nu(\mathfrak{x})\,d\mathfrak{x}$$

ist, folgt

$$|A - \Sigma(t)| \leqq \int g_\nu(\mathfrak{x})\,d\mathfrak{x} - \int h_\nu(\mathfrak{x})\,d\mathfrak{x} \leqq \frac{1}{\nu} < \varepsilon.$$

Satz 4.3. *Ist $\mathfrak{F} = \mathfrak{F}[h, g]$ eine ε-Umgebung der integrierbaren Funktion f, so ist*

$$\int h(\mathfrak{x})\,d\mathfrak{x} \leqq \int f(\mathfrak{x})\,d\mathfrak{x} \leqq \int g(\mathfrak{x})\,d\mathfrak{x}.$$

Beweis. Wir wählen ein beliebiges $\delta > 0$ und eine Umgebung $\mathfrak{F}^*$ von f mit

$$|\Sigma(t) - \int f(\mathfrak{x})\,d\mathfrak{x}| < \delta$$

für alle $t \in\in \mathfrak{F}^*$. Nun sei $t \in\in \mathfrak{F} \cap \mathfrak{F}^*$. Dann ist $\Sigma(t) \leqq \int g(\mathfrak{x})\,d\mathfrak{x}$ und

$$\delta > \int f(\mathfrak{x})\,d\mathfrak{x} - \Sigma(t) \geqq \int f(\mathfrak{x})\,d\mathfrak{x} - \int g(\mathfrak{x})\,d\mathfrak{x}.$$

Also folgt

$$\int g(\mathfrak{x})\,d\mathfrak{x} \geqq \int f(\mathfrak{x})\,d\mathfrak{x} - \delta;$$

da δ beliebig war, muß

$$\int g(x)\,dx \geqq \int f(x)\,dx$$

sein. – Den zweiten Teil der Behauptung erhält man entsprechend.

Das Cauchysche Integrierbarkeitskriterium soll nun noch verallgemeinert werden.

Satz 4.4 (allgemeines Cauchy-Kriterium). *Für eine Funktion $f\colon \mathbb{R}^n \to \overline{\mathbb{R}}$ sind folgende Aussagen äquivalent:*

1. *f ist integrierbar.*
2. *Zur jedem $\varepsilon > 0$ gibt es integrierbare Funktionen f_1 und f_2 mit $f_1 \leqq f \leqq f_2$ und*

$$0 \leqq \int f_2(x)\,dx - \int f_1(x)\,dx \leqq \varepsilon.$$

Beweis. Die Notwendigkeit der Bedingung ist trivial. Sie sei nun umgekehrt erfüllt, und ε sei eine positive Zahl. Wir wählen integrierbare Funktionen f_1 und f_2 mit $f_1 \leqq f \leqq f_2$ und

$$0 \leqq \int f_2(x)\,dx - \int f_1(x)\,dx \leqq \frac{\varepsilon}{3}$$

sowie $\frac{\varepsilon}{3}$ Umgebungen $\mathfrak{F}[h_i, g_i]$ von f_i (für $i = 1, 2$). Dann ist $\mathfrak{F}[h_1, g_2]$ eine Umgebung von f, und es ist

$$\begin{aligned}
&\int g_2(x)\,dx - \int h_1(x)\,dx \\
&= \left(\int g_2(x)\,dx - \int f_2(x)\,dx\right) + \left(\int f_2(x)\,dx - \int f_1(x)\,dx\right) \\
&\quad + \left(\int f_1(x)\,dx - \int h_1(x)\,dx\right).
\end{aligned}$$

Die drei Summanden sind nach Satz 4.1 und 4.3 bzw. nach Voraussetzung $\leqq \frac{\varepsilon}{3}$ und nichtnegativ, also

$$0 \leqq \int g_2(x)\,dx - \int h_1(x)\,dx \leqq \varepsilon;$$

nach dem Cauchy-Kriterium is f daher integrierbar.

§ 5. Elementare Integrationsregeln

In diesem Paragraphen soll gezeigt werden, daß die reellwertigen integrierbaren Funktionen einen $\mathbb{R}$-Vektorraum bilden, auf welchem das Integral als lineares positives Funktional operiert. Wir formulieren alle Sätze natürlich gleich für $\overline{\mathbb{R}}$-wertige Funktionen; Spezialisierung auf reelle Funktionen liefert dann die obige Aussage.

Die Beweise geschehen in zwei Schritten: Zunächst zeigt man die Linearität des Integrals nur für halbstetige Funktionen und geht erst dann mit Hilfe der Sätze des vorigen Paragraphen zu beliebigen integrierbaren Funktionen über. Man könnte alle Beweise auch ohne Verwendung halbstetiger Funktionen führen, indem man auf die Definition des Integrals zurückgeht, doch wäre das erheblich komplizierter.

Hilfssatz 1. *Die Funktionen f_1 und f_2 seien integrierbar, nach unten halbstetig und außerhalb eines kompakten Würfels Q_r positiv. Dann ist f_1+f_2 integrierbar, und es gilt:*

$$\int (f_1+f_2)\,d\mathfrak{x} = \int f_1\,d\mathfrak{x} + \int f_2\,d\mathfrak{x}.$$

Beweis. a) Es sei t irgendeine Treppenfunktion mit $t<f_1+f_2$. Dann ist $\mathfrak{F}=\mathfrak{F}[t-f_1, f_2]$ ein Funktionsbereich, in dem also eine Treppenfunktion t_2 ganz enthalten ist. Wir setzen $t_1=t-t_2$ und erhalten die Ungleichungen

$$\bar{t}-f_1<\underline{t_2}\leqq \bar{t}_2<f_2, \qquad \bar{t}_1\leqq \bar{t}-\underline{t_2}<f_1.$$

Es folgt

$$t=t_1+t_2, \qquad \bar{t}_1<f_1, \qquad \bar{t}_2<f_2,$$

und daher nach Satz 3.1:

$$\Sigma(t)=\Sigma(t_1)+\Sigma(t_2)\leqq \int f_1\,d\mathfrak{x}+\int f_2\,d\mathfrak{x}<+\infty.$$

Nach demselben Satz ist f_1+f_2 somit integrierbar, mit

$$\int (f_1+f_2)\,d\mathfrak{x}\leqq \int f_1\,d\mathfrak{x}+\int f_2\,d\mathfrak{x}.$$

b) Nun seien $t_1, t_2 \in \mathfrak{T}(\mathfrak{A})$ mit $\bar{t}_1<f_1$ und $\bar{t}_2<f_2$ sowie $\int f_i\,d\mathfrak{x}<\Sigma(t_i)+\delta$ für $i=1,2$. Dann ist $\overline{t_1+t_2}\leqq \bar{t}_1+\bar{t}_2<f_1+f_2$, also

$$\begin{aligned}\int f_1\,d\mathfrak{x}+\int f_2\,d\mathfrak{x} &< \Sigma(t_1)+\Sigma(t_2)+2\delta\\ &=\Sigma(t_1+t_2)+2\delta\\ &\leqq \int (f_1+f_2)\,d\mathfrak{x}+2\delta.\end{aligned}$$

Hieraus folgt

$$\int f_1\,d\mathfrak{x}+\int f_2\,d\mathfrak{x}\leqq \int (f_1+f_2)\,d\mathfrak{x}.$$

Hilfssatz 2. *Die Funktion f sei integrierbar, nach unten (oben) halbstetig und außerhalb eines gewissen Würfels Q_r positiv (negativ). Ist dann c irgendeine reelle Zahl, so ist cf integrierbar, und zwar ist*

$$\int cf\,d\mathfrak{x}=c\int f\,d\mathfrak{x}.$$

Beweis. Für $c=0$ ist die Behauptung trivial. Ist $c>0$, so ist cf auch nach unten halbstetig, und die Behauptung folgt aus der Gleichwertigkeit der Aussagen „$\bar{t}<f$" und „$\overline{ct}<cf$"; für $c<0$ ist cf nach oben halbstetig, negativ außerhalb von Q_r, und

$$\begin{aligned}\inf\{\Sigma(t):\ \underline{t}>cf\} &= -\sup\{\Sigma(t):\ \bar{t}<-cf\}\\ &= -\int(-c)f\,d\mathfrak{x}\\ &= -(-c)\int f\,d\mathfrak{x}\\ &= c\cdot\int f\,d\mathfrak{x}.\end{aligned}$$

Die Aussage für nach oben halbstetige Funktionen ist der für nach unten halbstetige äquivalent.

Diesem Hilfssatz entnimmt man sofort, daß Hilfssatz 1 auch für nach oben halbstetige Funktionen, die für $|\mathfrak{x}|>r$ negativ sind, gilt; wir verzichten auf eine nochmalige Formulierung.

Hilfssatz 3. *Es sei f integrierbar, nach unten halbstetig, nicht-negativ und für $|\mathfrak{x}|>r$ sogar positiv. Dann ist $\int f\,d\mathfrak{x}\geqq 0$.*

Wegen $0\in\mathfrak{T}(\mathfrak{A})$ und $0\leqq f$ ist nämlich $\Sigma(0)=0\leqq\int f\,d\mathfrak{x}$.

Für nicht-positive nach oben halbstetige Funktionen hat man eine entsprechende Aussage.

Schließlich folgt aus den Sätzen 3.1 und 3.2 noch

Hilfssatz 4. *Die Funktion f sei halbstetig nach unten und außerhalb Q_r positiv. Mit f sind dann auch $f^+=\max(f,0)$ und $f^-=-\min(f,0)$ integrierbar.*

Beweis. a) Die Funktion f^+ ist nach unten halbstetig und außerhalb Q_r positiv. Nach Satz 2.3 gibt es eine Treppenfunktion τ mit $\tau=\bar{\tau}$ und $\tau\leqq\min(f,0)$. Es sei nun $t\in\mathfrak{T}$ und $\bar{t}<f^+$. Dann ist

$$\overline{(t+\tau)}\leqq\bar{t}+\bar{\tau}<f^+ +\tau\leqq f,$$

also $\Sigma(t+\tau)\leqq\int f\,d\mathfrak{x}$, d.h. $\Sigma(t)\leqq\int f\,d\mathfrak{x}-\Sigma(\tau)$. Rechts steht eine von t unabhängige Zahl; daher ist f^+ integrierbar.

b) Die Integrierbarkeit von f^- ergibt sich unmittelbar aus Satz 3.2, denn f^- ist nach oben halbstetig, nicht negativ und verschwindet außerhalb Q_r.

Für nach oben halbstetige Funktionen hat man einen analogen Satz.

Mit Hilfe der Ergebnisse des vorigen Paragraphen übertragen wir nun die eben bewiesenen Sätze auf beliebige integrierbare Funktionen.

Satz 5.1. *Mit f_1, f_2 ist auch f_1+f_2 integrierbar, und es gilt*

$$\int(f_1+f_2)\,d\mathfrak{x}=\int f_1\,d\mathfrak{x}+\int f_2\,d\mathfrak{x}.$$

Beweis. Es sei $\varepsilon>0$ gegeben. Nach Voraussetzung existieren $\frac{\varepsilon}{2}$-Bereiche $\mathfrak{F}_i = \mathfrak{F}[h_i, g_i]$ um f_i (für $i=1,2$). Dann ist

$$\mathfrak{F}[h_1+h_2, g_1+g_2]$$

eine Umgebung[2] von f_1+f_2, die wegen

$$\begin{aligned}&\int (g_1+g_2)\,d\mathfrak{x} - \int (h_1+h_2)\,d\mathfrak{x}\\ &= \int (g_1-h_1)\,d\mathfrak{x} + \int (g_2-h_2)\,d\mathfrak{x} \leqq \varepsilon\end{aligned}$$

nach Satz 4.1 ein ε-Bereich ist. (Hier haben wir Hilfssatz 1 und 2 angewandt.) Damit ist die Integrierbarkeit von f_1+f_2 gezeigt. Wegen Satz 4.3 gilt

$$\begin{aligned}\int (h_1+h_2)\,d\mathfrak{x} &\leqq \int (f_1+f_2)\,d\mathfrak{x} \leqq \int (g_1+g_2)\,d\mathfrak{x},\\ \int h_1\,d\mathfrak{x} &\leqq \quad \int f_1\,d\mathfrak{x} \quad \leqq \int g_1\,d\mathfrak{x},\\ \int h_2\,d\mathfrak{x} &\leqq \quad \int f_2\,d\mathfrak{x} \quad \leqq \int g_2\,d\mathfrak{x}.\end{aligned}$$

Nach Hilfssatz 1 besteht also auch die Ungleichung

$$\int (h_1+h_2)\,d\mathfrak{x} \leqq \int f_1\,d\mathfrak{x} + \int f_2\,d\mathfrak{x} \leqq \int (g_1+g_2)\,d\mathfrak{x}$$

und damit

$$\left|\int (f_1+f_2)\,d\mathfrak{x} - \int f_1\,d\mathfrak{x} - \int f_2\,d\mathfrak{x}\right| \leqq \varepsilon.$$

Da ε beliebig war, ist die im Satz behauptete Gleichung bewiesen.

Satz 5.2. *Wenn die Funktion f integrierbar ist, dann auch cf (für $c\in\mathbb{R}$), und zwar ist*

$$\int cf\,d\mathfrak{x} = c\int f\,d\mathfrak{x}.$$

Beweis. Ist $\mathfrak{F}[h,g]$ eine ε/c-Umgebung für f (wir setzen $c>0$ voraus), so ist $\mathfrak{F}[ch, cg]$ eine ε-Umgebung von cf. Weiter ist (Hilfssatz 2)

$$\begin{aligned}c\int h\,d\mathfrak{x} = \int ch\,d\mathfrak{x} &\leqq \int cf\,d\mathfrak{x} \leqq \int cg\,d\mathfrak{x} = c\int g\,d\mathfrak{x},\\ \int h\,d\mathfrak{x} &\leqq \int f\,d\mathfrak{x} \quad \leqq \int g\,d\mathfrak{x};\end{aligned}$$

also wieder

$$\left|\int cf\,d\mathfrak{x} - c\int f\,d\mathfrak{x}\right| \leqq \varepsilon,$$

woraus die Gleichheit beider Integrale folgt. — Für $c=0$ ist alles trivial, für $c<0$ vertausche man die Rollen von g und h.

---

[2] Dort, wo $f_1(\mathfrak{x})+f_2(\mathfrak{x})$ nicht definiert ist, muß $h_1(\mathfrak{x})+h_2(\mathfrak{x}) = -\infty$, $g_1(\mathfrak{x})+g_2(\mathfrak{x}) = +\infty$ sein. Man vergleiche die zu Anfang von § 0 getroffenen Definitionen.

Satz 5.3. *Das Integral einer nichtnegativen integrierbaren Funktion f ist nichtnegativ.*

Beweis. Es sei $\mathfrak{F} = \mathfrak{F}[h, g]$ eine ε-Umgebung von f. Wegen $g > 0$ ist $\int g\, d\mathfrak{x} \geqq 0$ nach Hilfssatz 3, also nach Satz 4.1 und 4.3:

$$\int f\, d\mathfrak{x} \geqq \int g\, d\mathfrak{x} - \varepsilon \geqq -\varepsilon.$$

Diese Ungleichung kann nur dann für jedes positive ε bestehen, wenn $\int f\, d\mathfrak{x} \geqq 0$ ist.

Natürlich folgt aus den Sätzen 5.1 bis 5.2: *Sind f_1, f_2 integrierbar und ist $f_1 \leqq f_2$, so ist $\int f_1\, d\mathfrak{x} \leqq \int f_2\, d\mathfrak{x}$.*

Satz 5.4. *Mit f sind auch die Funktionen f^+, f^- und $|f|$ integrierbar.*

Beweis. Es genügt, f^+ als integrierbar nachzuweisen. Zu gegebenem $\varepsilon > 0$ wählen wir eine ε-Umgebung $\mathfrak{F}[h, g]$ von f und stellen sofort fest, daß h^+, g^+, f^+ den Voraussetzungen des allgemeinen Cauchy-Kriteriums genügen: Es ist $h^+ \leqq f^+ \leqq g^+$, h^+ und g^+ sind nach Hilfssatz 4 integrierbar, und man hat wegen $g^+ - h^+ \leqq g - h$

$$\int g^+\, d\mathfrak{x} - \int h^+\, d\mathfrak{x} \leqq \int g\, d\mathfrak{x} - \int h\, d\mathfrak{x} \leqq \varepsilon.$$

Demnach ist f^+ integrierbar.

Man entnimmt diesem Satz natürlich sofort, daß mit f_1 und f_2 auch die Funktionen $\min(f_1, f_2)$ und $\max(f_1, f_2)$ integrierbar sind.

Wir notieren noch zwei weitere einfache Eigenschaften des Integrals, die *Translations-* und die *Spiegelungsinvarianz.*

Satz 5.5. *Ist f eine integrierbare Funktion und $\mathfrak{a} \in \mathbb{R}^n$ ein Punkt, so ist die durch $f_{\mathfrak{a}}(\mathfrak{x}) = f(\mathfrak{a} + \mathfrak{x})$ definierte Funktion $f_{\mathfrak{a}}$ ebenfalls integrierbar; es ist*

$$\int f(\mathfrak{x})\, d\mathfrak{x} = \int f_{\mathfrak{a}}(\mathfrak{x})\, d\mathfrak{x}.$$

Ebenso ist die durch $f^*(\mathfrak{x}) = f(-\mathfrak{x})$ erklärte Funktion integrierbar, mit

$$\int f^*(\mathfrak{x})\, d\mathfrak{x} = \int f(\mathfrak{x})\, d\mathfrak{x}.$$

Beide Aussagen sind fast triviale Spezialfälle der allgemeinen Transformationsformel (Kap. III).

Beweis von Satz 5.5. Für Treppenfunktionen ist offenbar

$$\Sigma(t_{\mathfrak{a}}) = \Sigma(t).$$

Es sei nun $\varepsilon > 0$. Ist $\mathfrak{F}[h, g]$ eine Umgebung von f, so daß

$$|\Sigma(t) - \int f(\mathfrak{x})\, d\mathfrak{x}| < \varepsilon$$

für alle $t \in\in \mathfrak{F}[h,g]$ gilt, so ist $\mathfrak{F}[h_a, g_a]$ eine Umgebung von f_a, und für $t \in\in \mathfrak{F}[h_a, g_a]$ gilt wegen $t_{-a} \in\in \mathfrak{F}[h,g]$:

$$|\Sigma(t) - \int f(\mathfrak{x})\, d\mathfrak{x}| = |\Sigma(t_{-a}) - \int f(\mathfrak{x})\, d\mathfrak{x}| < \varepsilon.$$

Das zeigt die erste Behauptung; die zweite Behauptung beweist man auf dieselbe Weise.

§ 6. Monotone Folgen

Wir kommen nun zu den wesentlichen Sätzen der Integrationstheorie, nämlich den Konvergenzsätzen (Vertauschung der Integration mit andern Grenzprozessen). Die Hauptarbeit wird in diesem Paragraphen geleistet – alle Sätze der folgenden Abschnitte (mit Ausnahme des Satzes von Fubini in § 12) sind einfache Anwendungen des in Satz 6.1 formulierten Resultates.

Satz 6.1 (B. Levi). *Es sei* $f = \sum_{\nu=1}^{\infty} f_\nu$ *die Summe einer unendlichen Reihe nichtnegativer integrierbarer Funktionen* f_ν. *Wenn*

$$A = \sum_{\nu=1}^{\infty} \int f_\nu(\mathfrak{x})\, d\mathfrak{x} < \infty$$

ist (d.h. wenn die Reihe der Integrale gegen $A \in \mathbb{R}$ *konvergiert), dann ist die Funktion* f *integrierbar, und es gilt:*

$$\int f(\mathfrak{x})\, d\mathfrak{x} = A.$$

Kürzer (und ungenauer) kann man sagen:

$$\int \left(\sum_{\nu=1}^{\infty} f_\nu \right) d\mathfrak{x} = \sum_{\nu=1}^{\infty} \int f_\nu\, d\mathfrak{x}.$$

Beweis. Wie bisher führen wir den Beweis zuerst für halbstetige Funktionen und übertragen das so gewonnene Ergebnis anschließend auf beliebige integrierbare Funktionen.

a) Die Funktionen f_ν mögen also zusätzlich nach unten halbstetig und außerhalb eines Würfels Q_{r_ν} positiv sein (für $\nu = 1, 2, \ldots$). Offenbar ist dann $f = \sum_{\nu=1}^{\infty} f_\nu$ außerhalb von Q_{r_1} positiv; wir zeigen, daß f auch noch nach unten halbstetig ist. Zu $a < f(\mathfrak{x}_0)$ läßt sich nämlich ein ν_0 finden, so daß

$$a < f_{\nu_0}^*(\mathfrak{x}_0) = \sum_{\nu=1}^{\nu_0} f_\nu(\mathfrak{x}_0)$$

ist, und wegen der unteren Halbstetigkeit von $f_{\nu_0}^*$ gilt diese Ungleichung noch für alle $\mathfrak{x}$ aus einer vollen Umgebung von $\mathfrak{x}_0$. Da aber stets $f_{\nu_0}^*(\mathfrak{x}) \leqq f(\mathfrak{x})$ ist, folgt erst recht $a < f(\mathfrak{x})$ für diese $\mathfrak{x}$ – das heißt, f ist in $\mathfrak{x}_0$ halbstetig nach unten.

Um f als integrierbar nachzuweisen, verwenden wir Satz 3.1. Es sei t eine Treppenfunktion mit $\bar{t} < f$ und K eine kompakte Menge, so daß $\bar{t}\,|\,\mathbb{R}^n - K \equiv 0$, aber $f_1\,|\,\mathbb{R}^n - K > 0$ ist. Zu $\mathfrak{x} \in K$ wählen wir ein $\nu(\mathfrak{x}) \in \mathbb{N}$ mit

$$\bar{t}(\mathfrak{x}) < \sum_{\nu=1}^{\nu(\mathfrak{x})} f_\nu(\mathfrak{x}) \leqq f(\mathfrak{x}).$$

Wegen der Halbstetigkeit von $\bar{t}$ und $\sum_{\nu=1}^{\nu(\mathfrak{x})} f_\nu$ gibt es eine offene Umgebung $U(\mathfrak{x})$, so daß diese Ungleichung für alle $\mathfrak{x}' \in U(\mathfrak{x})$ besteht. Endlich viele dieser Umgebungen $U(\mathfrak{x})$, $\mathfrak{x} \in K$, überdecken bereits K; es sei etwa

$$K \subset \bigcup_{i=1}^{r} U(\mathfrak{x}_i) \quad \text{und} \quad \nu_0 = \max_{i=1,\dots,r} \nu(\mathfrak{x}_i).$$

Da alle $f_\nu \geqq 0$ sind, ist

$$f_{\nu_0}^* = \sum_{\nu=1}^{\nu_0} f_\nu \geqq \sum_{\nu=1}^{\nu(\mathfrak{x}_i)} f_\nu,$$

und deshalb haben wir auf K die Beziehung $\bar{t} < f_{\nu_0}^*$. Offenbar ist diese Ungleichung, da ja $\bar{t}\,|\,\mathbb{R}^n - K \equiv 0$, aber $f_{\nu_0}^*\,|\,\mathbb{R}^n - K > 0$ ist, über dem ganzen $\mathbb{R}^n$ richtig. Jetzt ergibt sich nach Satz 3.1 und nach Voraussetzung:

$$\Sigma(t) \leqq \sum_{\nu=1}^{\nu_0} \int f_\nu \, d\mathfrak{x} \leqq A.$$

Wiederum gemäß Satz 3.1 ist f integrierbar, und zwar ist $\int f \, d\mathfrak{x} \leqq A$. Da $f \geqq \sum_{\nu=1}^{r} f_\nu$ für jedes r ist, muß $\int f \, d\mathfrak{x} \geqq \sum_{\nu=1}^{r} \int f_\nu \, d\mathfrak{x}$, also im Limes $\int f \, d\mathfrak{x} \geqq \sum_{\nu=1}^{\infty} \int f_\nu \, d\mathfrak{x} = A$ sein. Daher gilt auch die im Satz angegebene Gleichung.

b) Jetzt lösen wir uns von der zusätzlichen Bedingung in Teil a), setzen also die f_ν lediglich als integrierbar und $\geqq 0$ voraus. Zuerst soll die Integrierbarkeit von f gezeigt werden: Wir konstruieren zu gegebenem $\varepsilon > 0$ eine ε-Umgebung von f.

Es sei (ε_ν) eine Folge positiver reeller Zahlen mit $\sum_{\nu=1}^{\infty} \varepsilon_\nu = \frac{\varepsilon}{4}$. Da die f_ν alle integrierbar sind, können wir für jedes ν eine ε_ν-Umgebung $\mathfrak{F}[h_\nu, g_\nu]$ von f_ν finden. Weiter werde ν_0 so groß gewählt, daß

$$\sum_{\nu=\nu_0+1}^{\infty} \int f_\nu \, d\mathfrak{x} < \frac{\varepsilon}{4}$$

ist. Wir setzen dann $f^* = \sum_{\nu=1}^{\nu_0} f_\nu$ und wählen eine $\varepsilon/2$-Umgebung $\mathfrak{F}[h^*, g^*]$ von f^*. In Teil a) hatten wir verifiziert, daß eine unendliche Summe positiver nach unten halbstetiger Funktionen wieder nach unten halbstetig ist; demnach ist $\sum_{\nu=\nu_0+1}^{\infty} g_\nu$ nach unten halbstetig, und

$$\mathfrak{F} = \mathfrak{F}\left[h^*, g^* + \sum_{\nu=\nu_0+1}^{\infty} g_\nu\right]$$

ist ein Funktionsbereich, der offensichtlich eine Umgebung von f ist. Aus Satz 4.1 und 4.3 folgt:

$$\int g_\nu \, d\mathfrak{x} \leqq \int f_\nu \, d\mathfrak{x} + \varepsilon_\nu;$$

daher

$$\sum_{\nu=\nu_0+1}^{\infty} \int g_\nu \, d\mathfrak{x} \leqq \sum_{\nu=\nu_0+1}^{\infty} \int f_\nu \, d\mathfrak{x} + \sum_{\nu=\nu_0+1}^{\infty} \varepsilon_\nu < \frac{\varepsilon}{4} + \frac{\varepsilon}{4} = \frac{\varepsilon}{2}.$$

Nach Teil a) des Beweises ist die Funktion $\sum_{\nu=\nu_0+1}^{\infty} g_\nu$ also integrierbar, mit

$$\int \left(\sum_{\nu=\nu_0+1}^{\infty} g_\nu \right) d\mathfrak{x} = \sum_{\nu=\nu_0+1}^{\infty} \int g_\nu \, d\mathfrak{x} < \frac{\varepsilon}{2}.$$

Jetzt ergibt sich aus Satz 4.1 sofort, daß $\mathfrak{F}$ ein ε-Bereich ist:

$$\int \left(g^* + \sum_{\nu=\nu_0+1}^{\infty} g_\nu \right) d\mathfrak{x} - \int h^* \, d\mathfrak{x} = \int (g^* - h^*) \, d\mathfrak{x} + \int \sum_{\nu=\nu_0+1}^{\infty} g_\nu \, d\mathfrak{x} \leqq \frac{\varepsilon}{2} + \frac{\varepsilon}{2} = \varepsilon.$$

c) Nach Konstruktion von g_ν und g^* gilt weiter:

$$\begin{aligned} \int f \, d\mathfrak{x} &\leqq \int g^* \, d\mathfrak{x} + \sum_{\nu=\nu_0+1}^{\infty} \int g_\nu \, d\mathfrak{x} \\ &\leqq \int f^* \, d\mathfrak{x} + \frac{\varepsilon}{2} + \frac{\varepsilon}{2} \\ &\leqq A + \varepsilon; \end{aligned}$$

also, da ε beliebig war, $\int f \, d\mathfrak{x} \leqq A$. – Die umgekehrte Ungleichung folgt wie in Teil a): Wegen $\int f \, d\mathfrak{x} \geqq \sum_{\nu=1}^{r} \int f_\nu \, d\mathfrak{x}$ für jedes r muß $\int f \, d\mathfrak{x} \geqq \sum_{\nu=1}^{\infty} \int f_\nu \, d\mathfrak{x} = A$ sein. Insgesamt ergibt sich

$$\int f \, d\mathfrak{x} = A,$$

was zu beweisen war.

Nur eine Umformulierung des vorigen Satzes ist

Satz 6.2 (Satz über monotone Konvergenz). *Es sei* (f_ν) *eine monoton aufsteigende Folge integrierbarer Funktionen und* $f = \lim_{\nu \to \infty} f_\nu$. *Wenn dann die Folge* $A_\nu = \int f_\nu \, d\mathfrak{x}$ *gegen* $A < \infty$ *konvergiert, so ist f intergrierbar, und es gilt:*

$$A = \int f \, d\mathfrak{x}.$$

Anders ausgedrückt: Unter den Voraussetzungen des Satzes ist

$$\int (\lim_{\nu \to \infty} f_\nu) \, d\mathfrak{x} = \lim_{\nu \to \infty} \int f_\nu \, d\mathfrak{x}.$$

Zum Beweis wendet man auf die Reihe[3]

$$f_1 + \sum_{\nu=1}^{\infty} (f_{\nu+1} - f_\nu)$$

Satz 6.1 an. – Für monoton fallende Folgen gilt natürlich ein analoger Satz.

§ 7. Der Konvergenzsatz von Lebesgue

In diesem Paragraphen ziehen wir wichtige Folgerungen aus dem Satz über monotone Konvergenz.

Definition 7.1. *Eine Menge* $\mathfrak{M}$ *von Funktionen heißt nach oben (bzw. nach unten) L-beschränkt (Lebesgue-beschränkt), wenn es eine integrierbare Funktion s gibt, so daß für jedes* $f \in \mathfrak{M}$ *die Ungleichung* $f \leqq s$ *(bzw.* $f \geqq s$*) gilt.* $\mathfrak{M}$ *heißt L-beschränkt, wenn* $\mathfrak{M}$ *nach oben und nach unten L-beschränkt ist. Unter einer (nach oben bzw. nach unten) L-beschränkten Funktionsfolge versteht man eine Folge, deren Glieder eine (nach oben bzw. nach unten) L-beschränkte Menge bilden.*

Zum Beispiel ist jeder ε-Bereich *L*-beschränkt (siehe § 4).

Satz 7.1. *Es sei* (f_ν) *eine nach oben L-beschränkte Folge integrierbarer Funktionen und f die durch* $f(\mathfrak{x}) = \sup f_\nu(\mathfrak{x})$ *erklärte Funktion. Dann ist f integrierbar. Entsprechend ist, falls* (f_ν) *nach unten L-beschränkt ist,* $g = \inf f_\nu$ *eine integrierbare Funktion.*

---

[3] Die Differenzen $f_{\nu+1} - f_\nu$ sind so zu wählen, daß sie nichtnegativ werden; die Gleichung $f_{\nu+1} = f_\nu + (f_{\nu+1} - f_\nu)$ – man vergleiche die Definitionen in § 0 – lehrt, daß die Partialsummen der obigen Reihe die Funktionen f_ν sind.

Beweis. Es sei $f_\nu \leqq s$ für alle ν und s integrierbar. Wir setzen $F_\nu = \sup(f_1, \ldots, f_\nu)$ und erhalten so eine monoton wachsende Folge $F_1 \leqq F_2 \leqq F_3 \leqq \ldots$ integrierbarer Funktionen mit $F_\nu \leqq s$, also

$$\int F_\nu \, d\mathfrak{x} \leqq \int s \, d\mathfrak{x}.$$

Nach dem Satz über monotone Konvergenz ist $F = \lim\limits_{\nu \to \infty} F_\nu$ integrierbar; es ist aber $F = \sup f_\nu$.

Wenn $f_\nu \geqq s$ für alle ν ist, so betrachte man die monoton fallende Folge $G_\nu = \inf(f_1, \ldots, f_\nu)$; wie eben folgt die Integrierbarkeit von $G = \lim\limits_{\nu \to \infty} G_\nu = \inf f_\nu$. — Satz 7.1 ist bewiesen.

Satz 7.2 (Fatousches Lemma). *Wenn für eine nach unten L-beschränkte Folge (f_ν) integrierbarer Funktionen die Folge der Integrale $A_\nu = \int f_\nu \, d\mathfrak{x}$ nach oben beschränkt ist*[4], *dann ist die Funktion $f = \underline{\lim} f_\nu$ integrierbar, und es gilt:*

$$\int \underline{\lim} f_\nu \, d\mathfrak{x} \leqq \underline{\lim} \int f_\nu \, d\mathfrak{x}.$$

Beweis. Nach Satz 7.1 sind die Funktionen

$$F_\nu = \inf(f_\nu, f_{\nu+1}, \ldots)$$

integrierbar; ersichtlich bestehen die Ungleichungen

$$F_\nu \leqq F_{\nu+1}; \qquad F_\nu \leqq f_\nu.$$

Ist A also eine endliche obere Schranke der Folge (A_ν), so ist auch $\int F_\nu \, d\mathfrak{x} \leqq A$. Demnach ist nach dem Satz über monotone Konvergenz $\underline{\lim} f_\nu = \lim\limits_{\nu \to \infty} F_\nu$ eine integrierbare Funktion, und es gilt

$$\int \underline{\lim} f_\nu \, d\mathfrak{x} = \lim_{\nu \to \infty} \int F_\nu \, d\mathfrak{x} \leqq \underline{\lim} \int f_\nu \, d\mathfrak{x},$$

was zu beweisen war.

Für nach oben L-beschränkte Folgen (f_ν) mit $\int f_\nu \, d\mathfrak{x} \geqq A > -\infty$ gewinnt man entsprechend die Aussage

$$\int \overline{\lim} f_\nu \, d\mathfrak{x} \geqq \overline{\lim} \int f_\nu \, d\mathfrak{x}.$$

Das wichtigste Ergebnis dieses Paragraphen ist

Satz 7.3 (Lebesguescher Konvergenzsatz). *Es sei (f_ν) eine L-beschränkte Folge integrierbarer Funktionen. Dann sind $\underline{\lim} f_\nu$ und $\overline{\lim} f_\nu$ ebenfalls integrier-*

[4] Das ist sicher der Fall, wenn (f_ν) nach oben L-beschränkt ist.

bar, mit

$$\int \underline{\lim} f_\nu \, d\mathfrak{x} \leqq \underline{\lim} \int f_\nu \, d\mathfrak{x},$$
$$\int \overline{\lim} f_\nu \, d\mathfrak{x} \geqq \overline{\lim} \int f_\nu \, d\mathfrak{x}.$$

Falls die Folge punktweise konvergiert, so ist $f = \lim_{\nu \to \infty} f_\nu$ *integrierbar, und es gilt*

$$\int f \, d\mathfrak{x} = \lim_{\nu \to \infty} \int f_\nu \, d\mathfrak{x}.$$

Der erste Teil des Satzes ergibt sich aus Satz 7.2, dessen Voraussetzungen erfüllt sind; ferner nimmt im Falle der punktweisen Konvergenz die erste Behauptung folgende Form an (wegen $\lim_{\nu \to \infty} f_\nu = \overline{\lim} f_\nu = \underline{\lim} f_\nu$):

$$\int \lim_{\nu \to \infty} f_\nu \, d\mathfrak{x} \leqq \underline{\lim} \int f_\nu \, d\mathfrak{x} \leqq \overline{\lim} \int f_\nu \, d\mathfrak{x} \leqq \int \lim_{\nu \to \infty} f_\nu \, d\mathfrak{x}.$$

Damit hat man die zweite Behauptung.

Die Bedeutung des Lebesgueschen Konvergenzsatzes liegt vor allem darin, daß von der Folge (f_ν) keine gleichmäßige Konvergenz gefordert wird. Gerade bei den wichtigsten Anwendungen der Integralrechnung, etwa in der Theorie der Fourier-Transformationen, hat man es nur selten mit gleichmäßig konvergenten Folgen zu tun; fast immer lassen sich aber die Voraussetzungen von Satz 7.3 leicht herstellen.

Es sei noch bemerkt, daß eine gleichmäßig konvergente Folge integrierbarer Funktionen nicht notwendig L-beschränkt ist; das wäre nur dann stets richtig, wenn wir als gemeinsamen Definitionsbereich aller Funktionen so wie im ersten Band eine kompakte Menge zugrunde gelegt hätten.

Abschließend notieren wir eine Folgerung aus dem Lebesgueschen Konvergenzsatz, die wir später benötigen.

Satz 7.4. *Es sei* $f = \lim_{\nu \to \infty} f_\nu$, *und alle* f_ν *seien integrierbar. Wenn die Menge* $\{f\}$ *L-beschränkt ist (d.h.* $|f| \leqq g$ *mit einer integrierbaren Funktion* g*), dann ist auch* f *integrierbar.*

Man wird allerdings nicht mehr $\int f \, d\mathfrak{x} = \lim_{\nu \to \infty} \int f_\nu \, d\mathfrak{x}$ erwarten dürfen. – Zum Beweis des Satzes setzt man

$$g_\nu = \max(\min(f_\nu, g), -g).$$

Die g_ν bilden eine L-beschränkte Folge integrierbarer Funktionen, die offensichtlich auch gegen f konvergiert; somit ist f integrierbar.

§ 8. Meßbare Mengen

Wenn f eine auf einer nichtleeren Teilmenge M des $\mathbb{R}^n$ erklärte Funktion ist, so bezeichnen wir mit $\hat{f}$ die durch $\hat{f}|M=f, \hat{f}|\mathbb{R}^n-M\equiv 0$ auf dem ganzen Raum erklärte Funktion und nennen $\hat{f}$ die *triviale Fortsetzung* von f auf den $\mathbb{R}^n$. Für die triviale Fortsetzung der Funktion $f\equiv 1$ auf M schreiben wir χ_M und nennen χ_M die *charakteristische Funktion* von M; es ist also $\chi_M(\mathfrak{x})=1$ für $\mathfrak{x}\in M$ und $\chi_M(\mathfrak{x})=0$ für $\mathfrak{x}\notin M$. Diese Bezeichnungen sind für das Folgende verbindlich.

Definition 8.1. *Eine auf M erklärte Funktion f heißt integrierbar, wenn $\hat{f}$ integrierbar ist. Das Integral von f ist die Zahl $\int_{\mathbb{R}^n} \hat{f}\,d\mathfrak{x}$ und wird mit $\int_M f\,d\mathfrak{x}$ bezeichnet. — Eine auf dem $\mathbb{R}^n$ erklärte Funktion f heißt über M integrierbar, wenn $f|M$ integrierbar ist; statt $\int_M (f|M)\,d\mathfrak{x}$ schreibt man einfacher $\int_M f\,d\mathfrak{x}$ und nennt diese Zahl das Integral von f über M.*

Definition 8.2. *Eine Teilmenge $M\subset\mathbb{R}^n$ ist meßbar, falls es eine integrierbare Funktion f auf M gibt, die dort nirgends verschwindet; M heißt endlich meßbar, wenn die Funktion $f\equiv 1$ über M integrierbar ist. Die leere Menge wird ebenfalls meßbar und endlich meßbar genannt.*

M ist also genau dann endlich meßbar, wenn $\int_M d\mathfrak{x}=\int_{\mathbb{R}^n}\chi_M\,d\mathfrak{x}$ existiert. Weiter ist klar, daß es auf einer meßbaren nichtleeren Menge stets eine positive integrierbare Funktion gibt, denn mit f ist ja auch $|f|$ über M integrierbar (wegen $|\widehat{f}|=|\hat{f}|$).

Satz 8.1. *Ist f eine über den $\mathbb{R}^n$ integrierbare Funktion und $M\neq\emptyset$ eine meßbare Teilmenge des $\mathbb{R}^n$, so ist f auch über M integrierbar.*

Beweis. Wir brauchen nur die Integrierbarkeit von f^+ und f^- über M zu zeigen, dürfen also ohne Einschränkung $f\geqq 0$ annehmen. Nach Voraussetzung gibt es eine über den $\mathbb{R}^n$ integrierbare Funktion g mit $g|M>0$ und $g|\mathbb{R}^n-M\equiv 0$. Nun ist

$$\widehat{f|M}=\sup_{m\in\mathbb{N}}\min(f,mg),$$

wie man sofort verifiziert. Da die Funktionen

$$\min(f,mg),\qquad m=1,2,\ldots,$$

eine L-beschränkte Folge bilden (es ist ja stets $0\leqq\min(f,mg)\leqq f$) und alle Folgenglieder integrierbar sind, ergibt sich die Integrierbarkeit ihres Supremums aus Satz 7.1. Damit ist der Satz bewiesen.

Die Existenz nichttrivialer endlich meßbarer Mengen wird durch den folgenden Satz gesichert.

Satz 8.2. *Jede kompakte Menge M ist endlich meßbar.*

Zum Beweis bemerken wir, daß χ_M nach oben halbstetig und außerhalb eines Würfels Q_r stets gleich Null ist; da ferner für jede Treppenfunktion t mit $t \geqq \chi_M$ die Ungleichung $\Sigma(t) \geqq 0$ gilt, folgt die Integrierbarkeit von χ_M aus Satz 3.2.

Definition 8.3. *Für jede meßbare Menge M ist*

$$I(M) = \begin{cases} 0, & \text{falls } M = \emptyset \text{ ist,} \\ \int\limits_M dx, & \text{falls } M \text{ endlich meßbar und nicht leer ist,} \\ +\infty & \text{in allen anderen Fällen.} \end{cases}$$

$I(M)$ heißt der Inhalt[5] *von M.*

Die nächsten beiden Sätze stellen Eigenschaften meßbarer Mengen und ihrer Inhalte zusammen.

Satz 8.3. a) *Die leere Menge ist meßbar.*

b) *Wenn A, B, A_ν mit $\nu = 1, 2, \ldots$ meßbare Mengen sind, so gilt das gleiche für die folgenden Mengen:*

$$\alpha)\ A' = \mathbb{R}^n - A; \qquad \beta)\ A \cap B; \qquad \gamma)\ \bigcup_{\nu=1}^{\infty} A_\nu.$$

Satz 8.4. *Die Mengen A, A_ν (mit $\nu = 1, 2, \ldots$) seien meßbar und die A_ν paarweise disjunkt. Dann gilt:*

a) $0 \leqq I(A) \leqq +\infty$.

b) $I(\emptyset) = 0$.

c) $I\left(\bigcup\limits_{\nu=1}^{\infty} A_\nu\right) = \sum\limits_{\nu=1}^{\infty} I(A_\nu)$.

Die Aussagen 8.3a, 8.4a und 8.4b sind auf Grund der Definitionen richtig. Um 8.3b α zu zeigen, betrachten wir irgendeine ε-Umgebung der Nullfunktion, etwa $\mathfrak{F}[h, g]$. Nach Satz 4.1 ist g integrierbar und deshalb der $\mathbb{R}^n$ meßbar. Nun ist aber $g|A$ auch integrierbar (Satz 8.1), und deshalb existiert $\int\limits_{\mathbb{R}^n} (g - \widehat{g|A})\, dx$; da $g - \widehat{g|A}$ auf A' positiv, sonst Null ist, haben wir damit die Meßbarkeit von A' bewiesen. Aussage 8.3b β folgt so: Nach Voraussetzung gibt es integrierbare Funktionen $f > 0$ auf A und $g > 0$ auf B. Setzt man $h = \min(f, g)$ auf $A \cap B$, so ist $\hat{h} = \min(\hat{f}, \hat{g})$ über den $\mathbb{R}^n$ integrierbar und auf $A \cap B$ positiv, d.h. $A \cap B$ ist meßbar.

---

[5] In der Literatur wird I auch oft als *Maß* von M bezeichnet.

Beweis von 8.3b γ. Nach Voraussetzung gibt es für jedes ν eine integrierbare Funktion f_ν, die auf A_ν positiv ist und außerhalb von A_ν identisch verschwindet. Ist g eine positive über den $\mathbb{R}^n$ integrierbare Funktion, so setzen wir $h_\nu = \min(f_\nu, g)$. Wegen $0 \leqq h_\nu \leqq g$ ist die Folge (h_ν) L-beschränkt, ihr Supremum h also nach Satz 7.1 integrierbar. Offensichtlich ist aber h auf $A = \bigcup_\nu A_\nu$ positiv, sonst Null, d.h. A ist meßbar.

Beweis von 8.4c. Auf Grund von Satz 8.3 sind beide Seiten der Gleichung definiert. Wir unterscheiden zwei Fälle:

a) Für wenigstens ein ν_0 ist $I(A_{\nu_0}) = +\infty$. Dann ist

$$\sum_{\nu=1}^{\infty} I(A_\nu) = +\infty;$$

hätte die Menge $A = \bigcup_{\nu=1}^{\infty} A_\nu$ endlichen Inhalt, wäre also die Funktion χ_A auch über A_{ν_0} integrierbar. Wegen $A_{\nu_0} \subset A$ gilt aber

$$+\infty > \int_{A_{\nu_0}} \chi_A \, d\mathfrak{x} = \int_{A_{\nu_0}} d\mathfrak{x} = I(A_{\nu_0}),$$

im Widerspruch zur Voraussetzung. Somit ist $I\left(\bigcup_{\nu=1}^{\infty} A_\nu\right) = +\infty$.

b) Für alle ν ist $I(A_\nu) < +\infty$. Da die Mengen A_ν paarweise disjunkt sind, gilt mit $A = \bigcup_{\nu=1}^{\infty} A_\nu$:

$$\chi_A = \sum_{\nu=1}^{\infty} \chi_{A_\nu}.$$

Falls $\int_{\mathbb{R}^n} \chi_A \, d\mathfrak{x}$ existiert, so ist für jedes ν_0

$$\sum_{\nu=1}^{\nu_0} \int_{\mathbb{R}^n} \chi_{A_\nu} \, d\mathfrak{x} = \int_{\mathbb{R}^n} \sum_{\nu=1}^{\nu_0} \chi_{A_\nu} \, d\mathfrak{x} \leqq \int_{\mathbb{R}^n} \chi_A \, d\mathfrak{x},$$

d.h. die Reihe $\sum_{\nu=1}^{\infty} \int_{\mathbb{R}^n} \chi_{A_\nu} \, d\mathfrak{x}$ konvergiert in $\mathbb{R}$. Nach Satz 6.1 ist dann

$$I(A) = \int_{\mathbb{R}^n} \chi_A \, d\mathfrak{x} = \sum_{\nu=1}^{\infty} \int_{\mathbb{R}^n} \chi_{A_\nu} \, d\mathfrak{x} = \sum_{\nu=1}^{\infty} I(A_\nu).$$

Umgekehrt folgt (wieder nach Satz 6.1) aus der Konvergenz der obigen Reihe gegen einen reellen Grenzwert die Integrierbarkeit von χ_A, d.h. aus $I(A) = +\infty$ ergibt sich $\sum_{\nu=1}^{\infty} I(A_\nu) = +\infty$. Damit ist alles bewiesen.

Wir wollen noch einige leichte Folgerungen aus den beiden vorigen Sätzen ziehen. Dabei benutzen wir nur die in diesen Sätzen formulierten Eigenschaften des Inhalts und der Meßbarkeit und gehen nicht auf die Definitionen dieser Begriffe zurück: Man könnte, indem man die Sätze 8.3 und 8.4 als Definitionen verwendet, die Maßtheorie (Theorie meßbarer Mengen und ihrer Inhalte) axiomatisch aufbauen und der Integrationstheorie zugrunde legen. Diesen Weg haben z.B. H. Lebesgue und C. Carathéodory beschritten. Nach einem wichtigen Satz von F. Riesz erhält man jedoch auf diese Weise keine neue Integrationstheorie.

1. *Der* $\mathbb{R}^n$ *ist meßbar* (da $\mathbb{R}^n = \mathbb{R}^n - \emptyset$ ist).

2. *Mit* A *und* B *ist auch* $A \cup B$ *meßbar* (Spezialfall von Satz 8.3bγ).

3. *Mit* A *und* B *ist* $A - B$ *meßbar* (es ist nämlich $A - B = A \cap B'$).

4. *Falls alle* A_ν, $\nu = 1, 2, \ldots$, *meßbar sind, so auch ihr Durchschnitt* $A = \bigcap_{\nu=1}^{\infty} A_\nu$ (denn es ist $A = \mathbb{R}^n - \bigcup_{\nu=1}^{\infty} A'_\nu$).

5. *Sind* A *und* B *meßbar und disjunkt, so ist* $I(A \cup B) = I(A) + I(B)$ (Spezialfall von 8.4c mit $A_\nu = \emptyset$ für $\nu \geqq 3$).

6. *Aus* $A \subset B$ *und* A, B *meßbar folgt* $I(A) \leqq I(B)$. (In der Tat besteht die Beziehung $B = A \cup (B - A)$, also $I(B) = I(A) + I(B - A) \geqq I(A)$.)

7. *Sind die* A_ν *meßbar, so ist*

$$I\left(\bigcup_{\nu=1}^{\infty} A_\nu\right) \leqq \sum_{\nu=1}^{\infty} I(A_\nu).$$

Zum Beweis setze man $B_1 = A_1$, $B_2 = A_2 - A_1$, $B_3 = A_3 - (A_1 \cup A_2)$ usw. und wende auf die B_ν Satz 8.4c an: $\bigcup_{\nu=1}^{\infty} A_\nu = \bigcup_{\nu=1}^{\infty} B_\nu$, also

$$I\left(\bigcup_{\nu=1}^{\infty} A_\nu\right) = I\left(\bigcup_{\nu=1}^{\infty} B_\nu\right) = \sum_{\nu=1}^{\infty} I(B_\nu) \leqq \sum_{\nu=1}^{\infty} I(A_\nu).$$

8. Unmittelbar aus den Definitionen folgt noch die Formel

$$\int_M f\,d\mathfrak{x} = \sum_{\kappa=1}^{k} \int_{M_\kappa} f\,d\mathfrak{x},$$

wenn f *integrierbar ist,* $M = \bigcup_{\kappa=1}^{k} M_\kappa$, $M_\kappa \cap M_\lambda = \emptyset$ *für* $\kappa \neq \lambda$ *gilt und alle auftretenden Mengen meßbar sind.*

Als letzte Folgerung aus den bisherigen Sätzen notieren wir

Satz 8.5. *Jede abgeschlossene und jede offene Menge ist meßbar.*

Ist M nämlich abgeschlossen, so ist M abzählbare Vereinigung kompakter Mengen, etwa

$$M = \bigcup_{\nu \geqq 1} M \cap Q_\nu,$$

also meßbar. Ist M offen, so als Komplement der abgeschlossenen Menge $\mathbb{R}^n - M$ meßbar.

Definition 8.4. *Eine Teilmenge $M \subset \mathbb{R}^n$ heißt eine Nullmenge, wenn jede auf M erklärte Funktion f integrierbar ist und*

$$\int_M f\,d\mathfrak{x} = 0$$

gilt.

Zum Beispiel sind Punkte Nullmengen.

Satz 8.6. *M ist genau dann eine Nullmenge, wenn es auf M eine positive integrierbare Funktion f mit*

$$\int_M f\,d\mathfrak{x} = 0$$

gibt.

Beweis. Wir müssen nur noch zeigen, daß die Bedingung hinreichend ist. Es sei also f eine Funktion, die der Voraussetzung genügt, und g irgendeine auf M definierte Funktion. Man darf ohne Schaden $g \geqq 0$ voraussetzen. Die Folge $\nu \hat{f}$ (mit $\nu \in \mathbb{N}$) konvergiert monoton wachsend gegen eine integrierbare Grenzfunktion f_0, und zwar ist $f_0(\mathfrak{x}) = 0$ für $\mathfrak{x} \notin M$ und $f_0(\mathfrak{x}) = +\infty$ für $\mathfrak{x} \in M$. Da $0 \leqq \hat{g} \leqq f_0$ und $\int f_0\,d\mathfrak{x} = 0$ ist, folgt die Integrierbarkeit von $\hat{g}$ aus Satz 4.4; die Gleichung $\int \hat{g}\,d\mathfrak{x} = 0$ ist nun trivial.

Als unmittelbare Folgerung erhält man

Satz 8.7. *Die Klasse der Nullmengen stimmt mit der Klasse der Mengen vom Inhalt Null überein.*

Fast trivial (aber keine Folgerung aus den Sätzen 8.3 und 8.4) ist

Satz 8.8. *Jede Teilmenge einer Nullmenge ist wieder eine Nullmenge.*

In der Tat ist, wenn $A \subset B$ und $I(B) = 0$ gilt,

$$\int_{\mathbb{R}^n} \chi_A\,d\mathfrak{x} = \int_B \chi_A\,d\mathfrak{x} + \int_{B'} \chi_A\,d\mathfrak{x} = 0.$$

Schließlich folgt aus Satz 8.3 bzw. 8.4 noch

Satz 8.9. *Eine abzählbare Vereinigung von Nullmengen ist eine Nullmenge.*

Jede abzählbare Teilmenge des $\mathbb{R}^n$ ist somit eine Nullmenge. Daher ist z.B. die Funktion

$$f(\mathfrak{x}) = \begin{cases} 1 & \text{für } \mathfrak{x} \in \mathbb{Q}^n \\ 0 & \text{sonst} \end{cases}$$

über den $\mathbb{R}^n$ integrierbar und hat das Integral 0.

Bei vielen Untersuchungen spielen Nullmengen keine Rolle; man führt daher folgende Sprechweise ein: Eine Aussage über Punkte des $\mathbb{R}^n$ ist *fast überall* (abgekürzt: *f.ü.*) richtig, wenn sie außerhalb einer gewissen Nullmenge zutrifft. So redet man etwa von *fast überall konvergenten* Funktionenfolgen, *fast überall verschwindenden* Funktionen, usf. Nach Satz 8.6 verschwindet eine nichtnegative Funktion f genau dann fast überall, wenn $\int f\,dx=0$ ist.

Jede integrierbare Funktion f ist fast überall endlich. Bezeichnet nämlich M die Menge der Unendlichkeitsstellen von f, so konvergiert die Funktionenfolge $f_\nu=\nu^{-1}\,|f|$ monoton fallend gegen eine Grenzfunktion g, die in jedem $x\in M$ den Wert $+\infty$ annimmt und außerhalb von M verschwindet. Nach Satz 6.2 ist

$$\int g\,dx=\lim_{\nu\to\infty}\frac{1}{\nu}\int|f|\,dx=0,$$

M also eine Nullmenge. – Weiter folgt: *Ist f integrierbar und gilt fast überall $g=f$, so ist auch die Funktion g integrierbar, mit*

$$\int g\,dx=\int f\,dx.$$

Zum Beweis definieren wir eine Funktion h durch

$$h(x)=\begin{cases}0, & \text{falls } f(x)=g(x) \text{ ist,}\\ g(x)-f(x) & \text{sonst.}\end{cases}$$

Nach Voraussetzung ist h eine integrierbare Funktion mit $\int h\,dx=0$. Nun ist $g=f+h$, d.h. in allen Punkten, in denen $f(x)+h(x)$ definiert ist, gilt $g(x)=f(x)+h(x)$. Damit folgt aus Satz 5.1 die Integrierbarkeit von g und die Gleichung

$$\int g\,dx=\int f\,dx+\int h\,dx=\int f\,dx.$$

Wir betrachten jetzt nochmals den Satz über monotone Konvergenz (Satz 6.2). Falls die Folge (f_ν) nur fast überall monoton wachsend gegen f strebt, so hat die Menge

$$M=\{x:(f_\nu(x)) \text{ ist keine monotone Folge oder } \lim_{\nu\to\infty}f_\nu(x)\neq f(x)\}$$

den Inhalt Null. Setzt man $g_\nu(x)=f_\nu(x)$ für $x\in M$ und $g_\nu|M\equiv 0$, definiert man g entsprechend durch $g=f$ auf $\mathbb{R}^n-M$ und $g|M\equiv 0$, so erfüllen g und die g_ν die Voraussetzungen von Satz 6.2. Daher ist g integrierbar, somit auch f, und es gilt

$$\int f\,dx=\int g\,dx=\lim_{\nu\to\infty}\int g_\nu\,dx=\lim_{\nu\to\infty}\int f_\nu\,dx.$$

Durch vollständig analoge Argumente erkennt man:

Die Konvergenzsätze der Paragraphen 6 und 7 gelten, wenn statt punktweiser Konvergenz nur noch die Konvergenz fast überall gefordert wird.

Mit den jetzt eingeführten Begriffen ziehen wir aus dem Cauchy-Kriterium eine wichtige Folgerung

Satz 8.10. *Jede integrierbare Funktion f ist fast überall Limes einer monoton fallenden Folge g_ν nach unten halbstetiger Funktionen, die außerhalb kompakter Würfel Q_{R_ν} positiv sind, und fast überall Limes einer monoton wachsenden Folge h_ν nach oben halbstetiger Funktionen, die außerhalb kompakter Würfel Q_{R_ν} negativ sind.*

Beweis. Es sei ε_ν eine monotone Nullfolge positiver Zahlen. Wie im Beweis des Cauchy-Kriteriums konstruiert man zwei Folgen h_ν, g_ν mit

$$h_1 \leqq h_2 \leqq h_3 \leqq \ldots \leqq f \leqq \ldots \leqq g_3 \leqq g_2 \leqq g_1,$$

so daß $\mathfrak{F}[h_\nu, g_\nu]$ eine ε_ν-Umgebung von f ist. Dann ist

$$h = \lim h_\nu \leqq f \leqq \lim g_\nu = g$$

und

$$\begin{aligned} 0 \leqq \int (g(\mathfrak{x}) - h(\mathfrak{x}))\, d\mathfrak{x} &= \lim_{\nu\to\infty} \int (g_\nu(\mathfrak{x}) - h_\nu(\mathfrak{x}))\, d\mathfrak{x} \\ &\leqq \lim \varepsilon_\nu = 0. \end{aligned}$$

Also ist $g - h = 0$ f.ü., damit $h = f = g$, f.ü.

§ 9. Treppenfunktionen und Nullmengen

In diesem Paragraphen zeigen wir u.a., daß für Treppenfunktionen die Begriffe „Riemannsche Summe" und „Integral" übereinstimmen.

Es sei $U = \{\mathfrak{x}\colon\ a_\nu \leqq x_\nu \leqq b_\nu,\ a_\nu < b_\nu\}$ ein kompakter Quader. Nach dem vorigen Abschnitt ist U endlich meßbar:

$$I(U) = \int_U d\mathfrak{x} = \int_{\mathbb{R}^n} \chi_U(\mathfrak{x})\, d\mathfrak{x}.$$

Andererseits hatten wir im zweiten Paragraphen die Zahl $I(U)$ anders definiert:

$$I(U) = \prod_{\nu=1\ldots n} (b_\nu - a_\nu),$$

also als den euklidischen Inhalt von U. Beide Definitionen stimmen aber überein:

Satz 9.1. *Der (Lebesguesche) Inhalt eines kompakten Quaders* $U=\{\mathfrak{x}\colon a_\nu \leqq x_\nu \leqq b_\nu\}$ *ist sein euklidischer Inhalt:*

$$\int_U d\mathfrak{x} = \prod_{\nu=1\dots n} (b_\nu - a_\nu)$$

Folgerung. *Der durch das Lebesgue-Maß*

$$I(M) = \int_M d\mathfrak{x}$$

definierte Inhalt ist eine Fortsetzung des elementaren Volumenbegriffs von der Klasse der Quader auf die Klasse der meßbaren Mengen.

Bemerkung. Mengen, die durch eine abstandstreue Transformation auseinander hervorgehen *(kongruente Mengen)*, haben denselben Inhalt. Das folgt aus der Transformationsformel in Kapitel III. Für Translationen und Spiegelungen ergibt sich die Aussage schon aus Satz 5.5.

Beweis von Satz 9.1. Die charakteristische Funktion χ_U ist nach oben halbstetig und integrierbar (vgl. §3). Nach §3 ist

$$I(U) = \int \chi_U \, d\mathfrak{x} = \inf\{\Sigma(t)\colon \underline{t} \geqq \chi_U\}.$$

Aus $\underline{t} \geqq \chi_U$ folgt $\Sigma(t) \geqq \Sigma(\chi_U) = \operatorname{vol} U$, wo für den Moment $\operatorname{vol} U$ den euklidischen Inhalt bezeichnet.

Andererseits können wir zu gegebenem $\varepsilon > 0$ einen Quader U_1 mit $\mathring{U}_1 \supset U$ und $\operatorname{vol} U_1 \leqq \operatorname{vol} U + \varepsilon$ finden. Ist t die charakteristische Funktion von $\mathring{U}_1$, so ist $t = \underline{t} \geqq \chi_U$ und

$$\Sigma(t) = \operatorname{vol} U_1 \leqq \operatorname{vol} U + \varepsilon.$$

Hieraus folgt die Gleichheit

$$\int \chi_U \, d\mathfrak{x} = \operatorname{vol} U.$$

Hilfssatz 1. *Jede achsenparallele Hyperebene H im $\mathbb{R}^n$ ist eine Nullmenge.*

Beweis. Es sei $H = \{\mathfrak{x}\colon x_\nu = c\}$. Wir brauchen nur zu zeigen, daß die kompakte Menge

$$H_R = \{\mathfrak{x}\colon\ x_\nu = c,\ |\mathfrak{x}| \leqq R\}$$

eine Nullmenge ist. Es sei $\varepsilon > 0$ beliebig. Dann ist

$$H_R \subset U_\varepsilon = \{\mathfrak{x}\colon\ |\mathfrak{x}| \leqq R,\ |x_\nu - c| \leqq \varepsilon\},$$

also

$$I(H_R) \leqq I(U_\varepsilon) = (2R)^{n-1} \cdot 2\varepsilon.$$

Da ε beliebig war, muß $I(H_R) = 0$ sein.

Ist nun U ein Quader, so ist nach dem Hilfssatz ∂U eine Nullmenge, also $I(U) = I(\mathring{U})$. Mit dieser Bemerkung ergibt sich

Satz 9.2. *Jede Treppenfunktion t ist integrierbar, mit*

$$\int t(\mathfrak{x})\, d\mathfrak{x} = \Sigma(t).$$

Beweis. Nach Hilfssatz 1 ist $t = \underline{t}$ f.ü., und nach § 3 ist $\underline{t}$ integrierbar, also auch t. Nun ist, wenn $t \in \mathfrak{T}(\mathfrak{U})$ gilt,

$$\int t(\mathfrak{x})\, d\mathfrak{x} = \sum_{U \in \mathfrak{U}} \int_{\mathring{U}} t(\mathfrak{x})\, d\mathfrak{x} + \int_{\partial \mathfrak{U}} t(\mathfrak{x})\, d\mathfrak{x}.$$

Das zweite Integral verschwindet auf Grund von Hilfssatz 1, das erste wird

$$\begin{aligned} \sum_{U \in \mathfrak{U}} t(\mathring{U}) \int_{\mathring{U}} d\mathfrak{x} &= \sum_{U \in \mathfrak{U}} t(\mathring{U})\, I(\mathring{U}) \\ &= \sum_{U \in \mathfrak{U}} t(\mathring{U})\, I(U) = \Sigma(t). \end{aligned}$$

(Die Summanden $t(\mathring{U})\, I(U)$, in denen U nicht beschränkt ist, werden wieder Null gesetzt.)

Nach den bisherigen Überlegungen ist klar, daß man das Integral einer Funktion f immer als Grenzwert einer Folge Riemannscher Summen von Treppenfunktionen erhalten kann. Wir untersuchen jetzt, wie gut sich eine integrierbare Funktion selbst durch Treppenfunktionen approximieren läßt.

Satz 9.3. *Es sei g eine nach unten halbstetige Funktion, die außerhalb eines Würfels $Q_r = \{\mathfrak{x}\colon |\mathfrak{x}| \leqq r\}$ positiv ist. Dann gibt es eine monoton wachsende Folge nach unten halbstetiger Treppenfunktionen t_ν, die gegen g konvergiert.*

Beweis. Wir nutzen aus, daß die rationalen Punkte (Punkte mit rationalen Koordinaten) eine überall dichte abzählbare Menge im $\mathbb{R}^n$ bilden. – Es sei $\mathfrak{x}_0 \in \mathbb{R}^n$ und $a < g(\mathfrak{x}_0)$ eine beliebige reelle Zahl. Wir wählen eine rationale Zahl q mit $a < q < g(\mathfrak{x}_0)$ und eine Umgebung U von $\mathfrak{x}_0$, und zwar einen kompakten Würfel mit rationalen Eckpunkten, so daß auf U noch $q < g(\mathfrak{x})$ ist. Zu U wählen wir weiter eine rationale Zahl $r > 0$, so daß $U \subset \mathring{Q}_r = \{\mathfrak{x}\colon |\mathfrak{x}| < r\}$. Zu dem Tripel (q, U, r) wird nun eine Treppenfunktion τ durch die Bedingungen

$$\tau(\mathfrak{x}) = \begin{cases} q & \text{für } \mathfrak{x} \in \mathring{U} \\ q' & \text{für } \mathfrak{x} \in Q_r - \mathring{U} \\ 0 & \text{für } \mathfrak{x} \in Q_r \end{cases}$$

konstruiert. Dabei sei q' eine beliebige rationale Zahl, die nur der Bedingung

$$q' < \min\{0, q, \min g\}$$

unterworfen wird (beachte, daß g nach unten beschränkt ist). Damit ist τ eine nach unten halbstetige Treppenfunktion und $\tau < g$. Die Treppenfunktion τ ist durch q, q', U und r eindeutig festgelegt; es gibt also nur abzählbar viele derartige Treppenfunktionen. Wir ordnen sie zu einer Folge $\tau_1, \tau_2, \tau_3, \ldots$ an und setzen

$$t_m = \max(\tau_1, \tau_2, \ldots, \tau_m).$$

Die t_m bilden dann eine monoton wachsende Folge nach unten halbstetiger Treppenfunktionen mit $t_m < g$. Zu $\mathfrak{x}_0 \in \mathbb{R}^n$ und $a < g(\mathfrak{x}_0)$ gibt es ein τ_m mit $\tau_m(\mathfrak{x}_0) = q > a$, also auch $t_m(\mathfrak{x}_0) > a$. Demnach ist

$$\lim_{\nu \to \infty} t_\nu(\mathfrak{x}_0) = g(\mathfrak{x}_0).$$

Ein entsprechender Satz gilt natürlich für nach oben halbstetige Funktionen. – Aus dem Satz über monotone Konvergenz folgt jetzt

$$\int g(\mathfrak{x})\, d\mathfrak{x} = \lim_{\nu \to \infty} \Sigma(t_\nu),$$

falls g integrierbar ist.

Wir betrachten nun eine beliebige integrierbare Funktion f. Nach Satz 8.10 gibt es Funktionenfolgen h_ν und g_ν mit

$$h_1 \leqq h_2 \leqq \ldots \leqq f \leqq \ldots \leqq g_2 \leqq g_1,$$

so daß $\mathfrak{F}_\nu = \mathfrak{F}[h_\nu, g_\nu]$ eine ε_ν-Umgebung von f ist, wobei ε_ν eine monotone Nullfolge sein soll. Wählt man in jedem $\mathfrak{F}_\nu$ eine Treppenfunktion $t_\nu = \underline{t}_\nu \in\in \mathfrak{F}_\nu$, so ist

$$h_\nu < t_\nu < g_\nu.$$

Da $\lim h_\nu = \lim g_\nu = f$ f.ü. ist, konvergiert die Folge t_ν auch fast überall gegen f, und wir haben

Satz 9.4. *Jede integrierbare Funktion f ist f.ü. Limes einer Lebesgue-beschränkten Folge von Treppenfunktionen t_ν.*

Aus dem Lebesgueschen Konvergenzsatz ergibt sich wieder

$$\int f(\mathfrak{x})\, d\mathfrak{x} = \lim_{\nu \to \infty} \Sigma(t_\nu).$$

Definition 9.1. *Eine Funktion $f\colon \mathbb{R}^n \to \mathbb{R}$ heißt Regelfunktion, wenn es eine kompakte Menge K und eine Folge t_ν von Treppenfunktionen so gibt, daß $t_\nu = 0$ außerhalb K gilt und die Folge t_ν gleichmäßig gegen f konvergiert.*

Man kann schnell nachweisen, daß stetige Funktionen, die außerhalb einer kompakten Menge verschwinden, Regelfunktionen sind. Da die in der Definition auftretende Folge t_ν natürlich L-beschränkt ist, sind Regelfunktionen integrierbar, mit

$$\int f(\mathfrak{x})\, d\mathfrak{x} = \lim_{\nu \to \infty} \Sigma(t_\nu).$$

Die letzte Formel kann daher als eine sehr einfache Definition des Integrals für Regelfunktionen angesehen werden („Regelintegral"). Der monotone Limes von Regelfunktionen ist aber i.a. keine Regelfunktion; definiert man das Integral also nur für Regelfunktionen, so erhält man keine befriedigenden Konvergenzsätze.

Satz 3 dieses Paragraphen soll noch verwandt werden, um Nullmengen geometrisch – d.h. ohne Verwendung des Integralbegriffs – zu kennzeichnen. Diese Kennzeichnung wird beim Beweis der Transformationsformel verwandt werden.

Satz 9.5. *Folgende Aussagen über eine Teilmenge $M \subset \mathbb{R}^n$ sind äquivalent:*

1. *M ist eine Nullmenge.*
2. *Zu jedem $\varepsilon > 0$ gibt es abzählbar viele Quader $U_1, U_2, \ldots$ mit*

$$\bigcup_{i \geqq 1} U_i \supset M$$

und

$$\sum_{i \geqq 1} I(U_i) \leqq \varepsilon.$$

Es folgt erneut, daß abzählbare Mengen Nullmengen sind.

Beweis von Satz 9.5. a) Die Bedingung 2 sei erfüllt. Zu $\varepsilon > 0$ wählen wir abzählbar viele Quader U_i mit

$$U = \bigcup_{i \geqq 1} U_i \supset M$$

und

$$\sum_{i \geqq 1} I(U_i) \leqq \varepsilon.$$

Für die charakteristischen Funktionen χ_M und χ_U gilt dann:

$$0 \leqq \chi_M \leqq \chi_U$$

und, da U meßbar ist,

$$\int \chi_U \, d\mathfrak{x} = I(U) \leqq \sum_{i \geqq 1} I(U_i) \leqq \varepsilon.$$

Dann ist χ_M nach dem allgemeinen Cauchy-Kriterium integrierbar, und

$$0 \leqq \int \chi_M \, d\mathfrak{x} \leqq \varepsilon$$

für beliebiges ε, also

$$\int \chi_M \, d\mathfrak{x} = I(M) = 0.$$

b) Die umgekehrte Implikation ist etwas mühsamer zu verifizieren. Es sei also M eine Nullmenge. Wir können zu gegebenem $\varepsilon > 0$ eine nach unten halbstetige Funktion g mit $g > 2\chi_M$ und

$$0 \leqq \int g(\mathfrak{x}) \, d\mathfrak{x} \leqq \varepsilon$$

finden. Weiter gibt es nach Satz 9.3 eine monoton wachsende Folge t_ν nichtnegativer nach unten halbstetiger Treppenfunktionen mit $\lim t_\nu = g$. Die Überdeckung von M, die wir konstruieren, wird aus den Quadern bestehen, auf denen die $t_\nu > 1$ sind. Das führen wir nun genau aus.

Zu jedem ν sei eine Quaderüberdeckung $\mathfrak{U}_\nu$ des $\mathbb{R}^n$ mit $t_\nu \in \mathfrak{T}(\mathfrak{U}_\nu)$ gewählt. $U_1, U_2, \ldots, U_{n_1}$ mögen diejenigen Quader von $\mathfrak{U}_1$ sein, für die $t_1(\mathring{U}_i) > 1$ ist. Dann ist auch $t_\nu(\mathring{U}_i) > 1$, $\nu = 1, 2, \ldots$; außerdem sind die $\mathring{U}_i$ paarweise disjunkt. Im nächsten Schritt bezeichnen wir mit

$$U_{n_1+1}, \ldots, U_{n_2}$$

diejenigen Quader in $\mathfrak{U}_1 \cdot \mathfrak{U}_2$, für die $t_2(\mathring{U}_i) > 1$ ist und die nicht schon in der Vereinigung

$$\bigcup_{1 \leqq i \leqq n_1} U_i$$

enthalten sind. Dann ist also jeder Quader $U \in \mathfrak{U}_1 \cdot \mathfrak{U}_2$ mit $t_2(\mathring{U}) > 1$ in der Menge

$$\bigcup_{1 \leqq i \leqq n_2} U_i$$

enthalten, die $\mathring{U}_i$ sind paarweise disjunkt und $t_\nu(\mathring{U}_i) > 1$ für $\nu \geqq 2$. Dies Verfahren setzen wir unbegrenzt fort und erhalten eine Folge

$$n_1 \leqq n_2 \leqq \ldots \leqq n_\mu \leqq n_{\mu+1} \leqq \ldots$$

natürlicher Zahlen und eine Folge U_i, $i=1,2,\ldots$ von Quadern mit paarweise disjunktem Inneren, so daß gilt:

α) Für $\mu \geqq m$ ist $t_\mu > 1$ auf $\bigcup_{1 \leqq i \leqq n_m} \mathring{U}_i$.

β) Ist $U \in \mathfrak{U}_1 \cdots \mathfrak{U}_m$ ein Quader mit $t_m(\mathring{U}) > 1$, so ist

$$U \subset \bigcup_{1 \leqq i \leqq n_m} U_i .$$

Wir zeigen nun, daß die Folge der U_i die gewünschten Eigenschaften hat.

Es sei $\mathfrak{x} \in M$. Wegen $g(\mathfrak{x}) \geqq 2$ ist dann für hinreichend großes m der Wert $t_m(\mathfrak{x}) > 1$. Da t_m nach unten halbstetig ist, gilt die Ungleichung $t_m > 1$ auch noch in einer vollen Umgebung V von $\mathfrak{x}$. Ist nun $U \in \mathfrak{U}_1 \ldots \mathfrak{U}_m$ und $\mathfrak{x} \in U$, so ist $V \cap \mathring{U} \neq \emptyset$ und daher $t_m(\mathring{U}) > 1$. Wegen β) ist $U \subset \bigcup_{1 \leqq i \leqq n_m} U_i$. Somit bilden die U_i eine Überdeckung von M.

Wir untersuchen nun

$$I(K_m) \quad \text{mit} \quad K_m = \bigcup_{1 \leqq i \leqq n_m} U_i .$$

Da die $\mathring{U}_i$ paarweise disjunkt sind, ist

$$I(K_m) = \sum_{1 \leqq i \leqq n_m} I(\mathring{U}_i).$$

Die charakteristische Funktion von

$$\bigcup_{1 \leqq i \leqq n_m} \mathring{U}_i$$

ist eine Treppenfunktion τ_m, die $\leqq t_m$ ist. Also gilt:

$$I(K_m) = \sum_{1 \leqq i \leqq n_m} I(\mathring{U}_i) = \Sigma(\tau_m) \leqq \Sigma(t_m) \leqq \varepsilon .$$

Hierbei war m beliebig. Demnach ist

$$\sum_{i=1}^{\infty} I(U_i) = \sum_{i=1}^{\infty} I(\mathring{U}_i) \leqq \varepsilon .$$

Bemerkung. Jeder Quader U_i läßt sich in endlich viele Würfel U_{ij} mit paarweise disjunktem $\mathring{U}_{ij}$ zerlegen. Es ist $I(U_i) = \sum_j I(U_{ij})$. Wir dürfen also von vornherein die U_i als Würfel annehmen.

§ 10. Meßbare Funktionen

Die Ergebnisse des vorigen Paragraphen legen die Einführung eines neuen Begriffes nahe.

Definition 10.1. *Eine Funktion $f\colon \mathbb{R}^n \to \mathbb{R}$ heißt meßbar, wenn sie f.ü. endlich ist und es eine Folge t_ν von Treppenfunktionen gibt, die f.ü. gegen f konvergiert.*

Ändert man eine meßbare Funktion auf einer Nullmenge ab, so erhält man offenbar wieder eine meßbare Funktion. Aus den bisherigen Sätzen über Nullmengen und Treppenfunktionen erhält man sofort

Satz 10.1. 1. *Linearkombinationen meßbarer Funktionen sind meßbar.*
2. *Das Produkt zweier meßbarer Funktionen ist meßbar.*
3. *Ist f meßbar und f.ü. $\neq 0$, so ist $1/f$ meßbar.*
4. *Mit f sind auch $|f|$, $f^+ = \max(f, 0)$, $f^- = -\min(f, 0)$ meßbar.*

Wir präzisieren und beweisen nur die Aussagen 2 und 3. Es seien f_1 und f_2 zwei meßbare Funktionen. Mit N_1 und N_2 bezeichnen wir die Mengen der Punkte, wo $f_1(\mathfrak{x})$ bzw. $f_2(\mathfrak{x}) = \pm\infty$ ist; $N = N_1 \cup N_2$ ist eine Nullmenge. Das Produkt $f_1(\mathfrak{x})\, f_2(\mathfrak{x})$ ist für $\mathfrak{x} \notin N$ definiert. Für eine beliebige Funktion f, die für fast alle $\mathfrak{x} \in \mathbb{R}^n - N$ der Gleichung

$$f(\mathfrak{x}) = f_1(\mathfrak{x})\, f_2(\mathfrak{x})$$

genügt, wird dann die Meßbarkeit behauptet. Es sei $f(\mathfrak{x}) = f_1(\mathfrak{x})\, f_2(\mathfrak{x})$ auf $\mathbb{R}^n - N_0$. Dabei ist N_0 eine Nullmenge mit $N_0 \supset N$. Nach Voraussetzung gibt es Nullmengen N_1' und N_2' sowie Folgen t_ν, s_ν von Treppenfunktionen mit $t_\nu(\mathfrak{x}) \to f_1(\mathfrak{x})$, $s_\nu(\mathfrak{x}) \to f_2(\mathfrak{x})$ für $\mathfrak{x} \notin N_1'$ bzw. N_2'. Außerhalb der Nullmenge $N_0 \cup N_1' \cup N_2'$ strebt dann die Folge der Treppenfunktionen $t_\nu \cdot s_\nu$ gegen f, d.h. f ist meßbar. – Zu 3. Die Folge t_ν konvergiere f.ü. gegen f. Wir setzen

$$\tau_\nu(\mathfrak{x}) = \begin{cases} \dfrac{1}{t_\nu(\mathfrak{x})} & \text{für } t_\nu(\mathfrak{x}) \neq 0 \\ 0 & \text{sonst} \end{cases}$$

und erhalten eine Folge von Treppenfunktionen, die f.ü. gegen $1/f$ strebt.

Einen Teil von Satz 9.4 können wir nun neu formulieren.

Satz 10.2. *Jede integrierbare Funktion ist meßbar.*

(Daß integrierbare Funktionen f.ü. endlich sind, hatten wir schon in §8 gezeigt.)

Bevor wir weitere Beispiele meßbarer Funktionen angeben, untersuchen wir die Grenzwerte von Folgen meßbarer Funktionen. Es gilt ein sehr starker Konvergenzsatz:

Satz 10.3. *Es sei f_ν eine Folge meßbarer Funktionen, die f.ü. gegen eine f.ü. endliche Grenzfunktion f konvergiert. Dann ist f meßbar.*

Zum Beweis brauchen wir zunächst ein sehr nützliches Integrierbarkeitskriterium, das unmittelbar aus Satz 7.4 folgt, nämlich

Satz 10.4. *Die Funktion f sei meßbar und Lebesgue-beschränkt – d.h. $|f| \leqq f_0$ mit einer integrierbaren Funktion f_0 –; dann ist f integrierbar.*

Beweis von Satz 10.3. Wir wählen eine überall positive integrierbare Funktion f_0 im $\mathbb{R}^n$ und setzen

$$g_\nu = \frac{f_0 f_\nu}{f_0 + |f_\nu|}.$$

Nach Satz 10.1 sind die g_ν meßbar, außerdem ist offensichtlich $|g_\nu| < f_0$. Damit sind die g_ν sogar integrierbar, und zwar bilden sie eine L-beschränkte f.ü. konvergente Folge mit

$$g = \frac{f_0 f}{f_0 + |f|}, \qquad |g| < f_0$$

als Grenzfunktion. Nach dem Satz von Lebesgue ist g integrierbar. Da nun die Gleichung

$$f = \frac{f_0 g}{f_0 - |g|}$$

besteht (wie man in beiden Fällen $f \geqq 0$, $g \geqq 0$ und $f \leqq 0$, $g \leqq 0$ zeigt), ist auch f meßbar.

Wir können nun weitere meßbare Funktionen angeben. Zunächst ist die charakteristische Funktion jeder endlich-meßbaren Menge meßbar, da sie integrierbar ist. Ist M eine beliebige meßbare Menge, so ist M Vereinigung einer aufsteigenden Folge endlich-meßbarer Mengen M_ν; die charakteristische Funktion von M ist dann als Limes der charakteristischen Funktionen von M_ν wieder meßbar. Insbesondere sind alle konstanten reellen Funktionen meßbar. Es sei nun f eine *lokal integrierbare* Funktion, d.h. f sei über jeden kompakten Quader (und damit über jede endliche meßbare Menge) integrierbar. Es sei

$$\chi_\nu(\mathfrak{x}) = \begin{cases} 1 & \text{für } |\mathfrak{x}| \leqq \nu \\ 0 & \text{sonst.} \end{cases}$$

Dann ist $f_\nu = f \chi_\nu$ integrierbar, also meßbar, und $\lim f_\nu = f$. Somit ist auch f meßbar.

Insbesondere sind alle stetigen Funktionen meßbar.

Durch Kombination der Sätze 10.4 und 10.1.2 erhält man für die Anwendungen sehr wichtige Integrationskriterien. Als ein Beispiel notieren wir:

Satz 10.5. *Wenn f integrierbar und g meßbar und beschränkt ist, so ist fg integrierbar.*

Beweis. Die Funktion fg ist meßbar, und ist $|g| \leqq R$, so ist

$$|fg| \leqq R|f|,$$

also ist fg auch L-beschränkt.

Der Satz kann insbesondere bei der Integration über kompakte Mengen auf stetige Funktionen g angewandt werden.

Der Zusammenhang zwischen meßbaren Funktionen und meßbaren Mengen soll jetzt etwas genauer behandelt werden. Wir können bereits meßbare Mengen durch die Meßbarkeit ihrer charakteristischen Funktionen kennzeichnen. Eine Art Umkehrung ist

Satz 10.6. *Folgende Aussagen über eine fast überall endliche Funktion f sind äquivalent:*

1) *f ist meßbar.*

2) *Für jedes $c \in \mathbb{R}$ sind die Mengen*

$$M_c = \{\mathfrak{x} : f(\mathfrak{x}) > c\}$$
$$M'_c = \{\mathfrak{x} : f(\mathfrak{x}) < c\}$$

meßbar.

3) *Für jede offene Teilmenge $U \subset \mathbb{R}$ ist $f^{-1}(U)$ eine meßbare Menge.*

Beweis. a) Da jede offene Menge in $\mathbb{R}$ abzählbare Vereinigung disjunkter offener Intervalle ist, ist die Äquivalenz von 2 und 3 klar.

b) Es sei f meßbar. Wir brauchen nur die Meßbarkeit von M_c zu zeigen. Die Funktion

$$f_\nu = \nu \left(\min \left(f, c + \frac{1}{\nu} \right) - \min(f, c) \right)$$

ist meßbar; es ist $f_\nu(\mathfrak{x}) = 1$ für $f(\mathfrak{x}) \geqq c + \frac{1}{\nu}$ und $f_\nu(\mathfrak{x}) = 0$ für $f(\mathfrak{x}) \leqq c$. Für $\nu \to \infty$ gilt

$$\lim_{\nu \to \infty} f_\nu = \chi_{M_c};$$

also ist M_c meßbar.

c) Falls alle Mengen

$$M_c = \{\mathfrak{x} : f(\mathfrak{x}) > c\}$$

meßbar sind, so auch die Mengen $\{\mathfrak{x} : f(\mathfrak{x}) \leqq c\}$. Daher ist für jedes $n \in \mathbb{N}$ und

$m \in \mathbb{Z}$

$$M(m,n) = \left\{ \mathfrak{x}: \frac{m}{n} < f(\mathfrak{x}) \leqq \frac{m+1}{n} \right\}$$

meßbar. Setzt man bei fest gewähltem n

$$f_n(\mathfrak{x}) = \begin{cases} \frac{m}{n} & \text{für } \mathfrak{x} \in M(m,n), \ m \in \mathbb{Z} \\ 0 & \text{sonst,} \end{cases}$$

so ist f_n auf den meßbaren Mengen $M(m,n)$ und $M_0 = \mathbb{R}^n - \bigcup_{m \in \mathbb{Z}} M(m,n)$ $= \{\mathfrak{x}: f(\mathfrak{x}) = \pm\infty\}$ konstant und daher als unendliche Summe der Funktionen

$$\frac{m}{n} \chi_{M(m,n)}$$

meßbar. Wegen

$$|f - f_n| \leqq \frac{1}{n}$$

außerhalb M_0 ist $\lim f_n = f$ f.ü., also f meßbar.

Damit sehen wir, daß auch halbstetige f.ü. endliche Funktionen meßbar sind.

Wir geben abschließend noch eine Verschärfung von Satz 8.6 an.

Satz 10.7. *Es sei f eine integrierbare Funktion. Für jeden offenen Quader $\mathring{U}$ sei*

$$\int_{\mathring{U}} f(\mathfrak{x})\, d\mathfrak{x} = 0.$$

Dann ist $f = 0$ f.ü.

Beweis. Ist U eine beliebige offene Menge, so ist U Vereinigung von abzählbar vielen Quadern mit paarweise disjunktem Inneren. Demnach ist auch

$$\int_{U} f(\mathfrak{x})\, d\mathfrak{x} = 0.$$

Falls nun $f \geqq 0$ ist, hat man

$$0 = \int_{\mathbb{R}^n} f(\mathfrak{x})\, d\mathfrak{x} = \int_{M} f(\mathfrak{x})\, d\mathfrak{x},$$

wo M die Menge $\{\mathfrak{x}: f(\mathfrak{x})>0\}$ ist. Aus Satz 8.6 folgt, daß M eine Nullmenge ist. Es genügt also,

$$\int_{\mathbb{R}^n} f^+(\mathfrak{x})\,d\mathfrak{x}=0$$

nachzuweisen. Dazu sei $\varepsilon>0$ willkürlich gewählt. $\mathfrak{F}[h,g]$ sei eine ε-Umgebung von f. Wir setzen

$$M=\{\mathfrak{x}: g(\mathfrak{x})>0\}.$$

Da M offen ist, folgt $\int_M f(\mathfrak{x})\,d\mathfrak{x}=0$. Nun ist $g-f>0$ und

$$\int_{\mathbb{R}^n} g(\mathfrak{x})\,d\mathfrak{x}-\int_{\mathbb{R}^n} f(\mathfrak{x})\,d\mathfrak{x}<\varepsilon.$$

Dann ist erst recht

$$\int_M g(\mathfrak{x})\,d\mathfrak{x}-\int_M f(\mathfrak{x})\,d\mathfrak{x}<\varepsilon,$$

also

$$\int_M g(\mathfrak{x})\,d\mathfrak{x}=\int_{\mathbb{R}^n} g^+(\mathfrak{x})\,d\mathfrak{x}<\varepsilon.$$

Insgesamt ergibt sich hieraus

$$0\leqq f^+\leqq g^+$$
$$0\leqq\int_{\mathbb{R}^n} f^+(\mathfrak{x})\,d\mathfrak{x}\leqq\int_{\mathbb{R}^n} g^+(\mathfrak{x})\,d\mathfrak{x}<\varepsilon;$$

da ε beliebig war, ist $\int_{\mathbb{R}^n} f^+(\mathfrak{x})\,d\mathfrak{x}=0$.

§ 11. Beispiele integrierbarer Funktionen

1. Stetige Funktionen

Satz 11.1. *Stetige Funktionen sind über kompakte Mengen integrierbar.*

Ist nämlich f auf der kompakten Menge M stetig, so können wir ein $c\in\mathbb{R}$ finden mit $f+c\geqq 0$. Es genügt, die Integrierbarkeit von $g=f+c$ zu beweisen. Nun ist $\hat{g}$ halbstetig nach oben und daher nach Satz 3.2 integrierbar.

Satz 11.2. *M sei eine offene und beschränkte Menge im $\mathbb{R}^n$ und f eine stetige beschränkte Funktion auf M. Dann existiert $\int_M f\,d\mathfrak{x}$.*

Beweis. Wir dürfen wieder annehmen, daß $f \geqq 0$ ist, und können außerdem durch Multiplikation mit einer Konstanten die Abschätzung $f \leqq 1$ erreichen. Die triviale Fortsetzung $\hat{f}$ von f auf den ganzen Raum ist dann halbstetig nach unten. Es sei nun $M \subset Q_r$, wo Q_r ein passend großer kompakter Würfel ist, und τ eine Treppenfunktion, die auf ganz Q_r den Wert 1 annimmt. Aus $\bar{t} \leqq \hat{f}$ folgt natürlich $\bar{t} \leqq \tau$, also $\Sigma(t) \leqq \Sigma(\tau)$; $\hat{f}$ ist somit nach Satz 3.1 integrierbar.

2. Integration über ein kompaktes Intervall der Zahlengeraden

Wir wollen jetzt den Zusammenhang mit dem ersten Band herstellen. Es sei also $\Sigma = dx$ das Lebesguesche Maß auf dem Raum der Treppenfunktionen zu Quaderüberdeckungen des $\mathbb{R}^1$. Weiter sei $\bar{I} = [a, b]$ ein endliches abgeschlossenes Intervall und $\mathfrak{T}^*$ der Vektorraum der Treppenfunktionen auf $[a, b]$. Mit Σ^* soll die Riemannsche Summe von Treppenfunktionen aus $\mathfrak{T}^*$ bezeichnet werden. Um eine bequeme Sprechweise zur Verfügung zu haben, wollen wir eine über $\bar{I}$ definierte Funktion f *endlich integrierbar* nennen, wenn sie im Sinne des ersten Bandes integrierbar ist; f heißt integrierbar, wenn das in § 8 definierte Integral $\int_{\bar{I}} f\,dx$ existiert. Das Integral im Sinne des ersten Bandes wird in der Form $\overset{*}{\int_{\bar{I}}} f\,dx$ geschrieben.

Satz 11.3. *Folgende Aussagen für eine reelle Funktion f auf $\bar{I}$ sind äquivalent:*

1. *f ist integrierbar.*
2. *f ist endlich integrierbar.*

Wenn die beiden Aussagen gelten, so ist

$$\overset{*}{\int_{\bar{I}}} f\,dx = \int_{\bar{I}} f\,dx.$$

Mit andern Worten: Die Integrationstheorie des ersten Bandes ist ein Spezialfall unserer allgemeinen Theorie.

Beweis. Da endliche Mengen bezüglich beider Integrationstheorien Nullmengen sind, dürfen wir $f(a) = f(b) = 0$ annehmen.

a) Es sei zunächst f integrierbar und

$$A = \int_{\bar{I}} f(x)\,dx.$$

Zu $\varepsilon > 0$ gibt es dann einen Funktionsbereich $\mathfrak{F}[h, g]$ von $\hat{f}$, der trivialen Fortsetzung von f nach $\mathbb{R}$, so daß für alle $t \in\in \mathfrak{F}[h, g]$

$$|\Sigma(t) - A| < \varepsilon$$

ist. Dann ist $\mathfrak{F}^* = \mathfrak{F}[h|\bar{I}, g|\bar{I}]$ eine Umgebung von f im Sinne von Band I. Ist nun $t^* \in \mathfrak{T}^*$ eine Treppenfunktion mit $t^* \in\in \mathfrak{T}^*$, so sieht man sofort, daß für die triviale Fortsetzung $t = \widehat{t^*}$ die Beziehung $t \in\in \mathfrak{F}$ erfüllt ist. Da offenbar $\Sigma(t) = \Sigma^*(t^*)$ ist, folgt

$$|\Sigma(t^*) - A| < \varepsilon.$$

Wir sehen: $A = \int\limits_{\bar{I}}^{*} f(x)\, dx$.

b) Nun sei f endlich integrierbar und

$$A = \int\limits_{\bar{I}}^{*} f(x)\, dx.$$

Wir wählen zu $\varepsilon > 0$ eine Umgebung $\mathfrak{F} = \mathfrak{F}[h, g]$ der Nullfunktion auf $\mathbb{R}$ mit

$$|\Sigma(t)| < \frac{\varepsilon}{2}$$

für $t \in\in \mathfrak{F}$ und eine Umgebung $\mathfrak{F}^* = \mathfrak{F}[h^*, g^*]$ von f (über $\bar{I}$) mit

$$|\Sigma^*(t) - A| < \frac{\varepsilon}{2}$$

für $t \in\in \mathfrak{F}^*$ und $t \in \mathfrak{T}^*$. Natürlich dürfen wir $h^*(x) < h(x)$, $g^*(x) > g(x)$ für $x = a, b$ annehmen. Dann sind die Funktionen

$$\tilde{g}(x) = \begin{cases} g^*(x) & \text{für } x \in (a, b) \\ g(x) & \text{sonst} \end{cases}$$

$$\tilde{h}(x) = \begin{cases} h^*(x) & \text{für } x \in (a, b) \\ h(x) & \text{sonst} \end{cases}$$

nach unten bzw. oben halbstetig, und $\tilde{\mathfrak{F}} = \mathfrak{F}[\tilde{h}, \tilde{g}]$ ist eine Umgebung von f. Für $t \in\in \tilde{\mathfrak{F}}$ gilt dann:

$$t = \widehat{t|\bar{I}} + \widehat{t|\mathbb{R} - \bar{I}} = t_1 + t_2.$$

Jetzt ist $t_2 \in\in \mathfrak{F}[h,g]$ und $t_1 | \bar{I} \in\in \mathfrak{F}^*$. Also

$$\begin{aligned} |\Sigma(t)-A| &\leqq |\Sigma(t_1)-A|+|\Sigma(t_2)| \\ &\leqq |\Sigma^*(t_1|\bar{I})-A|+|\Sigma(t_2)| \\ &< \frac{\varepsilon}{2}+\frac{\varepsilon}{2}=\varepsilon. \end{aligned}$$

Wir können ab sofort unbesorgt wieder $\int_{\bar{I}} f\,dx$ statt $\int_{\bar{I}}^{*} f\,dx$ schreiben.

3. Uneigentliche[6] Integrale

Für Funktionen einer Veränderlichen sollen einfache Integrationskriterien angegeben werden.

I sei eine Halbgerade $\{x\colon x \geqq a\}$, wobei wir aus Bequemlichkeit noch $a>0$ voraussetzen, und I_ν sei das Intervall $[a,\nu]$ (für $\nu \in \mathbb{N}$ und $\nu \geqq a$). Das Integral einer Funktion f über I bzw. I_ν wird mit $\int_a^\infty f\,dx$ bzw. $\int_a^\nu f\,dx$ bezeichnet.

Satz 11.4. *Eine Funktion f ist genau dann über I integrierbar, wenn sie über jedes Intervall I_ν integrierbar ist und die Folge $A_\nu = \int_a^\nu |f(x)|\,dx$ in $\mathbb{R}$ konvergiert. In diesem Fall existiert auch $\lim_{\nu\to\infty} \int_a^\nu f(x)\,dx$, und es gilt:*

$$\int_a^\infty f(x)\,dx = \lim_{\nu\to\infty} \int_a^\nu f(x)\,dx.$$

Beweis. Aus der Existenz von $\int_a^\infty f(x)\,dx$ ergibt sich die Integrierbarkeit von f und $|f|$ über I_ν und von $|f|$ über I sowie die Ungleichung $A_\nu \leqq A_{\nu+1} \leqq \int_a^\infty |f(x)|\,dx < +\infty$. Die Bedingung ist also notwendig.

Nehmen wir nun umgekehrt an, daß sie erfüllt ist. Setzt man $f_\nu = f \cdot \chi_{I_\nu}$, so strebt die Folge $|f_\nu|$ monoton wachsend gegen $|f|$; da die Folge der Integrale $\int_a^\infty |f_\nu(x)|\,dx$ nach Voraussetzung gegen eine reelle Zahl konvergiert, ist $|f|$ nach Satz 6.2 integrierbar über I. Wegen $|f_\nu| \leqq |f|$ bilden daher die f_ν eine L-beschränkte Folge integrierbarer Funktionen mit Grenzfunktion f; damit folgt die Behauptung aus Satz 7.3.

---

[6] Die Bezeichnung „uneigentlich" stammt aus der Riemannschen Integrationstheorie.

Ein einfacher Spezialfall dieses Satzes ist

Satz 11.5. *Es sei f über jedes I_ν integrierbar. Falls es Konstanten $b \geqq a$, $r > 0$ und $\delta > 0$ gibt, so daß für $x \geqq b$ stets*

$$|f(x)| \leqq \frac{r}{x^{1+\delta}}$$

ist, dann ist f über I integrierbar, mit

$$\int_a^\infty f(x)\,dx = \lim_{\nu\to\infty} \int_a^\nu f(x)\,dx.$$

Wenn aber für $x \geqq b$ stets $|f(x)| \geqq r/x$ ist, dann ist f über I nicht integrierbar.

Im ersten Fall ist nämlich

$$\begin{aligned}\int_a^\nu |f(x)|\,dx &\leqq \int_a^b |f(x)|\,dx + \int_b^\nu \frac{r}{x^{1+\delta}}\,dx \\ &\leqq \frac{r}{\delta}\, b^{-\delta} + \int_a^b |f(x)|\,dx < +\infty,\end{aligned}$$

im zweiten Fall gilt:

$$\int_a^\nu |f(x)|\,dx \geqq \int_b^\nu |f(x)|\,dx \geqq \int_b^\nu \frac{r}{x}\,dx = r(\log \nu - \log b),$$

und diese Folge konvergiert nicht.

Die Formulierung entsprechender Sätze für Integrale der Form $\int_{-\infty}^a f\,dx$ bleibe dem Leser überlassen.

Für Funktionen mehrerer Veränderlicher beweisen wir ähnliche Sätze im Anschluß an den Satz von Fubini.

§ 12. Mehrfache Integration

Bis jetzt haben wir kaum ein Mittel, das Integral einer Funktion wirklich auszurechnen; in diesem Abschnitt soll gezeigt werden, wie man ein über den $\mathbb{R}^n$ erstrecktes Integral auf n Integrationen über die reelle Achse zurückführen kann. Für Funktionen einer Veränderlichen steht uns als wirksame Integrationsmethode der Fundamentalsatz der Differential- und Integralrechnung zur Verfügung.

Im folgenden betrachten wir das kartesische Produkt $\mathbb{R}^{n+m} = \mathbb{R}^n \times \mathbb{R}^m$ zweier Zahlenräume $\mathbb{R}^n$ und $\mathbb{R}^m$; jeder Punkt $\mathfrak{x} \in \mathbb{R}^{n+m}$ läßt sich auf genau eine

Weise in der Form $\mathfrak{x}=(\mathfrak{x}',\mathfrak{x}'')$ mit $\mathfrak{x}'\in\mathbb{R}^n$, $\mathfrak{x}''\in\mathbb{R}^m$ schreiben. Auf den obigen Räumen legen wir die Lebesgue-Maße $\Sigma=d\mathfrak{x}$, $\Sigma'=d\mathfrak{x}'$ und $\Sigma''=d\mathfrak{x}''$ zugrunde. Wenn zwei Quaderüberdeckungen $\mathfrak{U}'$ im $\mathbb{R}^n$ und $\mathfrak{U}''$ im $\mathbb{R}^m$ gegeben sind, so läßt sich aus $\mathfrak{U}'$ und $\mathfrak{U}''$ folgendermaßen eine Quaderüberdeckung $\mathfrak{U}$ des $\mathbb{R}^{n+m}$ herstellen: Es sei

$$\mathfrak{U}=\mathfrak{U}'\times\mathfrak{U}''=\{U'\times U'':\ U'\in\mathfrak{U}', U''\in\mathfrak{U}''\}.$$

Umgekehrt gibt es zu jeder Quaderüberdeckung $\mathfrak{U}$ des $\mathbb{R}^{n+m}$ eindeutig bestimmte Quaderüberdeckungen $\mathfrak{U}'$ des $\mathbb{R}^n$ und $\mathfrak{U}''$ des $\mathbb{R}^m$ mit $\mathfrak{U}=\mathfrak{U}'\times\mathfrak{U}''$. Offensichtlich ist stets

$$I(U'\times U'')=I(U')\,I(U''),$$

wobei I den euklidischen Inhalt in den drei Räumen $\mathbb{R}^n$, $\mathbb{R}^m$, $\mathbb{R}^{n+m}$ bezeichnet.

Es sei nun $t\in\mathfrak{T}(\mathfrak{U})$ eine Treppenfunktion im $\mathbb{R}^{n+m}$. Für jedes $\mathfrak{x}''\in\mathbb{R}^m$ können wir durch

$$t_{\mathfrak{x}''}(\mathfrak{x}')=t(\mathfrak{x}',\mathfrak{x}'')$$

eine Funktion im $\mathbb{R}^n$ definieren. Falls $\mathfrak{x}''\notin\partial\mathfrak{U}''$ gilt, d.h. falls $\mathfrak{x}''$ nicht in einer Zerlegungshyperebene der Überdeckung $\mathfrak{U}''$ liegt, ist $t_{\mathfrak{x}''}$ eine Treppenfunktion zu $\mathfrak{U}'$. Wir erklären damit eine neue Funktion t auf dem $\mathbb{R}^m$ durch

$$t''(\mathfrak{x}'')=\begin{cases}\Sigma'(t_{\mathfrak{x}''}) & \text{für } \mathfrak{x}''\notin\partial\mathfrak{U}\\ 0 & \text{sonst}\end{cases}$$

und zeigen zunächst, daß t'' eine Treppenfunktion zu $\mathfrak{U}''$ im $\mathbb{R}^m$ ist:

Es sei $U''\in\mathfrak{U}''$. Sind $\mathfrak{x}''$, $\mathfrak{y}''\in\mathring{U}''$, so stimmen die Treppenfunktionen $t_{\mathfrak{x}''}$ und $t_{\mathfrak{y}''}$ außerhalb $\partial\mathfrak{U}'$ überein und haben daher gleiche Riemannsche Summe. Falls U'' nicht beschränkt ist, ist für $\mathfrak{x}''\in\mathring{U}''$ die Funktion $t_{\mathfrak{x}''}$ außerhalb $\partial\mathfrak{U}'$ immer Null, d.h. $\Sigma'(t_{\mathfrak{x}''})=0$.

Wir können jetzt also die Riemannsche Summe $\Sigma''(t'')$ von t'' bilden und beweisen

Satz 12.1. $\Sigma(t)=\Sigma''(t'')$.

Beweis. Es ist

$$\begin{aligned}\Sigma(t)&=\sum_{U\in\mathfrak{U}} t(\mathring{U})\,I(U)\\ &=\sum_{U'\in\mathfrak{U}'}\ \sum_{U''\in\mathfrak{U}''} t(\mathring{U}'\times\mathring{U}'')\,I(U')\,I(U'')\\ &=\sum_{U''\in\mathfrak{U}''} I(U'')\sum_{U'\in\mathfrak{U}'} t(\mathring{U}'\times\mathring{U}'')\,I(U').\end{aligned}$$

Es sei nun $\mathfrak{x}'' \in \mathring{U}''$. Dann ist

$$t_{\mathfrak{x}''}(\mathring{U}') = t(\mathring{U}' \times \mathring{U}''),$$

also

$$\sum_{U' \in \mathfrak{U}'} t(\mathring{U}' \times \mathring{U}'')\, I(U') = \Sigma'(t_{\mathfrak{x}''}) = t''(\mathfrak{x}'').$$

Da $\mathfrak{x}'' \in \mathring{U}''$ beliebig war, folgt

$$\sum_{U' \in \mathfrak{U}'} t(\mathring{U}' \times \mathring{U}'')\, I(U') = t''(\mathring{U}''),$$

und damit

$$\Sigma(t) = \sum_{U'' \in \mathfrak{U}''} I(U'')\, t''(\mathring{U}'') = \Sigma''(t'').$$

Die Aussage des Satzes läßt sich wegen $\Sigma(t) = \int t\, d\mathfrak{x}$ einprägsamer in der folgenden Form schreiben:

$$\int_{\mathbb{R}^{n+m}} t(\mathfrak{x})\, d\mathfrak{x} = \int_{\mathbb{R}^m} \Big[\int_{\mathbb{R}^n} t_{\mathfrak{x}''}(\mathfrak{x}')\, d\mathfrak{x}' \Big] d\mathfrak{x}''.$$

Da man die Rollen von $\mathfrak{x}'$ und $\mathfrak{x}''$ bei diesen Überlegungen vertauschen kann, folgt insgesamt:

$$\int_{\mathbb{R}^{n+m}} t(\mathfrak{x})\, d\mathfrak{x} = \int_{\mathbb{R}^m} \Big[\int_{\mathbb{R}^n} t(\mathfrak{x}', \mathfrak{x}'')\, d\mathfrak{x}' \Big] d\mathfrak{x}'' = \int_{\mathbb{R}^n} \Big[\int_{\mathbb{R}^m} t(\mathfrak{x}', \mathfrak{x}'')\, d\mathfrak{x}'' \Big] d\mathfrak{x}'.$$

Unser Ziel ist es, in dieser Formel t durch eine beliebige integrierbare Funktion über dem $\mathbb{R}^{n+m}$ zu ersetzen. Zunächst gehen wir zu halbstetigen Funktionen über.

Hilfssatz 1. *Es sei f eine nach unten halbstetige integrierbare Funktion auf dem $\mathbb{R}^{n+m}$, die außerhalb eines gewissen Würfels Q_r positiv ist. Dann ist für fast alle $\mathfrak{x}'' \in \mathbb{R}^m$ die durch $f_{\mathfrak{x}''}(\mathfrak{x}') = f(\mathfrak{x}', \mathfrak{x}'')$ auf dem $\mathbb{R}^n$ erklärte Funktion $f_{\mathfrak{x}''}$ integrierbar. Setzt man ferner*

$$f''(\mathfrak{x}'') = \begin{cases} \int_{\mathbb{R}^n} f_{\mathfrak{x}''}(\mathfrak{x}')\, d\mathfrak{x}', & \text{falls das Integral existiert,} \\ 0 & \text{sonst,} \end{cases}$$

so ist auch f'' über den $\mathbb{R}^m$ integrierbar, und es gilt

$$\int_{\mathbb{R}^{n+m}} f(\mathfrak{x})\, d\mathfrak{x} = \int_{\mathbb{R}^m} f''(\mathfrak{x}'')\, d\mathfrak{x}''.$$

Beweis. Wir wählen eine monoton wachsende Folge von Treppenfunktionen t_ν mit $\lim_{\nu\to\infty} t_\nu = f$. Dann ist (Satz 6.2)

$$\lim_{\nu\to\infty} \int_{\mathbb{R}^{n+m}} t_\nu \, d\mathfrak{x} = \int_{\mathbb{R}^{n+m}} f \, d\mathfrak{x},$$

$$\lim_{\nu\to\infty} t_{\nu,\mathfrak{x}''} = f_{\mathfrak{x}''},$$

$$t_{\nu,\mathfrak{x}''} \leqq t_{\nu+1,\mathfrak{x}''}.$$

Die Treppenfunktionen t_ν seien zu Quaderüberdeckungen $\mathfrak{U}_\nu = \mathfrak{U}'_\nu \times \mathfrak{U}''_\nu$ gegeben. Wir setzen

$$t''_\nu(\mathfrak{x}'') = \begin{cases} \int_{\mathbb{R}^n} t_{\nu,\mathfrak{x}''}(\mathfrak{x}') \, d\mathfrak{x}' & \text{für } \mathfrak{x}'' \notin \partial \mathfrak{U}'' \\ 0 & \text{sonst.} \end{cases}$$

Es sei N die Nullmenge

$$N = \bigcup \partial \mathfrak{U}''_\nu.$$

Die t''_ν bilden eine Folge von Treppenfunktionen, die außerhalb N monoton wächst; setzt man $\tilde{f}''(\mathfrak{x}'') = \lim_{\nu\to\infty} t''_\nu(\mathfrak{x}'')$ (bzw. $=0$ für $\mathfrak{x}'' \in N$), so folgt aus dem Satz über monotone Konvergenz und aus Satz 12.1:

$$\begin{aligned} +\infty > \lim_{\nu\to\infty} \int_{\mathbb{R}^{n+m}} t_\nu(\mathfrak{x}) \, d\mathfrak{x} &= \lim_{\nu\to\infty} \int_{\mathbb{R}^m} t''_\nu(\mathfrak{x}'') \, d\mathfrak{x}'' \\ &= \int_{\mathbb{R}^m} (\lim_{\nu\to\infty} t''_\nu(\mathfrak{x}'')) \, d\mathfrak{x}'' \\ &= \int_{\mathbb{R}^m} \tilde{f}''(\mathfrak{x}'') \, d\mathfrak{x}''. \end{aligned}$$

Demnach gibt es eine Nullmenge M, außerhalb welcher $\tilde{f}''(\mathfrak{x}'') < +\infty$ ist. Für $\mathfrak{x}'' \notin M \cup N$ erhält man also

$$\lim_{\nu\to\infty} \int_{\mathbb{R}^n} t_{\nu,\mathfrak{x}''}(\mathfrak{x}') \, d\mathfrak{x}' = \lim_{\nu\to\infty} t''_\nu(\mathfrak{x}'') = \tilde{f}''(\mathfrak{x}'') < +\infty;$$

wieder liefert der Satz über monotone Konvergenz die Integrierbarkeit von $f_{\mathfrak{x}''} = \lim_{\nu\to\infty} t_{\nu,\mathfrak{x}''}$ sowie die Gleichung

$$\lim_{\nu\to\infty} \int_{\mathbb{R}^n} t_{\nu,\mathfrak{x}''}(\mathfrak{x}') \, d\mathfrak{x}' = \int_{\mathbb{R}^n} f_{\mathfrak{x}''}(\mathfrak{x}') \, d\mathfrak{x}'.$$

Nun steht auf der linken Seite der Gleichung gerade $\tilde{f}''(\mathfrak{x}'')$, auf der rechten $f''(\mathfrak{x}'')$; somit ist auch die Funktion f'' integrierbar, da sie ja außerhalb der

Nullmenge $M \cup N$ mit $\tilde{f}''$ übereinstimmt, und es ist

$$\int_{\mathbb{R}^{n+m}} f(\mathfrak{x})\,d\mathfrak{x} = \lim_{\nu\to\infty} \int_{\mathbb{R}^{n+m}} t_\nu(\mathfrak{x})\,d\mathfrak{x} = \lim_{\nu\to\infty} \int_{\mathbb{R}^m} t''_\nu(\mathfrak{x}'')\,d\mathfrak{x}'' = \int_{\mathbb{R}^m} \tilde{f}''(\mathfrak{x}'')\,d\mathfrak{x}''$$
$$= \int_{\mathbb{R}^m} f''(\mathfrak{x}'')\,d\mathfrak{x}''.$$

Als Hauptergebnis dieses Paragraphen zeigen wir nun

Satz 12.2 (Fubini). *Wenn f eine integrierbare Funktion über dem $\mathbb{R}^{n+m}$ ist, so sind die Funktionen $f_{\mathfrak{x}''}(\mathfrak{x}') = f(\mathfrak{x}', \mathfrak{x}'')$ für fast alle $\mathfrak{x}'' \in \mathbb{R}^m$ über den $\mathbb{R}^n$ integrierbar, und die Funktionen $f_{\mathfrak{x}'}(\mathfrak{x}'') = f(\mathfrak{x}', \mathfrak{x}'')$ lassen sich für fast alle $\mathfrak{x}' \in \mathbb{R}^n$ über den $\mathbb{R}^m$ integrieren. Ferner existieren die Integrale der Funktionen*[7]

$$f''(\mathfrak{x}'') = \int_{\mathbb{R}^n} f_{\mathfrak{x}''}(\mathfrak{x}')\,d\mathfrak{x}', \qquad f'(\mathfrak{x}') = \int_{\mathbb{R}^m} f_{\mathfrak{x}'}(\mathfrak{x}'')\,d\mathfrak{x}'',$$

und es besteht die Gleichung

$$\int_{\mathbb{R}^n} f'(\mathfrak{x}')\,d\mathfrak{x}' = \int_{\mathbb{R}^{n+m}} f(\mathfrak{x})\,d\mathfrak{x} = \int_{\mathbb{R}^m} f''(\mathfrak{x}'')\,d\mathfrak{x}'',$$

d.h.

$$\int_{\mathbb{R}^n} \Big[\int_{\mathbb{R}^m} f(\mathfrak{x}', \mathfrak{x}'')\,d\mathfrak{x}''\Big]\,d\mathfrak{x}' = \int_{\mathbb{R}^{n+m}} f(\mathfrak{x})\,d\mathfrak{x} = \int_{\mathbb{R}^m} \Big[\int_{\mathbb{R}^n} f(\mathfrak{x}', \mathfrak{x}'')\,d\mathfrak{x}'\Big]\,d\mathfrak{x}''.$$

Beweis. Da f integrierbar ist, können wir Folgen nach oben bzw. nach unten halbstetiger Funktionen h_ν und g_ν finden, so daß $h_\nu < g_\nu$ sowie

$$h_1 \leqq h_2 \leqq h_3 \leqq \ldots \leqq f \leqq \ldots \leqq g_3 \leqq g_2 \leqq g_1$$

gilt und für jedes ν der Funktionsbereich $\mathfrak{F}[h_\nu, g_\nu]$ eine ε_ν-Umgebung von f ist; die ε_ν sollen dabei eine monotone Nullfolge positiver Zahlen bilden. Es ist also, da für halbstetige Funktionen die Behauptung schon durch Hilfssatz 1 erledigt ist,

$$\int_{\mathbb{R}^m} \Big[\int_{\mathbb{R}^n} (g_\nu(\mathfrak{x}', \mathfrak{x}'') - h_\nu(\mathfrak{x}', \mathfrak{x}''))\,d\mathfrak{x}'\Big]\,d\mathfrak{x}'' = \int_{\mathbb{R}^{n+m}} (g_\nu(\mathfrak{x}) - h_\nu(\mathfrak{x}))\,d\mathfrak{x} \leqq \varepsilon_\nu.$$

Außerhalb einer Nullmenge $M \subset \mathbb{R}^m$ sind nach Hilfssatz 1 alle $g_{\nu,\mathfrak{x}''}$ und $h_{\nu,\mathfrak{x}''}$ über den $\mathbb{R}^n$ integrierbar; setzt man

$$g''_\nu(\mathfrak{x}'') = \begin{cases} \int_{\mathbb{R}^n} g_\nu(\mathfrak{x}', \mathfrak{x}'')\,d\mathfrak{x}' & \text{für } \mathfrak{x}'' \notin M, \\ 0 & \text{für } \mathfrak{x}'' \in M, \end{cases}$$

$$h''_\nu(\mathfrak{x}'') = \begin{cases} \int_{\mathbb{R}^n} h_\nu(\mathfrak{x}', \mathfrak{x}'')\,d\mathfrak{x}' & \text{für } \mathfrak{x}'' \notin M, \\ 0 & \text{für } \mathfrak{x}'' \in M, \end{cases}$$

[7] In den Punkten, in denen die Integrale nicht existieren, setze man f' bzw. f'' gleich Null.

so sind (wieder nach Hilfssatz 1) g_ν'' und h_ν'' über den $\mathbb{R}^m$ integrierbar, die Folge $F_\nu = g_\nu'' - h_\nu''$ fällt monoton und strebt also, da alle ihre Glieder integrierbar und nicht-negativ sind, gegen eine integrierbare Grenzfunktion F. Nach Voraussetzung ist

$$\int_{\mathbb{R}^m} F(\mathfrak{x}'')\,d\mathfrak{x}'' = \lim_{\nu\to\infty} \int_{\mathbb{R}^m} F_\nu(\mathfrak{x}'')\,d\mathfrak{x}'' = \lim_{\nu\to\infty} \varepsilon_\nu = 0.$$

Demnach ist $F(\mathfrak{x}'')=0$ außerhalb einer gewissen Nullmenge $N\subset\mathbb{R}^m$. In einem Punkt $\mathfrak{x}''\notin M\cup N$ läßt sich zu jedem $\varepsilon>0$ ein ν finden, so daß

$$F_\nu(\mathfrak{x}'') = \int_{\mathbb{R}^n} g_\nu(\mathfrak{x}',\mathfrak{x}'')\,d\mathfrak{x}' - \int_{\mathbb{R}^n} h_\nu(\mathfrak{x}',\mathfrak{x}'')\,d\mathfrak{x}' < \varepsilon$$

wird; da offensichtlich $h_{\nu,\mathfrak{x}''} \leqq f_{\mathfrak{x}''} \leqq g_{\nu,\mathfrak{x}''}$ ist, liefert Satz 4.4 nun die Integrierbarkeit von $f_{\mathfrak{x}''}$.

Damit können wir eine Funktion f'' durch

$$f''(\mathfrak{x}'') = \begin{cases} \int_{\mathbb{R}^n} f_{\mathfrak{x}''}(\mathfrak{x}')\,d\mathfrak{x}' & \text{für} \quad \mathfrak{x}''\notin M\cup N, \\ 0 & \text{sonst,} \end{cases}$$

definieren. Außerhalb der Menge $M\cup N$ gilt $h_\nu''(\mathfrak{x}'')\leqq f''(\mathfrak{x}'')\leqq g_\nu''(\mathfrak{x}'')$ und $\lim\limits_{\nu\to\infty}(g_\nu''(\mathfrak{x}'')-h_\nu''(\mathfrak{x}''))=0$, also

$$\lim_{\nu\to\infty} g_\nu''(\mathfrak{x}'') = \lim_{\nu\to\infty} h_\nu''(\mathfrak{x}'') = f''(\mathfrak{x}'').$$

Da auch noch $h_1''\leqq h_\nu''\leqq g_\nu''\leqq g_1''$ ist, sind die Folgen (h_ν'') und (g_ν'') L-beschränkt. Daher ist f'' integrierbar, und es gilt:

$$\begin{aligned} \int_{\mathbb{R}^m} f''(\mathfrak{x}'')\,d\mathfrak{x}'' &= \lim_{\nu\to\infty} \int_{\mathbb{R}^m} h_\nu''(\mathfrak{x}'')\,d\mathfrak{x}'' \\ &= \lim_{\nu\to\infty} \int_{\mathbb{R}^{n+m}} h_\nu(\mathfrak{x})\,d\mathfrak{x} \\ &\leqq \int_{\mathbb{R}^{n+m}} f(\mathfrak{x})\,d\mathfrak{x} \\ &\leqq \lim_{\nu\to\infty} \int_{\mathbb{R}^{n+m}} g_\nu(\mathfrak{x})\,d\mathfrak{x} \\ &= \lim_{\nu\to\infty} \int_{\mathbb{R}^m} g_\nu''(\mathfrak{x}'')\,d\mathfrak{x}'' \\ &= \int_{\mathbb{R}^m} f''(\mathfrak{x}'')\,d\mathfrak{x}''. \end{aligned}$$

Somit:

$$\int_{\mathbb{R}^{n+m}} f(\mathfrak{x})\,d\mathfrak{x} = \int_{\mathbb{R}^m} f''(\mathfrak{x}'')\,d\mathfrak{x}''.$$

Die restlichen Behauptungen des Satzes gehen durch Umbenennung aus den schon bewiesenen hervor.

Der Satz von FUBINI ermöglicht es, die Integration einer Funktion von $n+m$ Veränderlichen auf zwei aufeinanderfolgende Integrationen einfacherer Funktionen zurückzuführen; auf die Integrationsreihenfolge kommt es dabei nicht an. Die Voraussetzung, daß $f(\mathfrak{x}',\mathfrak{x}'')$ über den $\mathbb{R}^{n+m}$ integrierbar ist, kann nicht fallen gelassen werden: Selbst bei Gleichheit der iterierten Integrale

$$\int_{\mathbb{R}^m}\Big[\int_{\mathbb{R}^n} f(\mathfrak{x}',\mathfrak{x}'')\,d\mathfrak{x}'\Big]d\mathfrak{x}'' = \int_{\mathbb{R}^n}\Big[\int_{\mathbb{R}^m} f(\mathfrak{x}',\mathfrak{x}'')\,d\mathfrak{x}''\Big]d\mathfrak{x}'$$

braucht f nicht integrierbar zu sein, obwohl $f_{\mathfrak{x}''}$ und $f_{\mathfrak{x}'}$ es sind. Unter einer zusätzlichen Voraussetzung kann man aber auf die Integrierbarkeit von f schließen:

Satz 12.3 (Tonelli). *Es sei $f \geqq 0$ und fast überall Grenzwert von Treppenfunktionen auf dem $\mathbb{R}^{n+m}$. Wenn dann eines der folgenden drei Integrale existiert, so existieren alle und sind einander gleich.*

$$\int_{\mathbb{R}^{n+m}} f(\mathfrak{x}',\mathfrak{x}'')\,d\mathfrak{x}, \qquad \int_{\mathbb{R}^m}\Big[\int_{\mathbb{R}^n} f(\mathfrak{x}',\mathfrak{x}'')\,d\mathfrak{x}'\Big]\,d\mathfrak{x}'', \qquad \int_{\mathbb{R}^n}\Big[\int_{\mathbb{R}^m} f(\mathfrak{x}',\mathfrak{x}'')\,d\mathfrak{x}''\Big]\,d\mathfrak{x}'.$$

Beweis. Wir setzen ohne Einschränkung der Allgemeinheit die Existenz des zweiten Integrals voraus und wählen zunächst eine Folge

$$K_1 \subset K_2 \subset \ldots \subset \mathbb{R}^{n+m}$$

kompakter Mengen, deren Vereinigung der ganze Raum ist. Die Funktionen $f_\nu = \min(\nu, f\cdot\chi_{K_\nu})$ sind nach Satz 7.4 integrierbar und bilden eine monotone Folge, deren Grenzfunktion offenbar f ist.

Aus der Ungleichung $f_\nu \leqq f$ folgt nach dem Satz von Fubini

$$\int_{\mathbb{R}^{n+m}} f_\nu(\mathfrak{x})\,d\mathfrak{x} = \int_{\mathbb{R}^m}\Big[\int_{\mathbb{R}^n} f_\nu(\mathfrak{x}',\mathfrak{x}'')\,d\mathfrak{x}'\Big]\,d\mathfrak{x}'' \leqq \int_{\mathbb{R}^m}\Big[\int_{\mathbb{R}^n} f(\mathfrak{x}',\mathfrak{x}'')\,d\mathfrak{x}'\Big]\,d\mathfrak{x}'' < \infty.$$

Nach Satz 6.2 ist f somit integrierbar, und die Behauptung ergibt sich wieder aus dem Satz von Fubini.

Um den Satz anzuwenden, wird man meist die Meßbarkeit von f verifizieren.

1. Elementare Anwendungen

Für das Lebesgue-Maß im $\mathbb{R}^n$ schreiben wir jetzt meist $dx_1 \ldots dx_n$.

1. Es sei f eine integrierbare Funktion über dem $\mathbb{R}^n$. Setzt man $\mathfrak{x}' = (x_1, \ldots, x_{n-1})$, $\mathfrak{x}'' = x_n$, so erhält man

$$\int_{\mathbb{R}^n} f(x_1,\ldots,x_n)\,d\mathfrak{x} = \int_{\mathbb{R}}\Big[\int_{\mathbb{R}^{n-1}} f(x_1,\ldots,x_n)\,d\mathfrak{x}'\Big]\,dx_n.$$

Wiederholung dieses Verfahrens liefert die Gleichung

$$\int_{\mathbb{R}^n} f(\mathfrak{x})\,d\mathfrak{x} = \int_{\mathbb{R}} \dots \left[\int_{\mathbb{R}} \left[\int_{\mathbb{R}} f(x_1, \dots, x_n)\,dx_1\right] dx_2\right] \dots dx_n.$$

Die Integration einer Funktion von n Veränderlichen kann ersetzt werden durch n Integrationen in je einer Veränderlichen; die Reihenfolge der aufeinanderfolgenden Integrationen ist dabei gleichgültig. Da man für Funktionen einer Variablen brauchbare Integrationsmethoden kennt (Band I), beherrscht man jetzt auch Integrale in mehreren Veränderlichen.

2. Ist $Q = \{\mathfrak{x}: a_\nu \leqq x_\nu \leqq b_\nu,\ \nu = 1, \dots, n\}$ ein achsenparalleler Quader und f eine stetige Funktion auf Q, so verifiziert man sofort die Gleichung

$$\int_Q f(\mathfrak{x})\,d\mathfrak{x} = \int_{a_n}^{b_n} \dots \int_{a_2}^{b_2} \int_{a_1}^{b_1} f(x_1, \dots, x_n)\,dx_1\,dx_2 \dots dx_n.$$

(Auf Klammern bei mehrfachen Integralen verzichten wir jetzt meistens.)

3. Es sei $\bar{I} = [a, b]$ ein Intervall, φ_1 und φ_2 seien zwei stetige Funktionen auf $\bar{I}$ mit $\varphi_1 < \varphi_2$. Die Menge

$$M = \{(x_1, x_2) \in \mathbb{R}^2:\ x_1 \in \bar{I},\ \varphi_1(x_1) \leqq x_2 \leqq \varphi_2(x_1)\}$$

ist dann kompakt, wie man sofort verifiziert, und daher ist jede auf M stetige Funktion $f(x_1, x_2)$ über M integrierbar. Man rechnet aus:

$$\begin{aligned}\int_M f(x_1, x_2)\,dx_1\,dx_2 &= \int_{\mathbb{R}^2} \hat{f}(x_1, x_2)\,dx_1\,dx_2 \\ &= \int_{\mathbb{R}} \left[\int_{\mathbb{R}} \hat{f}(x_1, x_2)\,dx_2\right] dx_1 \\ &= \int_a^b \left[\int_{\varphi_1(x_1)}^{\varphi_2(x_1)} f(x_1, x_2)\,dx_2\right] dx_1.\end{aligned}$$

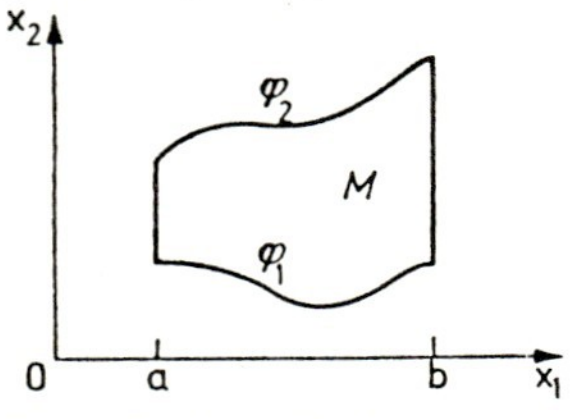

Fig. 6. Zu Beispiel 3

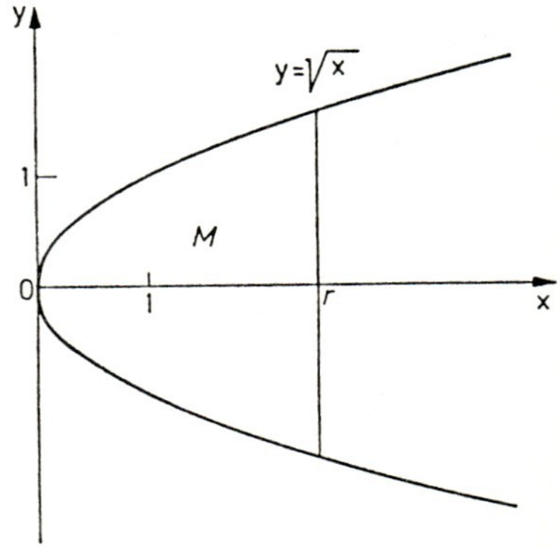

Fig. 7. Zu Beispiel 4

4. Als Spezialfall von Beispiel 3 berechnen wir den Inhalt einer durch eine Parabel eingeschlossenen Fläche:

$$M=\{(x,y):\ 0\leqq x\leqq r,\ y^2\leqq x\}.$$

$$I(M)=\int_M dx\,dy=\int_0^r\int_{-\sqrt{x}}^{+\sqrt{x}} dy\,dx=\int_0^r 2\sqrt{x}\,dx=\frac{4}{3}r^{3/2}.$$

5. Volumina und Flächeninhalte der elementar-geometrischen Figuren lassen sich nach demselben Schema berechnen. Natürlich sind die auftretenden Funktionen nicht notwendig elementar integrierbar.

2. Integrale mit Punktsingularität

Satz 12.4. *Es sei U eine offene Umgebung des Nullpunktes im $\mathbb{R}^n$ und $f: U\to\overline{\mathbb{R}}$ eine in $U-\{0\}$ stetige Funktion. Falls es reelle Zahlen $\alpha<n$ und $k>0$ so gibt, daß in einer beschränkten offenen Umgebung V von 0 für alle $\mathfrak{x}\neq 0$ die Abschätzung*

$$|f(\mathfrak{x})|\leqq\frac{k}{\|\mathfrak{x}\|^\alpha}$$

besteht, dann ist f über V integrierbar. Gibt es aber ein $k>0$ und eine Umgebung V von 0, so daß auf $V-\{0\}$ stets

$$|f(\mathfrak{x})|\geqq\frac{k}{\|\mathfrak{x}\|^n}$$

wird, dann ist f über keine Umgebung von 0 integrierbar.

Beweis. Da f und $\|\mathfrak{x}\|^{-n}$ meßbar sind, brauchen wir nur die Integrierbarkeit bzw. Nichtintegrierbarkeit von $\|\mathfrak{x}\|^{-\alpha}$ bzw. $\|\mathfrak{x}\|^{-n}$ nachzuweisen (vgl. Satz 10.4).

a) Es sei also $f(\mathfrak{x})=\|\mathfrak{x}\|^{-\alpha}$ mit $\alpha<n$.

Für $\|\mathfrak{x}\|\leqq 1$ und $\beta\geqq\alpha$ ist $\|\mathfrak{x}\|^{-\alpha}\leqq\|\mathfrak{x}\|^{-\beta}$. Ohne Einschränkung der Allgemeinheit sei daher $\alpha\notin\mathbb{Z}$. Wir betrachten die Norm

$$|||\mathfrak{x}|||=\sum_{\nu=1}^{n}|x_\nu|.$$

Mit einer positiven Konstanten k' gilt

$$\|\mathfrak{x}\|\geqq k'|||\mathfrak{x}|||.$$

Wir sind daher fertig, wenn wir die Existenz von

$$\int_{Q_1}|||\mathfrak{x}|||^{-\alpha}\,d\mathfrak{x}$$

nachgewiesen haben; dabei sei $Q_1 = \{\mathfrak{x}\colon |\mathfrak{x}| \leqq 1\}$. Ist nun Q der Würfel $\{\mathfrak{x}\colon 0 \leqq x_\nu \leqq 1\}$, so ist

$$\int_{Q_1} |||\mathfrak{x}|||^{-\alpha}\, d\mathfrak{x} = 2^n \int_Q |||\mathfrak{x}|||^{-\alpha}\, d\mathfrak{x};$$

es bleibt also die Existenz von

$$\int_Q \frac{d\mathfrak{x}}{(x_1 + x_2 + \ldots + x_n)^\alpha} = I(n, \alpha)$$

nachzuweisen.

Wir führen Induktion nach n durch. Für $n=1$ ist der Satz schon im ersten Band bewiesen. Es möge nun $I(n-1, \beta)$ für jedes $\beta < n-1$ existieren. Für $(x_1, \ldots, x_{n-1}) \neq (0, \ldots, 0)$ gilt

$$\int_0^1 \frac{dx_n}{(x_1 + \ldots + x_{n-1} + x_n)^\alpha}$$
$$= \frac{1}{1-\alpha} [(x_1 + \ldots + x_{n-1} + 1)^{1-\alpha} - (x_1 + \ldots + x_{n-1})^{1-\alpha}].$$

Der erste Summand ist über

$$Q' = \{(x_1, \ldots, x_{n-1})\colon 0 \leqq x_\nu \leqq 1\}$$

integrierbar, da er dort stetig ist; wegen $\alpha < n$ ist $\alpha - 1 < n - 1$, und daher ist auch der zweite Summand nach Induktionsannahme über Q' integrierbar. Es folgt die Existenz des iterierten Integrals

$$\int_{Q'} d\mathfrak{x}' \int_0^1 |||\mathfrak{x}|||^{-\alpha}\, dx_n.$$

Nach dem Satz von Tonelli ist somit $|||\mathfrak{x}|||^{-\alpha}$ im $\mathbb{R}^n$ integrierbar, und

$$I(n, \alpha) = \int_{Q'} d\mathfrak{x}' \int_0^1 |||\mathfrak{x}|||^{-\alpha}\, dx_n.$$

(Beachte, daß $|||\mathfrak{x}|||^{-\alpha}$ als halbstetige Funktion meßbar ist.)

b) Statt $\|\mathfrak{x}\|^{-n}$ können wir wieder $|||\mathfrak{x}|||^{-n}$ betrachten und haben

$$\int_Q \frac{d\mathfrak{x}}{|||\mathfrak{x}|||^n}$$

zu untersuchen. Für $n=1$ existiert dieses Integral nicht – siehe Band I. Der

Formel

$$\int_0^1 \frac{dx_n}{(x_1+\ldots+x_n)^n} = \frac{1}{1-n}\left[(x_1+\ldots+x_{n-1}+1)^{1-n}-(x_1+\ldots+x_{n-1})^{1-n}\right],$$

die für $(x_1, \ldots, x_{n-1}) \neq (0, \ldots, 0)$ und $n>1$ gültig ist, entnimmt man nach dem Satz von Fubini sofort:

Falls

$$\int_Q \frac{d\mathfrak{x}}{|||\mathfrak{x}|||^n} = I(n, n)$$

existiert, so existiert auch $I(n-1, n-1)$. Durch Induktion folgt die Nichtintegrierbarkeit von $|||\mathfrak{x}|||^{-n}$.

3. Integrale über den $\mathbb{R}^n$

Satz 12.5. *Es sei* $f\colon \mathbb{R}^n \to \overline{\mathbb{R}}$ *eine Funktion, die über jede kompakte Menge integrierbar ist. Es gebe reelle Zahlen* $K>0$ *und* $\alpha>n$, *so daß für alle* $\mathfrak{x}$ *außerhalb eines geeigneten Würfels* Q_r *die Ungleichung*

$$|f(\mathfrak{x})| \leqq \frac{K}{\|\mathfrak{x}\|^\alpha}$$

besteht. Dann ist f *über den* $\mathbb{R}^n$ *integrierbar. Gilt dagegen*

$$|f(\mathfrak{x})| \geqq \frac{k}{\|\mathfrak{x}\|^n}$$

für alle $\mathfrak{x}$ *mit* $|\mathfrak{x}| \geqq r$, *wobei* $k>0$ *sein soll, dann ist* f *nicht integrierbar.*

Dieser Satz verallgemeinert entsprechende Aussagen aus § 11. Der Beweis entspricht so genau dem Beweis von Satz 4, daß wir hier darauf verzichten können.

§ 13. Grenzübergänge unter dem Integralzeichen

Wir betrachten Integrale, die noch von gewissen Parametern abhängen, und untersuchen diese Funktionen auf Stetigkeit und Differenzierbarkeit. Wenn auch die hier aufgestellten Sätze ziemlich direkte Folgerungen aus dem Lebesgueschen Konvergenzsatz sind, so verdienen sie doch wegen ihrer Wichtigkeit für die Anwendungen der Integralrechnung eine ausführliche Formulierung.

Es sei A eine nicht-leere meßbare Menge im $\mathbb{R}^n$. Wir untersuchen Funktionen, die auf $A \times M$ erklärt sind, wobei $M \neq \emptyset$ eine beliebige Teilmenge des $\mathbb{R}^m$ ist. Eine solche Funktion f heißt *gleichmäßig L-beschränkt*, wenn es eine auf A definierte integrierbare Funktion g mit $|f| \leqq g$, d.h. $|f(\mathfrak{x}, \mathfrak{y})| \leqq g(\mathfrak{x})$ für alle $(\mathfrak{x}, \mathfrak{y}) \in A \times M$, gibt. Hat A etwa endlichen Inhalt, so ist jede beschränkte Funktion auf $A \times M$ gleichmäßig L-beschränkt.

Zusätzlich werde nun vorausgesetzt, daß für jedes $\mathfrak{y} \in M$ die Funktion $f_{\mathfrak{y}}(\mathfrak{x}) = f(\mathfrak{x}, \mathfrak{y})$ über A integrierbar ist (wir nennen f dann über A integrierbar). Auf diese Weise erhält man eine auf M erklärte Funktion

$$F(\mathfrak{y}) = \int_A f(\mathfrak{x}, \mathfrak{y})\, d\mathfrak{x}.$$

Satz 13.1. *Es sei $\mathfrak{y}_0 \in M$. Falls die Funktionen $f_{\mathfrak{x}}(\mathfrak{y}) = f(\mathfrak{x}, \mathfrak{y})$ für jedes $\mathfrak{x}$ im Punkte $\mathfrak{y}_0$ stetig sind und f auf $A \times M$ gleichmäßig L-beschränkt ist, dann ist F in $\mathfrak{y}_0$ stetig.*

Es gilt dann also:

$$\lim_{\mathfrak{y} \to \mathfrak{y}_0} \int_A f(\mathfrak{x}, \mathfrak{y})\, d\mathfrak{x} = \int_A \lim_{\mathfrak{y} \to \mathfrak{y}_0} f(\mathfrak{x}, \mathfrak{y})\, d\mathfrak{x}.$$

Dieses Resultat ist eine partielle Verallgemeinerung von Band II, Kap. VI, Satz 6.6. Dort war allerdings die geometrische Situation anders als in unserm Satz.

Beweis von Satz 13.1. Wir wählen eine gegen $\mathfrak{y}_0$ konvergente Folge $\mathfrak{y}_\nu \in M$ und setzen $f_\nu(\mathfrak{x}) = f(\mathfrak{x}, \mathfrak{y}_\nu)$ (für $\nu = 1, 2, \ldots$). Nach Voraussetzung gibt es eine über A integrierbare Funktion g, so daß für alle ν die Ungleichung $|f_\nu(\mathfrak{x})| \leqq g(\mathfrak{x})$ besteht. Außerdem strebt wegen der Stetigkeit von $f_{\mathfrak{x}}(\mathfrak{y})$ im Punkte $\mathfrak{y}_0$ die Folge (f_ν) gegen $f_0 = f_{\mathfrak{y}_0}$. Satz 7.3 liefert nun die Beziehung

$$F(\mathfrak{y}_0) = \int_A f_0(\mathfrak{x})\, d\mathfrak{x} = \lim_{\nu \to \infty} \int_A f_\nu(\mathfrak{x})\, d\mathfrak{x} = \lim_{\nu \to \infty} F(\mathfrak{y}_\nu),$$

also die Stetigkeit von F.

Als nächstes nehmen wir M als ein (nicht zu einem Punkt entartetes) Intervall im $\mathbb{R}^1$ an.

Satz 13.2. *Die Funktion $F(y) = \int_A f(\mathfrak{x}, y)\, d\mathfrak{x}$ sei wieder für jedes $y \in M$ definiert, und y_0 sei ein Punkt von M. Ferner habe f eine gleichmäßig L-beschränkte, über A integrierbare partielle Ableitung $\partial f / \partial y$. Dann ist F in y_0 differenzierbar, und es gilt*

$$F'(y_0) = \int_A \frac{\partial f}{\partial y}(\mathfrak{x}, y_0)\, d\mathfrak{x}.$$

Beweis. Für $y \in M$ ist

$$\begin{aligned} F(y) - F(y_0) &= \int_A (f(\mathfrak{x}, y) - f(\mathfrak{x}, y_0))\, d\mathfrak{x} \\ &= \int_A (y - y_0)\, \Delta(\mathfrak{x}, y)\, d\mathfrak{x}. \end{aligned}$$

Die Funktion $\Delta(\mathfrak{x}, y)$ ist über A integrierbar und in y_0 bezüglich y stetig. Auf Grund des Mittelwertsatzes gilt ferner

$$\Delta(\mathfrak{x}, y) = \frac{\partial f}{\partial y}(\mathfrak{x}, y_0 + \vartheta(y - y_0))$$

mit $0 < \vartheta < 1$. Demnach ist Δ auch gleichmäßig L-beschränkt. Also ist nach dem vorigen Satz die durch

$$\bar{\Delta}(y) = \int_A \Delta(\mathfrak{x}, y)\, d\mathfrak{x}$$

erklärte Funktion in y_0 stetig und erfüllt die Beziehungen

$$F(y) - F(y_0) = (y - y_0)\,\bar{\Delta}(y),$$

$$\bar{\Delta}(y_0) = \int_A \frac{\partial f}{\partial y}(\mathfrak{x}, y_0)\, d\mathfrak{x}.$$

Die Voraussetzungen der obigen Sätze sind sehr schwach. Sie sind z.B. im folgenden, für später wichtigen Fall erfüllt:

Satz 13.3. *A sei kompakt, $M \subset \mathbb{R}^m$ offen,*

$$f(\mathfrak{x}, \mathfrak{y}) = f(x_1, \ldots, x_n, y_1, \ldots, y_m)$$

sei über A integrierbar und habe stetige partielle Ableitungen $\partial f / \partial y_i$ auf $A \times M$. Dann ist $F(\mathfrak{y})$ stetig differenzierbar, und es gilt

$$\frac{\partial F}{\partial y_i}(\mathfrak{y}) = \int_A \frac{\partial f}{\partial y_i}(\mathfrak{x}, \mathfrak{y})\, d\mathfrak{x}.$$

Wählt man nämlich zu festem $\mathfrak{y} \in M$ eine kompakte Umgebung $\bar{U} \subset M$, so ist $\partial f / \partial y_i$ auf $A \times \bar{U}$ beschränkt und daher (wegen $I(A) < \infty$) gleichmäßig L-beschränkt. Damit folgt die Differenzierbarkeit von F nach allen y_i aus Satz 13.2, die Stetigkeit der Ableitungen aus Satz 13.1.

Bisher haben wir das Integrationsgebiet immer als von den Parametern unabhängig angenommen. Bei Funktionen zweier Veränderlicher läßt sich leicht eine allgemeinere Situation untersuchen.

Es seien φ und ψ zwei auf dem Intervall $\{y\colon a \leqq y \leqq b\}$ definierte stetige Funktionen mit $\varphi < \psi$. Auf der kompakten Menge

$$K = \{(x, y)\colon \varphi(y) \leqq x \leqq \psi(y),\ a \leqq y \leqq b\}$$

sei eine stetige Funktion f gegeben. Von der Funktion

$$F(y) = \int_{\varphi(y)}^{\psi(y)} f(x, y)\, dx$$

zeigen wir zunächst

Satz 13.4. *F ist auf $[a, b]$ stetig*[8].

[8] Das ist offenbar ein Spezialfall von Band II, Kap. VI, Satz 6.6.

Zum Beweis setzt man $x=\varphi(y)+t(\psi(y)-\varphi(y))$ und erhält aus der in Band I abgeleiteten Substitutionsregel

$$F(y)=(\psi(y)-\varphi(y))\int_0^1 f(\varphi(y)+t(\psi(y)-\varphi(y)), y)\,dt.$$

Nach Satz 13.1 ist diese Funktion stetig.

Jetzt werde zusätzlich angenommen, daß f eine beschränkte partielle Ableitung $\partial f/\partial y$ auf der Menge $K'=\{(x, y)\colon a\leqq y\leqq b,\ \varphi(y)<x<\psi(y)\}$ besitzt, die für jeden Punkt y über das Intervall $\{x\colon \varphi(y)\leqq x\leqq\psi(y)\}$ integrierbar ist (in den Randpunkten setzt man $\dfrac{\partial f}{\partial y}$ durch Null fort); außerdem seien die Funktionen φ und ψ stetig differenzierbar.

Satz 13.5. *Unter den obigen Voraussetzungen ist F auf $[a, b]$ differenzierbar und hat die Ableitung*

$$F'(y)=\int_{\varphi(y)}^{\psi(y)} \frac{\partial f}{\partial y}(x, y)\,dx+f(\psi(y), y)\,\psi'(y)-f(\varphi(y), y)\,\varphi'(y).$$

Beweis. a) Wir wollen zunächst auch noch annehmen, alle Voraussetzungen des Satzes seien auf der Menge

$$U=\{(x, y)\colon\ y\in[a, b] \quad \text{und} \quad \varphi(y)-\varepsilon\leqq x\leqq\psi(y)+\varepsilon\}$$

erfüllt, wenn $\varepsilon>0$ hinreichend klein ist. Es sei $y_0\in[a, b]$. Wir wählen ein positives δ, so daß für $|y-y_0|\leqq\delta$ und $y\in[a, b]$ die Ungleichungen

$$|\varphi(y)-\varphi(y_0)|\leqq\varepsilon \quad \text{und} \quad |\psi(y)-\psi(y_0)|\leqq\varepsilon$$

bestehen. Dann ist für diese y

$$\begin{aligned}
F(y)&=\int_{\varphi(y)}^{\psi(y)} f(x, y)\,dx\\
&=\int_{\varphi(y_0)}^{\psi(y_0)} f(x, y)\,dx+\int_{\varphi(y)}^{\psi(y)} f(x, y)\,dx-\int_{\varphi(y_0)}^{\psi(y_0)} f(x, y)\,dx\\
&=\int_{\varphi(y_0)}^{\psi(y_0)} f(x, y)\,dx+\int_{\psi(y_0)}^{\psi(y)} f(x, y)\,dx-\int_{\varphi(y_0)}^{\varphi(y)} f(x, y)\,dx,
\end{aligned}$$

wobei die auftretenden Integrale wegen unserer Wahl von δ sinnvoll sind. Das erste Integral ist nach Satz 13.2 differenzierbar:

$$\frac{d}{dy}\int_{\varphi(y_0)}^{\psi(y_0)} f(x, y)\,dx=\int_{\varphi(y_0)}^{\psi(y_0)} \frac{\partial f}{\partial y}(x, y_0)\,dx$$

für $y=y_0$. Wir setzen

$$G(y)=\int_{\psi(y_0)}^{\psi(y)} f(x,y)\,dx,$$

also $G(y_0)=0$, und zeigen, daß G in y_0 differenzierbar ist. Um die Bezeichnungen zu vereinfachen, werde noch $\psi(y_0)\leqq\psi(y)$ angenommen. Es ist

$$\min_{\psi(y_0)\leqq x\leqq\psi(y)} f(x,y)\,(\psi(y)-\psi(y_0))\leqq\int_{\psi(y_0)}^{\psi(y)} f(x,y)\,dx$$
$$\leqq\max_{\psi(y_0)\leqq x\leqq\psi(y)} f(x,y)\,(\psi(y)-\psi(y_0));$$

nach dem Zwischenwertsatz existiert ein $\xi\in[\psi(y_0),\psi(y)]$ mit

$$f(\xi,y)\,(\psi(y)-\psi(y_0))=\int_{\psi(y_0)}^{\psi(y)} f(x,y)\,dx.$$

Demnach wird

$$\begin{aligned}G(y)-G(y_0)&=\int_{\psi(y_0)}^{\psi(y)} f(x,y)\,dx\\&=(\psi(y)-\psi(y_0))\,f(\xi,y)\\&=(y-y_0)\,\psi'(y_0+\vartheta(y-y_0))\,f(\xi,y),\end{aligned}$$

mit $0<\vartheta<1$ und $\xi\in[\psi(y_0),\psi(y)]$. Auf Grund unserer Voraussetzungen ist die Funktion $\Delta(y)=\psi'(y_0+\vartheta(y-y_0))\,f(\xi,y)$ im Punkte y_0 stetig und nimmt dort den Wert

$$\Delta(y_0)=G'(y_0)=\psi'(y_0)\,f(\psi(y_0),y_0)$$

an. – Entsprechend zeigt man die Gleichung

$$\frac{d}{dy}\int_{\varphi(y_0)}^{\varphi(y)} f(x,y)\,dx=\varphi'(y_0)\,f(\varphi(y_0),y_0)\qquad(\text{für } y=y_0).$$

Damit ist der Satz unter einer Zusatzvoraussetzung bewiesen.

b) Im allgemeinen Fall wählen wir ein δ_0 mit $0<\delta_0<\min\limits_{[a,b]}(\psi-\varphi)$ und setzen für jedes positive $\delta\leqq\delta_0/2$

$$F_\delta(y)=\int_{\varphi(y)+\delta}^{\psi(y)-\delta} f(x,y)\,dx.$$

Dann ist nach Teil a)

$$F_\delta'(y)=\int_{\varphi(y)+\delta}^{\psi(y)-\delta}\frac{\partial f}{\partial y}(x,y)\,dx+f(\psi(y)-\delta,y)\,\psi'(y)-f(\varphi(y)+\delta,y)\,\varphi'(y).$$

Es sei (δ_ν) eine Nullfolge mit $0<\delta_\nu \leqq \delta_0/2$. Wie in Band II, S. 151 unten, Beweis von Satz 6.6, schließt man aus der Stetigkeit von f, φ' und ψ' auf die gleichmäßige Konvergenz $f(\varphi(y)+\delta_\nu, y)\,\varphi'(y) \to f(\varphi(y), y)\,\varphi'(y)$ bzw. $f(\psi(y)-\delta_\nu, y)\,\psi'(y) \to f(\psi(y), y)\,\psi'(y)$. Weiter ist $|\partial f/\partial y|$ auf K' beschränkt, etwa durch die Zahl $C<\infty$; damit wird

$$\left|\int\limits_{\varphi(y)+\delta_\nu}^{\psi(y)-\delta_\nu} \frac{\partial f}{\partial y}(x, y)\,dx - \int\limits_{\varphi(y)}^{\psi(y)} \frac{\partial f}{\partial y}(x, y)\,dx\right|$$

$$=\left|\int\limits_{\varphi(y)}^{\varphi(y)+\delta_\nu} \frac{\partial f}{\partial y}(x, y)\,dx + \int\limits_{\psi(y)-\delta_\nu}^{\psi(y)} \frac{\partial f}{\partial y}(x, y)\,dx\right| \leqq 2\delta_\nu\, C.$$

Somit strebt die Folge F'_{δ_ν} gleichmäßig gegen

$$\int\limits_{\varphi(y)}^{\psi(y)} \frac{\partial f}{\partial y}(x, y)\,dx + f(\psi(y), y)\,\psi'(y) - f(\varphi(y), y)\,\varphi'(y);$$

ebenso ergibt sich die gleichmäßige Konvergenz $F_{\delta_\nu} \to F$. Satz 5.1 aus Kap. V des ersten Bandes liefert nun die Behauptung.

II. Kapitel

Alternierende Differentialformen

In vielen mathematischen und physikalischen Anwendungen der Integrationstheorie genügt es nicht, Funktionen über den ganzen Raum oder über meßbare Teile des Raumes zu integrieren: Man sieht sich gezwungen, Integrale längs Wegen (*Kurvenintegrale*) oder längs Flächenstücken zu definieren. So muß etwa die Arbeit, die bei Bewegung in einem Kraftfeld geleistet wird, als „Liniensumme" der Kraft, d.h. als ein gewisses Kurvenintegral über den durchlaufenen Weg, angesehen werden; ähnlich ist die durch eine gekrümmte Fläche hindurchströmende Elektrizitätsmenge durch ein *Flächenintegral* zu beschreiben, usf. Bei dem Versuch, diese physikalischen und ähnliche mathematische Fragestellungen in ein leicht zu handhabendes Begriffssystem zu bringen, gelangt man zur Definition des Begriffes der *alternierenden* (oder *äußeren*) *Differentialform*: Die Objekte, die man über p-dimensionale Flächenstücke im $\mathbb{R}^n$ integriert, sind p-dimensionale Differentialformen und nicht etwa Funktionen. Die Vektoranalysis mit ihren zahlreichen Differentialoperatoren (grad f, rot $\mathfrak{a}$, div $\mathfrak{a}$, Grad f, Div $\mathfrak{a}$, Rot $\mathfrak{F}$) und Integralformeln ist eine kaum zweckmäßige, oft aber sehr unübersichtliche Umschreibung des Kalküls der äußeren Differentialformen.

In diesem Kapitel führen wir zunächst Differentialformen ein und zeigen, daß man mit ihnen nach übersichtlichen Regeln rechnen kann. Anschließend wird ein Differentialoperator d erklärt, auf den sich die Differentialoperatoren der Vektoranalysis zurückführen lassen, und ein wichtiger Satz über diesen Operator bewiesen.

Die Integration von Differentialformen behandeln wir erst im folgenden Kapitel.

§ 1. Die Graßmannprodukte eines Vektorraumes

Es sei T stets ein reeller Vektorraum und T^* der *Dualraum* von T, d.i. der Vektorraum der Linearformen auf T. Mit T^p wird das p-fache kartesische Produkt von T mit sich selbst bezeichnet, d.h. die Menge aller p-tupel $(\xi_1, \dots, \xi_p)$ von Elementen in T.

Definition 1.1. *Eine p-Linearform (für $p \geqq 1$) auf T ist eine Abbildung*

$$\varphi\colon T^p \to \mathbb{R}$$

mit folgenden Eigenschaften:

1. *Für jedes ν mit $1 \leqq \nu \leqq p$ ist*

$$\varphi(\xi_1, \ldots, \xi'_\nu + \xi''_\nu, \ldots, \xi_p) = \varphi(\xi_1, \ldots, \xi'_\nu, \ldots, \xi_p) + \varphi(\xi_1, \ldots, \xi''_\nu, \ldots, \xi_p).$$

2. *Für $1 \leqq \nu \leqq p$ und $a \in \mathbb{R}$ ist*

$$\varphi(\xi_1, \ldots, a\,\xi_\nu, \ldots, \xi_p) = a\,\varphi(\xi_1, \ldots, \xi_\nu, \ldots, \xi_p).$$

Eine 0-Linearform ist eine reelle Zahl.

φ ist also eine Funktion von p Vektoren, die in jeder einzelnen Veränderlichen linear ist. Die 1-Linearformen sind gerade die Elemente des dualen Raumes T^*; genau wie bei den 1-Linearformen zeigt man, daß die p-Linearformen einen reellen Vektorraum bilden. Die Zahl p wird als *Dimension* von φ bezeichnet und φ auch eine *Multilinearform der Dimension p* genannt.

Manchmal benötigt man einen allgemeineren Begriff:

Definition 1.2. *Eine (p, q)-Linearform auf T (für p und $q \geqq 1$) ist eine in jeder einzelnen Veränderlichen lineare Abbildung*

$$\varphi\colon T^p \times T^{*q} \to \mathbb{R}.$$

Die p-Formen auf T werden auch als (p, 0)-Linearformen bezeichnet; die q-Formen auf T^* heißen (0, q)-Linearformen auf T.

Es gilt also für $a, b \in \mathbb{R}$ und $\xi_\kappa, \xi'_\nu, \xi''_\nu \in T$, $\eta_\kappa, \eta'_\nu, \eta''_\nu \in T^*$:

$$\begin{aligned}
&\varphi(\xi_1, \ldots, a\,\xi'_\nu + b\,\xi''_\nu, \ldots, \xi_p, \eta_1, \ldots, \eta_q)\\
&= a\,\varphi(\xi_1, \ldots, \xi'_\nu, \ldots, \xi_p, \eta_1, \ldots, \eta_q) + b\,\varphi(\xi_1, \ldots, \xi''_\nu, \ldots, \xi_p, \eta_1, \ldots, \eta_q),\\
&\varphi(\xi_1, \ldots, \xi_p, \eta_1, \ldots, a\,\eta'_\nu + b\,\eta''_\nu, \ldots, \eta_q)\\
&= a\,\varphi(\xi_1, \ldots, \xi_p, \eta_1, \ldots, \eta'_\nu, \ldots, \eta_q) + b\,\varphi(\xi_1, \ldots, \xi_p, \eta_1, \ldots, \eta''_\nu, \ldots, \eta_q).
\end{aligned}$$

Der von den (p, q)-Formen gebildete Vektorraum wird mit $T^{p,q}$ bezeichnet.

Im folgenden treten fast nur p-Formen auf.

Definition 1.3. *Eine p-Linearform φ heißt alternierend oder eine äußere p-Form, wenn für jedes ν mit $1 \leqq \nu \leqq p-1$*

$$\varphi(\xi_1, \ldots, \xi_\nu, \xi_{\nu+1}, \ldots, \xi_p) = -\varphi(\xi_1, \ldots, \xi_{\nu+1}, \xi_\nu, \ldots, \xi_p)$$

ist.

Für $p=1$ ist die Bedingung der Definition leer, d.h. jede 1-Linearform ist alternierend. Als *äußere* 0-*Formen* definieren wir ebenfalls die reellen Zahlen. Statt „alternierend" sagt man auch oft „antisymmetrisch"; alle diese Bezeichnungen werden wir nebeneinander verwenden.

Satz 1.1. *Für jedes p bilden die alternierenden p-Formen einen reellen Vektorraum E^p, das p-fache Graßmannprodukt über T. Es ist $E^0=\mathbb{R}$, $E^1=T^*$.*

In der Tat ist mit φ_1 und φ_2 auch die Form $\varphi_1+\varphi_2$ alternierend; für $\varphi\in E^p$ und $a\in\mathbb{R}$ ist ebenso $a\cdot\varphi\in E^p$.

Als erste Folgerungen aus den Definitionen notieren wir:

1. *Es ist für $\varphi\in E^p$ und $\nu\neq\mu$*

$$\begin{aligned}&\varphi(\xi_1,\ldots,\xi_\nu,\ldots,\xi_\mu,\ldots,\xi_p)\\&=-\varphi(\xi_1,\ldots,\xi_{\nu-1},\xi_\mu,\xi_{\nu+1},\ldots,\xi_{\mu-1},\xi_\nu,\xi_{\mu+1},\ldots,\xi_p).\end{aligned}$$

2. *Falls $\xi_\nu=\xi_\mu$ für $\nu\neq\mu$ ist, so gilt*

$$\varphi(\xi_1,\ldots,\xi_\nu,\ldots,\xi_\mu,\ldots,\xi_p)=0.$$

Beweis. Um das p-tupel von Vektoren $(\xi_1,\ldots,\xi_\nu,\ldots,\xi_\mu,\ldots,\xi_p)$ in das p-tupel $(\xi_1,\ldots,\xi_\mu,\ldots,\xi_\nu,\ldots,\xi_p)$ überzuführen, muß man zunächst ξ_μ der Reihe nach mit $\xi_{\mu-1},\xi_{\mu-2},\ldots,\xi_{\nu+1},\xi_\nu$ vertauschen, d.h. $\mu-\nu$ Vertauschungen vornehmen. Definitionsgemäß ist dann, da sich bei jeder einzelnen Vertauschung das Vorzeichen ändert,

$$\begin{aligned}&\varphi(\xi_1,\ldots,\xi_\nu,\ldots,\xi_\mu,\ldots,\xi_p)\\&=(-1)^{\mu-\nu}\varphi(\xi_1,\ldots,\xi_{\nu-1},\xi_\mu,\xi_\nu,\xi_{\nu+1},\ldots,\xi_{\mu-1},\xi_{\mu+1},\ldots,\xi_p).\end{aligned}$$

Anschließend vertauscht man ξ_ν der Reihe nach mit $\xi_{\nu+1},\xi_{\nu+2},\ldots,\xi_{\mu-1}$, nimmt also $\mu-\nu-1$ Vertauschungen vor; es folgt

$$\begin{aligned}&\varphi(\xi_1,\ldots,\xi_\nu,\ldots,\xi_\mu,\ldots,\xi_p)\\&=(-1)^{\mu-\nu}\varphi(\xi_1,\ldots,\xi_{\nu-1},\xi_\mu,\xi_\nu,\xi_{\nu+1},\ldots,\xi_{\mu-1},\xi_{\mu+1},\ldots,\xi_p)\\&=(-1)^{\mu-\nu}(-1)^{\mu-\nu-1}\varphi(\xi_1,\ldots,\xi_\mu,\ldots,\xi_\nu,\ldots,\xi_p)\\&=-\varphi(\xi_1,\ldots,\xi_\mu,\ldots,\xi_\nu,\ldots,\xi_p).\end{aligned}$$

Damit ist Regel 1 bewiesen. Regel 2 ist klar:

$$\varphi(\xi_1,\ldots,\xi_\nu,\ldots,\xi_\mu,\ldots,\xi_p)=\varphi(\xi_1,\ldots,\xi_\mu,\ldots,\xi_\nu,\ldots,\xi_p)$$

wegen $\xi_\nu=\xi_\mu$,

$$=-\varphi(\xi_1,\ldots,\xi_\mu,\ldots,\xi_\nu,\ldots,\xi_p)$$

nach Regel 1,

also $\varphi(\xi_1,\ldots,\xi_\nu,\ldots,\xi_\mu,\ldots,\xi_p)=0$.

Um weitere Eigenschaften alternierender p-Linearformen zu erkennen, führen wir das verallgemeinerte Kronecker-Symbol ein.

Definition 1.4. *Für irgend zwei natürliche Zahlen i_1 und i_2 sei*

$$\delta(i_1, i_2) = \begin{cases} 1, & \textit{falls} \quad i_1 < i_2, \\ 0, & \textit{falls} \quad i_1 = i_2, \\ -1, & \textit{falls} \quad i_1 > i_2. \end{cases}$$

Ist $p \geqq 2$ und $(i_1, \ldots, i_p)$ ein p-tupel natürlicher Zahlen, so sei

$$\delta(i_1, \ldots, i_p) = \prod_{\substack{\nu, \mu = 1, \ldots, p \\ \nu < \mu}} \delta(i_\nu, i_\mu).$$

Die Funktion $\delta(i_1, \ldots, i_p)$ heißt Kronecker-Symbol. Wir setzen noch $\delta(i) = 1$ für jede natürliche Zahl i.

$\delta(i_1, \ldots, i_p)$ nimmt also nur die Werte $-1, 0$ oder $+1$ an. Offenbar ist $\delta(i_1, \ldots, i_p) = 0$ genau dann, wenn zwei verschiedene der Argumente, etwa i_ν und i_μ mit $\nu \neq \mu$, übereinstimmen. Weiter gilt

Hilfssatz 1. $\delta(i_1, \ldots, i_\kappa, i_{\kappa+1}, \ldots, i_p) = -\delta(i_1, \ldots, i_{\kappa+1}, i_\kappa, \ldots, i_p)$.

Beweis. Nach Definition ist

$$\begin{aligned} \delta(i_1, \ldots, i_\kappa, i_{\kappa+1}, \ldots, i_p) &= \prod_{\nu < \mu} \delta(i_\nu, i_\mu) \\ &= \prod_{\substack{\nu < \mu \\ \nu \neq \kappa, \kappa+1 \\ \mu \neq \kappa, \kappa+1}} \delta(i_\nu, i_\mu) \cdot \delta(i_\kappa, i_{\kappa+1}) \cdot \prod_{\mu > \kappa+1} \delta(i_\kappa, i_\mu) \\ &\quad \cdot \prod_{\nu < \kappa} \delta(i_\nu, i_\kappa) \cdot \prod_{\mu > \kappa+1} \delta(i_{\kappa+1}, i_\mu) \cdot \prod_{\nu < \kappa} \delta(i_\nu, i_{\kappa+1}). \end{aligned}$$

Setzt man $j_\nu = i_\nu$ für $\nu \neq \kappa$, $\kappa+1$ und $j_\kappa = i_{\kappa+1}$, $j_{\kappa+1} = i_\kappa$, so erhält man für $\delta(i_1, \ldots, i_{\kappa+1}, i_\kappa, \ldots, i_p) = \delta(j_1, \ldots, j_\kappa, j_{\kappa+1}, \ldots, j_p)$ dieselbe Formel:

$$\begin{aligned} \delta(j_1, \ldots, j_p) = &\prod_{\substack{\nu < \mu \\ \nu \neq \kappa, \kappa+1 \\ \mu \neq \kappa, \kappa+1}} \delta(j_\nu, j_\mu) \cdot \delta(j_\kappa, j_{\kappa+1}) \cdot \prod_{\mu > \kappa+1} \delta(j_\kappa, j_\mu) \\ &\cdot \prod_{\nu < \kappa} \delta(j_\nu, j_\kappa) \cdot \prod_{\mu > \kappa+1} \delta(j_{\kappa+1}, j_\mu) \cdot \prod_{\nu < \kappa} \delta(j_\nu, j_{\kappa+1}). \end{aligned}$$

Nun ist

$$\prod_{\substack{\nu<\mu \\ \nu\neq\kappa,\kappa+1 \\ \mu\neq\kappa,\kappa+1}} \delta(j_\nu,j_\mu)=\prod_{\substack{\nu<\mu \\ \nu\neq\kappa,\kappa+1 \\ \mu\neq\kappa,\kappa+1}} \delta(i_\nu,i_\mu),$$

$$\delta(j_\kappa,j_{\kappa+1})=\delta(i_{\kappa+1},i_\kappa)=-\delta(i_\kappa,i_{\kappa+1}),$$

$$\prod_{\mu>\kappa+1} \delta(j_\kappa,j_\mu)=\prod_{\mu>\kappa+1} (i_{\kappa+1},i_\mu),$$

$$\prod_{\nu<\kappa} \delta(j_\nu,j_\kappa)=\prod_{\nu<\kappa} (i_\nu,i_{\kappa+1}),$$

$$\prod_{\mu>\kappa+1} \delta(j_{\kappa+1},j_\mu)=\prod_{\mu>\kappa+1} \delta(i_\kappa,i_\mu),$$

$$\prod_{\nu<\kappa} \delta(j_\nu,j_{\kappa+1}) = \prod_{\nu<\kappa} \delta(i_\nu,i_\kappa).$$

Somit ist in der Tat

$$\delta(i_1,\ldots,i_\kappa,i_{\kappa+1},\ldots,i_p)=-\delta(i_1,\ldots,i_{\kappa+1},i_\kappa,\ldots,i_p),$$

was zu beweisen war.

Aus diesem Hilfssatz ergibt sich eine einfache Interpretation des Kronecker-Symbols. Führt man nämlich unter den Zahlen $i_1,\ldots,i_p$, die paarweise verschieden sein mögen, so lange Vertauschungen je zweier Elemente aus, bis man die Folge $i_1,\ldots,i_p$ in die natürliche Reihenfolge, etwa $j_1<j_2<\ldots<j_p$, gebracht hat, so ändert sich bei jeder einzelnen Vertauschung das Vorzeichen von δ. Ist a also die Anzahl aller vorgenommenen Vertauschungen, so gilt

$$\delta(i_1,\ldots,i_p)=(-1)^a\,\delta(j_1,\ldots,j_p),$$

daher, wegen $\delta(j_1,\ldots,j_p)=1$,

$$\delta(i_1,\ldots,i_p)=(-1)^a.$$

Die Zahl a ist natürlich nicht durch das p-tupel $(i_1,\ldots,i_p)$ bestimmt, wohl aber, wie diese Überlegung zeigt, $(-1)^a$, d.h. die „Parität" von a.

Das Kronecker-Symbol dient dazu, eine beliebige p-Linearform zu „antisymmetrisieren". Bekanntlich läßt sich eine Menge von p Objekten auf genau $p!$ verschiedene Arten anordnen; jedem p-tupel von Vektoren $(\xi_1,\ldots,\xi_p)\in T^p$ kann man also $p!$ Elemente $(\xi_{i_1},\ldots,\xi_{i_p})\in T^p$ zuordnen, indem man die ξ_ν untereinander vertauscht. Natürlich sind diese Elemente nur dann alle voneinander verschieden, wenn stets $\xi_\nu\neq\xi_\mu$ für $\nu\neq\mu$ ist.

Definition 1.5. *Es sei φ eine p-Linearform. Unter dem alternierenden Anteil von φ versteht man die durch*

$$[\varphi](\xi_1,\ldots,\xi_p)=\frac{1}{p!}\sum_{\substack{1\leqq i_1,\ldots,i_p\leqq p\\ i_\nu\neq i_\mu \text{ für } \nu\neq\mu}}\delta(i_1,\ldots,i_p)\,\varphi(\xi_{i_1},\ldots,\xi_{i_p})$$

erklärte p-Linearform $[\varphi]$. *Ist* $p=0$, *so setzt man* $[\varphi]=\varphi$.

Zum Beispiel ist für $p=2$

$$\begin{aligned}[\varphi](\xi,\eta)&=[\varphi](\xi_1,\xi_2) \quad \text{mit} \quad \xi_1=\xi \quad \text{und} \quad \xi_2=\eta\\ &=\tfrac{1}{2}(\varphi(\xi_1,\xi_2)-\varphi(\xi_2,\xi_1))\\ &=\tfrac{1}{2}(\varphi(\xi,\eta)-\varphi(\eta,\xi)).\end{aligned}$$

Im Fall $p=1$ ist natürlich $[\varphi]=\varphi$. – Die p-Linearität von $[\varphi]$ prüft man leicht nach. Weiter gilt

Hilfssatz 2. *Wenn* φ *eine alternierende p-Form ist, dann ist* $\varphi=[\varphi]$.

Beweis. Es ist (ohne Einschränkung der Allgemeinheit sei $p\geqq 2$)

$$[\varphi](\xi_1,\ldots,\xi_p)=\frac{1}{p!}\sum\delta(i_1,\ldots,i_p)\,\varphi(\xi_{i_1},\ldots,\xi_{i_p}).$$

(Wir lassen oft die Indizes unter dem Summenzeichen fort oder bezeichnen sie abkürzend durch (i), (j) statt $i_1,\ldots,i_p$ oder $j_1,\ldots,j_q$.) Der Ausdruck $\delta(i_1,\ldots,i_p)$ $\varphi(\xi_{i_1},\ldots,\xi_{i_p})$ ist nun invariant gegenüber Vertauschungen zweier i_ν, da sowohl δ als auch φ bei Vertauschungen das Vorzeichen wechseln; damit bleibt der Wert dieses Produktes bei beliebigen Permutationen der i_ν unverändert, also:

$$\delta(i_1,\ldots,i_p)\,\varphi(\xi_{i_1},\ldots,\xi_{i_p})=\delta(1,\ldots,p)\,\varphi(\xi_1,\ldots,\xi_p).$$

Wegen $\delta(1,\ldots,p)=1$ ist folglich

$$[\varphi](\xi_1,\ldots,\xi_p)=\frac{1}{p!}\,p!\,\varphi(\xi_1,\ldots,\xi_p)=\varphi(\xi_1,\ldots,\xi_p).$$

Hilfssatz 3. $[\varphi]$ *ist antisymmetrisch.*

Beweis. Es sei j die Permutation, welche ν mit μ vertauscht, und es sei $\mu<\nu$; dann ist

$$\begin{aligned}[\varphi](\xi_1,\ldots,\xi_\nu,\ldots,\xi_\mu,\ldots,\xi_p)&=[\varphi](\xi_{j_1},\ldots,\xi_{j_\mu},\ldots,\xi_{j_\nu},\ldots,\xi_{j_p})\\ &=\frac{1}{p!}\sum\delta(i_1,\ldots,i_p)\,\varphi(\xi_{j_{i_1}},\ldots,\xi_{j_{i_p}})\\ &=\frac{1}{p!}\sum-\delta(j_{i_1},\ldots,j_{i_p})\,\varphi(\xi_{j_{i_1}},\ldots,\xi_{j_{i_p}})\\ &=-\frac{1}{p!}\sum\delta(i_1,\ldots,i_p)\,\varphi(\xi_{i_1},\ldots,\xi_{i_p});\end{aligned}$$

das war zu zeigen.

Als Folgerung aus diesen beiden Hilfssätzen notieren wir

Hilfssatz 4. $[[\varphi]]=[\varphi]$.

Trivial ist

Hilfssatz 5. *Sind φ und ψ zwei p-Linearformen, so ist $[\varphi+\psi]=[\varphi]+[\psi]$. Für jedes $a\in\mathbb{R}$ gilt $[a\cdot\varphi]=a\cdot[\varphi]$.*

Als nächstes sollen Produkte von Multilinearformen definiert werden. Es sei φ eine p-Linearform, ψ eine q-Linearform; man setzt, wenn die ξ_i und η_j Vektoren in T sind,

$$(\varphi\cdot\psi)(\xi_1,\ldots,\xi_p,\eta_1,\ldots,\eta_q)=\varphi(\xi_1,\ldots,\xi_p)\,\psi(\eta_1,\ldots,\eta_q)$$

und erhält auf diese Weise eine offensichtlich $(p+q)$-lineare Abbildung

$$\varphi\cdot\psi:\ T^{p+q}\to\mathbb{R},$$

die als *Produkt* von φ und ψ bezeichnet wird. Man prüft sofort die folgenden Regeln nach:

1. $(\varphi\cdot\psi)\cdot\chi\ =\varphi\cdot(\psi\cdot\chi)$.
2. $(\varphi+\psi)\cdot\chi=\varphi\cdot\chi+\psi\cdot\chi$.
3. $\varphi\cdot(\psi+\chi)=\varphi\cdot\psi+\varphi\cdot\chi$.
4. $a(\varphi\cdot\psi)\ =(a\varphi)\cdot\psi=\varphi\cdot(a\psi)$ *für* $a\in\mathbb{R}$.

Etwas schwieriger ist der Zusammenhang zwischen Produkt und Antisymmetrisierung zu behandeln. Wir beweisen

Hilfssatz 6. $[\varphi\cdot\psi]=[[\varphi]\cdot[\psi]]$.

Beweis. Es sei $\dim\varphi=p$, $\dim\psi=q$. Wir zeigen zunächst die Formel

$$[\varphi\cdot[\psi]]=[\varphi\cdot\psi].$$

$$\begin{aligned}
&[\varphi\cdot[\psi]](\xi_1,\ldots,\xi_{p+q})\\
&=\frac{1}{(p+q)!}\sum_{\substack{1\leqq i_1,\ldots,i_{p+q}\leqq p+q\\ i_\nu\neq i_\mu \text{ für } \nu\neq\mu}}\delta(i_1,\ldots,i_{p+q})(\varphi\cdot[\psi])(\xi_{i_1},\ldots,\xi_{i_{p+q}})\\
&=\frac{1}{(p+q)!}\sum_{(i)}\delta(i_1,\ldots,i_{p+q})\,\varphi(\xi_{i_1},\ldots,\xi_{i_p})[\psi](\xi_{i_{p+1}},\ldots,\xi_{i_{p+q}})\\
&=\frac{1}{(p+q)!}\sum_{(i)}\delta(i_1,\ldots,i_{p+q})\,\varphi(\xi_{i_1},\ldots,\xi_{i_p})\\
&\quad\cdot\frac{1}{q!}\sum_{\substack{p<j_\nu\leqq p+q\\ j_\nu\neq j_\mu \text{ für } \nu\neq\mu}}\delta(j_{p+1},\ldots,j_{p+q})\,\psi(\xi_{i_{j_{p+1}}},\ldots,\xi_{i_{j_{p+q}}}).
\end{aligned}$$

Dabei haben wir bei der Berechnung von $[\psi]$ die triviale Gleichung

$$\delta(j_{p+1}-p, \ldots, j_{p+q}-p) = \delta(j_{p+1}, \ldots, j_{p+q})$$

ausgenutzt. – Nun sei $(\iota_1, \ldots, \iota_{p+q})$ eine fest gewählte Anordnung der Zahlen $1, \ldots, p+q$. Zu jeder Permutation $(j_{p+1}, \ldots, j_{p+q})$ gibt es genau eine Permutation $(i_1, \ldots, i_{p+q})$ mit

$$(\iota_1, \ldots, \iota_{p+q}) = (i_1, \ldots, i_p, i_{j_{p+1}}, \ldots, i_{j_{p+q}});$$

demnach besteht diese Gleichung in genau $q!$ Fällen. Durch Betrachten der notwendigen Vertauschungen überzeugt man sich von der Beziehung

$$\delta(\iota_1, \ldots, \iota_{p+q}) = \delta(i_1, \ldots, i_{p+q})\, \delta(j_{p+1}, \ldots, j_{p+q})$$

Damit erhält man

$$\begin{aligned}&(p+q)!\, q!\, [\varphi \cdot [\psi]](\xi_1, \ldots, \xi_{p+q}) \\ &= \sum_{\substack{1 \leqq \iota_1, \ldots, \iota_{p+q} \leqq p+q \\ \iota_\nu \neq \iota_\mu \text{ für } \nu \neq \mu}} q!\, \delta(\iota_1, \ldots, \iota_{p+q})\, \varphi(\xi_{\iota_1}, \ldots, \xi_{\iota_p})\, \psi(\xi_{\iota_{p+1}}, \ldots, \xi_{\iota_{p+q}}) \\ &= (p+q)!\, q!\, [\varphi \cdot \psi](\xi_1, \ldots, \xi_{p+q}).\end{aligned}$$

Genauso zeigt man die Gleichung $[[\varphi] \cdot \psi] = [\varphi \cdot \psi]$ und erhält

$$[[\varphi] \cdot [\psi]] = [[\varphi] \cdot \psi] = [\varphi \cdot \psi],$$

was zu beweisen war.

Für äußere Formen wird nun ein neues Produkt definiert.

Definition 1.6. *Es sei φ eine alternierende p-Form und ψ eine alternierende q-Form. Das äußere Produkt von φ und ψ ist die Form*

$$\varphi \wedge \psi = \frac{(p+q)!}{p!\, q!} [\varphi \cdot \psi].$$

$\varphi \wedge \psi$ ist also eine alternierende $(p+q)$-Form.

Das äußere Produkt ist keine Multiplikation auf E^p, da für $p > 0$ das Produkt zweier p-Formen nicht mehr in E^p liegt: $E^p \times E^q$ wird in E^{p+q} abgebildet.

Satz 1.2. a) $(\varphi + \psi) \wedge \chi = \varphi \wedge \chi + \psi \wedge \chi$, *mit* $\varphi, \psi \in E^p, \chi \in E^q$.

b) $\chi \wedge (\varphi + \psi) = \chi \wedge \varphi + \chi \wedge \psi$, *mit* $\varphi, \psi \in E^p, \chi \in E^q$.

c) $\varphi \wedge (\psi \wedge \chi) = (\varphi \wedge \psi) \wedge \chi$, *mit* $\varphi \in E^p$, $\psi \in E^q$, $\chi \in E^r$.

d) $a(\varphi \wedge \psi) = (a\varphi) \wedge \psi = \varphi \wedge (a\psi)$, *mit* $a \in \mathbb{R}$, $\varphi \in E^p$, $\psi \in E^q$.

Beweis. a)
$$\begin{aligned}(\varphi+\psi)\wedge\chi&=\frac{(p+q)!}{p!\,q!}\,[(\varphi+\psi)\cdot\chi]\\&=\frac{(p+q)!}{p!\,q!}\,[\varphi\cdot\chi+\psi\cdot\chi]\\&=\frac{(p+q)!}{p!\,q!}\,([\varphi\cdot\chi]+[\psi\cdot\chi])\qquad\text{(nach Hilfssatz 5)}\\&=\frac{(p+q)!}{p!\,q!}\,[\varphi\cdot\chi]+\frac{(p+q)!}{p!\,q!}\,[\psi\cdot\chi]\\&=\varphi\wedge\chi+\psi\wedge\chi.\end{aligned}$$

b) Das zweite Distributivgesetz zeigt man genauso.

c)
$$\begin{aligned}(\varphi\wedge\psi)\wedge\chi&=\frac{(p+q+r)!}{(p+q)!\,r!}\,[(\varphi\wedge\psi)\cdot\chi]\\&=\frac{(p+q+r)!}{(p+q)!\,r!}\left[\frac{(p+q)!}{p!\,q!}\,[\varphi\cdot\psi]\cdot\chi\right]\\&=\frac{(p+q+r)!}{p!\,q!\,r!}\,[[\varphi\cdot\psi]\cdot\chi]\qquad\text{(Hilfssatz 5)}\\&=\frac{(p+q+r)!}{p!\,q!\,r!}\,[[\varphi\cdot\psi]\cdot[\chi]]\qquad\text{(Hilfssatz 2)}\\&=\frac{(p+q+r)!}{p!\,q!\,r!}\,[(\varphi\cdot\psi)\cdot\chi]\qquad\text{(Hilfssatz 6)}\\&=\frac{(p+q+r)!}{p!\,q!\,r!}\,[\varphi\cdot\psi\cdot\chi].\end{aligned}$$

Denselben Ausdruck erhält man, wenn man $\varphi\wedge(\psi\wedge\chi)$ berechnet, d.h. $(\varphi\wedge\psi)\wedge\chi=\varphi\wedge(\psi\wedge\chi)$.

d) Die Aussage ist trivial.

Die äußere Multiplikation ist, von Trivialfällen abgesehen, nicht kommutativ. Die bei Vertauschung von Faktoren auftretenden Erscheinungen lassen sich am einfachsten untersuchen, indem man eine Basis von T benutzt; diese Überlegungen wollen wir jedoch nicht mehr in dem bisherigen allgemeinen Rahmen anstellen, sondern als Vektorraum T den Tangentialraum in einem festen Punkt des $\mathbb{R}^n$ zugrunde legen.

§ 2. Alternierende Differentialformen

Als erstes erinnern wir an den im zweiten Band eingeführten Begriff des Tangentialraumes. Es sei $\mathfrak{x}_0\in\mathbb{R}^n$; mit $\mathscr{S}(\mathfrak{x}_0)$ bezeichnen wir die Menge aller in einer (von f abhängigen) Umgebung U von $\mathfrak{x}_0$ definierten und in $\mathfrak{x}_0$ stetigen

Funktionen f, mit $\mathscr{D}(\mathfrak{x}_0)$ die Menge derjenigen $f \in \mathscr{S}(\mathfrak{x}_0)$, die in $\mathfrak{x}_0$ sogar differenzierbar sind. Auf $\mathscr{S}(\mathfrak{x}_0)$ bzw. $\mathscr{D}(\mathfrak{x}_0)$ sind folgende Operationen erklärt: Addition, Multiplikation und Multiplikation mit reellen Zahlen; aus $g \in \mathscr{D}(\mathfrak{x}_0)$, $f \in \mathscr{S}(\mathfrak{x}_0)$ und $g(\mathfrak{x}_0) = 0$ folgt $gf \in \mathscr{D}(\mathfrak{x}_0)$. Ein *Tangentialvektor* in $\mathfrak{x}_0$ ist eine lineare Abbildung $\xi\colon \mathscr{D}(\mathfrak{x}_0) \to \mathbb{R}$ mit den zusätzlichen Eigenschaften

a) $\xi(1) = 0$.

b) $\xi(gf) = 0$, falls $f \in \mathscr{S}(\mathfrak{x}_0)$, $g \in \mathscr{D}(\mathfrak{x}_0)$, $f(\mathfrak{x}_0) = g(\mathfrak{x}_0) = 0$.

Man beweist leicht die Produktregel:

c) $\xi(fg) = f(\mathfrak{x}_0)\,\xi(g) + \xi(f)\,g(\mathfrak{x}_0)$ für $f, g \in \mathscr{D}(\mathfrak{x}_0)$.

Die Tangentialvektoren in $\mathfrak{x}_0$ bilden einen n-dimensionalen Vektorraum $T_{\mathfrak{x}_0}$, der von den partiellen Ableitungen $\frac{\partial}{\partial x_\nu}$, $\nu = 1, \ldots, n$, aufgespannt wird. Dabei ist $\frac{\partial}{\partial x_\nu}$ der durch $f \to \frac{\partial f}{\partial x_\nu}(\mathfrak{x}_0)$ definierte Tangentialvektor. $T_{\mathfrak{x}_0}$ heißt *Tangentialraum* in $\mathfrak{x}_0$.

Definition 2.1. *Die alternierenden p-Linearformen auf dem Tangentialraum $T_{\mathfrak{x}_0}$ heißen p-dimensionale alternierende (äußere) Differentialformen im Punkte $\mathfrak{x}_0$ (kurz: äußere p-Formen). Die (p,q)-Formen auf $T_{\mathfrak{x}_0}$ werden p-fach kovariante und q-fach kontravariante Tensoren genannt.*

Insbesondere ist $E^1 = T^*_{\mathfrak{x}_0}$ der Vektorraum der Pfaffschen Formen in $\mathfrak{x}_0$. Dieser Raum wird von den Formen dx_ν, $\nu = 1, \ldots, n$, aufgespannt, wobei

$$dx_\nu(\xi) = \xi(x_\nu)$$

ist. Die dx_ν bilden die duale Basis zur Basis $\frac{\partial}{\partial x_\nu}$, $\nu = 1, \ldots, n$, von $T_{\mathfrak{x}_0}$.

Die folgenden Überlegungen sind wieder rein algebraisch: Wir konstruieren, ausgehend von der Basis $\{dx_\nu\}$ von E^1, spezielle Basen in E^p und berechnen die Dimensionen dieser Räume.

Hilfssatz 1. a) *Für $p > n$ ist jede p-Differentialform φ Null.*

b) *Wenn eine äußere p-Form φ auf allen p-tupeln der Gestalt*

$$\left(\frac{\partial}{\partial x_{i_1}}, \ldots, \frac{\partial}{\partial x_{i_p}}\right) \quad \textit{mit} \quad 1 \leqq i_1 < \ldots < i_p \leqq n$$

verschwindet, so ist $\varphi = 0$.

Beweis. Es sei

$$\xi_j = \sum_{i=1}^{n} a_{ji} \frac{\partial}{\partial x_i} \in T_{\mathfrak{x}_0} \qquad \text{für } j = 1, \ldots, p.$$

Wegen der p-Linearität von φ ergibt sich

$$\varphi(\xi_1, \dots, \xi_p) = \sum_{i_1, \dots, i_p = 1}^{n} a_{1 i_1} \cdot \ldots \cdot a_{p i_p} \varphi \left(\frac{\partial}{\partial x_{i_1}}, \dots, \frac{\partial}{\partial x_{i_p}} \right).$$

Hier verschwinden die Summanden, bei denen als Argument von φ zweimal derselbe Tangentialvektor auftaucht; das sind für $p > n$ alle Summanden. Da weiter

$$\varphi \left(\frac{\partial}{\partial x_{i_1}}, \dots, \frac{\partial}{\partial x_{i_p}} \right)$$

bei Permutationen der $\frac{\partial}{\partial x_{i_\nu}}$ nur das Vorzeichen ändert, ist, falls alle i_ν untereinander verschieden sind, im Fall b)

$$\varphi \left(\frac{\partial}{\partial x_{i_1}}, \dots, \frac{\partial}{\partial x_{i_\nu}} \right) = \pm \varphi \left(\frac{\partial}{\partial x_{\iota_1}}, \dots, \frac{\partial}{\partial x_{\iota_p}} \right) \quad \text{mit} \quad 1 \leqq \iota_1 < \ldots < \iota_p \leqq n$$

$$= 0,$$

wo die Mengen $\{i_1, \dots, i_p\}$ und $\{\iota_1, \dots, \iota_p\}$ übereinstimmen sollen. Auch in diesem Fall ist daher $\varphi(\xi_1, \dots, \xi_p) = 0$.

Als nächstes berechnen wir den Ausdruck

$$dx_{i_1} \wedge \ldots \wedge dx_{i_p} \left(\frac{\partial}{\partial x_{j_1}}, \dots, \frac{\partial}{\partial x_{j_p}} \right),$$

wobei die i_ν als paarweise verschieden vorausgesetzt werden. Zur Vereinfachung der Schreibweise setzen wir $\xi_\nu = \frac{\partial}{\partial x_{j_\nu}}$.

$$\begin{aligned} dx_{i_1} \wedge \ldots \wedge dx_{i_p}(\xi_1, \dots, \xi_p) &= p! [dx_{i_1} \cdot \ldots \cdot dx_{i_p}](\xi_1, \dots, \xi_p) \\ &= \sum_{(\iota)} \delta(\iota_1, \dots, \iota_p) dx_{i_1} \cdot \ldots \cdot dx_{i_p}(\xi_{\iota_1}, \dots, \xi_{\iota_p}) \\ &= \sum_{(\iota)} \delta(\iota_1, \dots, \iota_p) \, \xi_{\iota_1}(x_{i_1}) \cdot \ldots \cdot \xi_{\iota_p}(x_{i_p}). \end{aligned}$$

Dabei ist

$$\xi_{\iota_\nu}(x_{i_\nu}) = \frac{\partial x_{i_\nu}}{\partial x_{j_{\iota_\nu}}}.$$

Falls $j_1, \dots, j_p$ keine Permutation der Zahlen $i_1, \dots, i_p$ ist, so verschwindet diese Summe; im andern Fall bleibt genau ein von Null verschiedener Summand übrig, nämlich der Summand mit $i_\nu = j_{\iota_\nu}$ für alle ν. Es folgt unter dieser Voraussetzung

$$dx_{i_1} \wedge \ldots \wedge dx_{i_p} \left(\frac{\partial}{\partial x_{j_1}}, \dots, \frac{\partial}{\partial x_{j_p}} \right) = \delta(\iota_1, \dots, \iota_p),$$

wobei $\delta(\iota_1, \ldots, \iota_p) = (-1)^a$ ist und a die Anzahl der Vertauschungen bezeichnet, die nötig sind, um $(\iota_1, \ldots, \iota_p)$ in $(1, \ldots, p)$, also $(i_1, \ldots, i_p) = (j_{\iota_1}, \ldots, j_{\iota_p})$ in $(j_1, \ldots, j_p)$ überzuführen. Somit gilt:

Hilfssatz 2. *Es ist*

$$dx_{i_1} \wedge \ldots \wedge dx_{i_p}\left(\frac{\partial}{\partial x_{j_1}}, \ldots, \frac{\partial}{\partial x_{j_p}}\right) = \begin{cases} 0, & \text{falls } \{j_1, \ldots, j_p\} \neq \{i_1, \ldots, i_p\}, \\ +1, & \text{falls } (i_1, \ldots, i_p) \text{ aus } (j_1, \ldots, j_p) \\ & \text{durch eine gerade Anzahl von} \\ & \text{Vertauschungen hervorgeht,} \\ -1, & \text{falls diese Anzahl ungerade ist.} \end{cases}$$

Wir können nun zeigen:

Satz 2.1. *Für jedes* $p \geqq 0$ *ist* $\dim E^p = \binom{n}{p}$. *Die speziellen p-Formen*

$$dx_{i_1} \wedge \ldots \wedge dx_{i_p} \quad \text{mit} \quad 1 \leqq i_1 < \ldots < i_p \leqq n$$

bilden für $p \geqq 1$ *eine Basis von* E^p; *jede p-Form* φ *läßt sich also eindeutig in der Form*

$$\varphi = \sum_{1 \leqq i_1 < \ldots < i_p \leqq n} a_{i_1 \ldots i_p}\, dx_{i_1} \wedge \ldots \wedge dx_{i_p}$$

schreiben.

Beweis. Der Fall $p=0$ oder $p>n$ ist trivial, es sei $1 \leqq p \leqq n$ und $\varphi \in E^p$. Dann setzen wir für $1 \leqq i_1 < \ldots < i_p \leqq n$

$$a_{i_1 \ldots i_p} = \varphi\left(\frac{\partial}{\partial x_{i_1}}, \ldots, \frac{\partial}{\partial x_{i_p}}\right)$$

und betrachten die Form

$$\psi = \sum_{1 \leqq i_1 < \ldots < i_p \leqq n} a_{i_1 \ldots i_p}\, dx_{i_1} \wedge \ldots \wedge dx_{i_p}.$$

Für $1 \leqq j_1 < \ldots < j_p \leqq n$ ist

$$\psi\left(\frac{\partial}{\partial x_{j_1}}, \ldots, \frac{\partial}{\partial x_{j_p}}\right) = a_{j_1 \ldots j_p}$$

nach Hilfssatz 2; daher ist nach Hilfssatz 1 $\varphi - \psi = 0$. Die $dx_{i_1} \wedge \ldots \wedge dx_{i_p}$ mit $1 \leqq i_1 < \ldots < i_p \leqq n$ erzeugen also E^p. Nach Konstruktion sind die Koeffizienten $a_{i_1 \ldots i_p}$ durch φ eindeutig bestimmt; somit bilden die $dx_{i_1} \wedge \ldots \wedge dx_{i_p}$ sogar eine Basis. Da die Anzahl dieser speziellen p-Formen $\binom{n}{p}$ ist, haben wir alles bewiesen.

Die Darstellung von φ in der Form

$$\varphi = \sum_{1 \leqq i_1 < \ldots < i_p \leqq n} a_{i_1 \ldots i_p} dx_{i_1} \wedge \ldots \wedge dx_{i_p}$$

heißt *Normalform* oder *Grundform* von φ.

Hilfssatz 3. *Es ist* $dx_i \wedge dx_\iota = -dx_\iota \wedge dx_i$.

Beweis. $dx_i \wedge dx_\iota \left(\frac{\partial}{\partial x_j}, \frac{\partial}{\partial x_k}\right)$

$$= dx_i \cdot dx_\iota \left(\frac{\partial}{\partial x_j}, \frac{\partial}{\partial x_k}\right) - dx_i \cdot dx_\iota \left(\frac{\partial}{\partial x_k}, \frac{\partial}{\partial x_j}\right)$$

$$= \frac{\partial x_i}{dx_j} \frac{\partial x_\iota}{\partial x_k} - \frac{\partial x_i}{\partial x_k} \frac{\partial x_\iota}{\partial x_j}.$$

Bei Vertauschen von i und ι ändert dieser Ausdruck das Vorzeichen: Das war zu zeigen.

Insbesondere ist stets $dx_i \wedge dx_i = 0$.

Aus Hilfssatz 3 folgt

Satz 2.2. *Für* $\varphi \in E^p$ *und* $\psi \in E^q$ *ist*

$$\varphi \wedge \psi = (-1)^{pq} \psi \wedge \varphi.$$

Dieses sogenannte *alternierende Gesetz* tritt an die Stelle des üblichen Kommutativgesetzes.

Beweis von Satz 2.2. Da φ und ψ Linearkombinationen von Formen der Gestalt $dx_{i_1} \wedge \ldots \wedge dx_{i_p}$ bzw. $dx_{j_1} \wedge \ldots \wedge dx_{j_q}$ sind, genügt es, unsere Behauptung für diese Differentialformen zu beweisen. Nun ist in der Tat nach Hilfssatz 3

$$\begin{aligned}
& dx_{i_1} \wedge \ldots \wedge dx_{i_p} \wedge dx_{j_1} \wedge \ldots \wedge dx_{j_q} \\
&\quad = (-1)^p dx_{j_1} \wedge dx_{i_1} \wedge \ldots \wedge dx_{i_p} \wedge dx_{j_2} \wedge \ldots \wedge dx_{j_q} \\
&\quad = (-1)^{2p} dx_{j_1} \wedge dx_{j_2} \wedge dx_{i_1} \wedge \ldots \wedge dx_{i_p} \wedge dx_{j_3} \wedge \ldots \wedge dx_{j_q} \\
&\quad = \ldots \\
&\quad = (-1)^{pq} dx_{j_1} \wedge \ldots \wedge dx_{j_q} \wedge dx_{i_1} \wedge \ldots \wedge dx_{i_p}.
\end{aligned}$$

Folgerung. *Ist* p *ungerade und* $\varphi \in E^p$, *so ist* $\varphi \wedge \varphi = 0$.

Wir berechnen abschließend das Produkt von n Pfaffschen Formen:

$$\begin{aligned}
\varphi_1 \wedge \ldots \wedge \varphi_n &= \sum_{\nu_1} a_{1\nu_1} dx_{\nu_1} \wedge \ldots \wedge \sum_{\nu_n} a_{n\nu_n} dx_{\nu_n} \\
&= \Big(\sum_{\nu_1, \ldots, \nu_n} a_{1\nu_1} \cdot \ldots \cdot a_{n\nu_n} \delta(\nu_1, \ldots, \nu_n)\Big) dx_1 \wedge \ldots \wedge dx_n \\
&= \det((a_{\mu\nu})_{\mu, \nu = 1, \ldots, n}) \cdot dx_1 \wedge \ldots \wedge dx_n.
\end{aligned}$$

Es ist also $\varphi_1 \wedge \ldots \wedge \varphi_n$ genau dann Null, wenn die φ_μ linear abhängig sind.

§ 3. Differenzierbare Abbildungen

Es sei $F\colon U \to \mathbb{R}^m$ eine Abbildung, die in einem Punkt $\mathfrak{x}_0$ der zulässigen Menge $U \subset \mathbb{R}^n$ differenzierbar sein möge. F definiert dann einen Homomorphismus der Tangentialräume

$$F_*\colon T_{\mathfrak{x}_0} \to T_{\mathfrak{y}_0}, \qquad \text{mit } \mathfrak{y}_0 = F(\mathfrak{x}_0),$$

durch die Festsetzung

$$F_*(\xi)(g) = \xi(g \circ F), \qquad \text{für } \xi \in T_{\mathfrak{x}_0}, \qquad g \in \mathscr{D}_{\mathfrak{y}_0}.$$

(Wir stützen uns auf Band II, Kap. IV, § 2, Bemerkung S. 82/83.) Ist φ irgendeine p-Form in $\mathfrak{y}_0$ (φ braucht nicht antisymmetrisch zu sein) mit $p \geqq 1$, so erklären wir eine neue p-Form $\varphi \circ F$ in $\mathfrak{x}_0$ durch:

$$(\varphi \circ F)(\xi_1, \ldots, \xi_p) = \varphi(F_* \xi_1, \ldots, F_* \xi_p) \qquad (\text{für } \xi_i \in T_{\mathfrak{x}_0}).$$

Für 0-Formen, d.h. Zahlen, sei $\varphi \circ F = \varphi$. Man stellt sofort fest:

Stets ist $\varphi \circ F$ p-linear; mit φ ist auch $\varphi \circ F$ antisymmetrisch (d.h. eine Differentialform).

Weiter gilt: Es sei F eine Abbildung von $U \to \mathbb{R}^m$, die in $\mathfrak{x}_0 \in U$ differenzierbar ist, V sei eine zulässige Menge, die $\mathfrak{y}_0 = F(\mathfrak{x}_0)$ enthält, und G eine in $\mathfrak{y}_0$ differenzierbare Abbildung von $V \to \mathbb{R}^k$; dann ist für eine p-Form φ in $\mathfrak{z}_0 = G(\mathfrak{y}_0)$

$$\varphi \circ (G \circ F) = (\varphi \circ G) \circ F.$$

Das folgt nämlich aus der im zweiten Band bewiesenen Formel

$$(G \circ F)_* = G_* \circ F_*.$$

Schließlich ist noch

$$\varphi \circ id = \varphi.$$

Satz 3.1. *Die Abbildung $\varphi \to \varphi \circ F$ hat folgende Eigenschaften:*
1. $(a\varphi + b\psi) \circ F = a(\varphi \circ F) + b(\psi \circ F)$ *(für $a, b \in \mathbb{R}$; $\varphi, \psi \in E^p_{\mathfrak{y}_0}$).*
2. $(\varphi \wedge \psi) \circ F = (\varphi \circ F) \wedge (\psi \circ F)$ *(für $\varphi \in E^p_{\mathfrak{y}_0}$ und $\psi \in E^q_{\mathfrak{y}_0}$).*

Beweis. Der Fall p oder $q = 0$ ist trivial.

Zu 1.
$$\begin{aligned}((a\varphi + b\psi) \circ F)(\xi_1, \ldots, \xi_p) &= (a\varphi + b\psi)(F_* \xi_1, \ldots, F_* \xi_p)\\ &= a\varphi(F_* \xi_1, \ldots, F_* \xi_p) + b\psi(F_* \xi_1, \ldots, F_* \xi_p)\\ &= a(\varphi \circ F)(\xi_1, \ldots, \xi_p) + b(\psi \circ F)(\xi_1, \ldots, \xi_p).\end{aligned}$$

Zu 2. $((\varphi \wedge \psi) \circ F)(\xi_1, \ldots, \xi_p, \eta_1, \ldots, \eta_q)$

$$= (\varphi \wedge \psi)(F_* \xi_1, \ldots, F_* \xi_p, F_* \eta_1, \ldots, F_* \eta_q)$$

$$= \frac{(p+q)!}{p!\,q!} [\varphi \cdot \psi](F_* \xi_1, \ldots, F_* \xi_p, F_* \eta_1, \ldots, F_* \eta_q).$$

Nun ist

a) $(\varphi \cdot \psi) \circ F = (\varphi \circ F) \cdot (\psi \circ F)$, denn es gilt

$$\begin{aligned}
&((\varphi \cdot \psi) \circ F)(\xi_1, \ldots, \xi_p, \eta_1, \ldots, \eta_q) \\
&= (\varphi \cdot \psi)(F_* \xi_1, \ldots, F_* \eta_q) \\
&= \varphi(F_* \xi_1, \ldots, F_* \xi_p)\, \psi(F_* \eta_1, \ldots, F_* \eta_q) \\
&= (\varphi \circ F)(\xi_1, \ldots, \xi_p)(\psi \circ F)(\eta_1, \ldots, \eta_q) \\
&= ((\varphi \circ F) \cdot (\psi \circ F))(\xi_1, \ldots, \eta_q).
\end{aligned}$$

Ferner ist

b) $[\varphi \circ F] = [\varphi] \circ F$. In der Tat:

$$\begin{aligned}
&[\varphi \circ F](\xi_1, \ldots, \xi_p) \\
&= \frac{1}{p!} \sum \delta(i_1, \ldots, i_p)(\varphi \circ F)(\xi_{i_1}, \ldots, \xi_{i_p}) \\
&= \frac{1}{p!} \sum \delta(i_1, \ldots, i_p)\, \varphi(F_* \xi_{i_1}, \ldots, F_* \xi_{i_p}) \\
&= [\varphi](F_* \xi_1, \ldots, F_* \xi_p) \\
&= ([\varphi] \circ F)(\xi_1, \ldots, \xi_p).
\end{aligned}$$

Damit wird

$$\begin{aligned}
&((\varphi \wedge \psi) \circ F)(\xi_1, \ldots, \xi_p, \eta_1, \ldots, \eta_q) \\
&= \frac{(p+q)!}{p!\,q!} ([\varphi \cdot \psi] \circ F)(\xi_1, \ldots, \eta_q) \\
&= \frac{(p+q)!}{p!\,q!} [(\varphi \cdot \psi) \circ F](\xi_1, \ldots, \eta_q) \\
&= \frac{(p+q)!}{p!\,q!} [(\varphi \circ F) \cdot (\psi \circ F)](\xi_1, \ldots, \eta_q) \\
&= ((\varphi \circ F) \wedge (\psi \circ F))(\xi_1, \ldots, \eta_q).
\end{aligned}$$

Satz 3.1 ist bewiesen.

Nützlich ist noch

Satz 3.2. *Ist*

$$\varphi = \sum_{1 \leq i_1 < \ldots < i_p \leq n} a_{i_1 \ldots i_p} \, dy_{i_1} \wedge \ldots \wedge dy_{i_p} \in E^p_{\mathfrak{y}_0},$$

wird ferner F durch die m Funktionen $f_1, \ldots, f_m$ *gegeben, so ist*

$$\varphi \circ F = \sum_{1 \leqq i_1 < \ldots < i_p \leqq n} a_{i_1 \ldots i_p} df_{i_1} \wedge \ldots \wedge df_{i_p}.$$

Zum Beweis braucht man nur die Formel

$$dy_i \circ F = df_i$$

zu verifizieren. Diese Formel wurde schon im zweiten Band bewiesen.

§ 4. Differentialformen auf zulässigen Mengen

Es sei M eine Teilmenge des $\mathbb{R}^n$. Wir bezeichnen mit $T_{\mathfrak{x}}$, $E_{\mathfrak{x}}^p$, $T_{\mathfrak{x}}^{p,q}$ den Tangentialraum bzw. den Raum der p-dimensionalen Differentialformen bzw. der (p, q)-Tensoren in einem Punkt $\mathfrak{x} \in M$.

Definition 4.1. *Eine p-Differentialform (bzw. ein (p, q)-Tensorfeld) auf M ist eine Vorschrift* φ, *die jedem* $\mathfrak{x} \in M$ *genau ein Element* $\varphi_{\mathfrak{x}} \in E_{\mathfrak{x}}^p$ *(bzw.* $\in T_{\mathfrak{x}}^{p,q}$*) zuordnet.*

Mit Hilfe der Verknüpfungen zwischen Formen in einem Punkt erklärt man in naheliegender Weise Addition und Multiplikation von Differentialformen über M:

$$(\varphi + \psi)_{\mathfrak{x}} = \varphi_{\mathfrak{x}} + \psi_{\mathfrak{x}},$$
$$(a\varphi)_{\mathfrak{x}} = a \cdot \varphi_{\mathfrak{x}},$$
$$(\varphi \wedge \psi)_{\mathfrak{x}} = \varphi_{\mathfrak{x}} \wedge \psi_{\mathfrak{x}}.$$

Die p-Differentialformen auf M bilden auf diese Weise einen Vektorraum. Entsprechend werden Räume von Tensorfeldern eingeführt. Nur für endliche Mengen sind diese Räume endlichdimensional. Zum Beispiel ist der Raum der 0-Formen einfach der Vektorraum aller reellen Funktionen auf M.

Ordnet man jedem $\mathfrak{x} \in M$ die p-Differentialform

$$dx_{i_1} \wedge \ldots \wedge dx_{i_p} \in E_{\mathfrak{x}}^p$$

zu, so erhält man eine spezielle Differentialform, die auch wieder mit $dx_{i_1} \wedge \ldots \wedge dx_{i_p}$ bezeichnet wird. Jede p-dimensionale Differentialform φ schreibt sich eindeutig in der *Grundform*

$$\varphi = \sum_{1 \leqq i_1 < \ldots < i_p \leqq n} a_{i_1 \ldots i_p}(\mathfrak{x})\, dx_{i_1} \wedge \ldots \wedge dx_{i_p},$$

wo die $a_{i_1 \ldots i_p}$ wohlbestimmte reelle Funktionen über M sind. Damit wird die folgende Definition sinnvoll.

Definition 4.2. *Eine p-Differentialform φ auf M heißt in $\mathfrak{x}_0 \in M$ stetig, wenn die Koeffizienten der Grundform von φ in $\mathfrak{x}_0$ stetig sind. Ist M zulässig, so heißt φ in $\mathfrak{x}_0 \in M$ differenzierbar (bzw. stetig differenzierbar, n-mal differenzierbar, unendlich oft differenzierbar), wenn die Funktionen $a_{i_1 \dots i_p}$ diese Eigenschaft haben.*

Analoge Definitionen trifft man für Tensorfelder.

Auf den Vektorräumen der differenzierbaren p-dimensionalen Formen führt man Differentialoperatoren ein, die eine Verallgemeinerung des Begriffes des totalen Differentials einer Funktion darstellen. Zunächst sei an diesen letzten Begriff erinnert.

Ist die Funktion f in $\mathfrak{x}_0$ differenzierbar und $\xi \in T_{\mathfrak{x}_0}$, so ist durch

$$df(\xi) = \xi(f)$$

eine Pfaffsche Form $df \in E^1_{\mathfrak{x}_0}$ erklärt, das *totale Differential* von f. Es gilt die Leibnizsche Regel

$$d(f g) = f(\mathfrak{x}_0)\, dg + g(\mathfrak{x}_0)\, df, \qquad f, g \in \mathscr{D}(\mathfrak{x}_0).$$

Die Grundform von df ist

$$df = \sum_{i=1}^{n} \frac{\partial f}{\partial x_i}(\mathfrak{x}_0)\, dx_i.$$

Wenn f in jedem Punkt von M differenzierbar ist, so ist df eine wohlbestimmte 1-Differentialform auf M. Wir treffen nun

Definition 4.3. *Es sei*

$$\varphi = \sum_{1 \leqq i_1 < \dots < i_p \leqq n} a_{i_1 \dots i_p}\, dx_{i_1} \wedge \dots \wedge dx_{i_p}$$

eine auf der zulässigen Menge M erklärte und in $\mathfrak{x}_0 \in M$ differenzierbare p-Form. Unter der äußeren Ableitung von φ im Punkte $\mathfrak{x}_0$ versteht man die $(p+1)$-dimensionale in $\mathfrak{x}_0$ erklärte Differentialform

$$(d\varphi)_{\mathfrak{x}_0} = \sum_{1 \leqq i_1 < \dots < i_p \leqq n} (d a_{i_1 \dots i_p})_{\mathfrak{x}_0} \wedge dx_{i_1} \wedge \dots \wedge dx_{i_p}.$$

$(d\varphi)_{\mathfrak{x}_0}$ wird auch *äußeres Differential* genannt; wir schreiben meist kürzer: $d\varphi$. Es ist also

$$d\varphi = \sum_{1 \leqq i_1 < \dots < i_p \leqq n} \; \sum_{i = 1, \dots, n} \frac{\partial a_{i_1 \dots i_p}}{\partial x_i}(\mathfrak{x}_0)\, dx_i \wedge dx_{i_1} \wedge \dots \wedge dx_{i_p}.$$

Ist φ auf ganz M differenzierbar, so ist $\mathfrak{x} \to (d\varphi)_{\mathfrak{x}}$ eine auf M erklärte $(p+1)$-Form $d\varphi$. Offenbar ist d ein $\mathbb{R}$-linearer Operator:

$$d(a\,\varphi + b\,\psi) = a\, d\varphi + b\, d\psi.$$

Satz 4.1. *Sind* φ *und* ψ *auf der zulässigen Menge* M *erklärte und in* $\mathfrak{x}_0 \in M$ *differenzierbare p- bzw. q-dimensionale Differentialformen, so ist*

$$d(\varphi \wedge \psi)_{\mathfrak{x}_0} = (d\varphi \wedge \psi)_{\mathfrak{x}_0} + (-1)^p (\varphi \wedge d\psi)_{\mathfrak{x}_0}.$$

Beweis. Wir betrachten zunächst eine Differentialform χ der Gestalt

$$\chi = f\, dx_{i_1} \wedge \ldots \wedge dx_{i_p}, \qquad f \text{ in } \mathfrak{x}_0 \text{ differenzierbar},$$

und berechnen $d\chi$. Dabei setzen wir nicht $i_1 < \ldots < i_p$ voraus. Falls für $\nu \neq \mu$ die Gleichung $i_\nu = i_\mu$ besteht, erhält man

$$d\chi = d(0) = 0 = df \wedge dx_{i_1} \wedge \ldots \wedge dx_{i_p},$$

da $dx_{i_1} \wedge \ldots \wedge dx_{i_p} = 0$ ist. Es seien nun alle i_ν paarweise verschieden, und $j_1 < \ldots < j_p$ sei die Anordnung der i_ν in natürlicher Reihenfolge. Es ist

$$\begin{aligned} d\chi &= d(f \cdot dx_{i_1} \wedge \ldots \wedge dx_{i_p}) \\ &= d((-1)^a f \cdot dx_{j_1} \wedge \ldots \wedge dx_{j_p}) \\ &= (-1)^a df \wedge dx_{j_1} \wedge \ldots \wedge dx_{j_p} \\ &= (-1)^a (-1)^a df \wedge dx_{i_1} \wedge \ldots \wedge dx_{i_p} \\ &= df \wedge dx_{i_1} \wedge \ldots \wedge dx_{i_p}. \end{aligned}$$

Dabei soll a die Anzahl der Vertauschungen sein, die man ausführen muß, um die Zahlen $i_1, \ldots, i_p$ in die Reihenfolge $j_1, \ldots, j_p$ zu bringen.

Jetzt läßt sich die Behauptung sofort nachrechnen. Es sei

$$\varphi = \sum_{1 \leq i_1 < \ldots < i_p \leq n} a_{i_1 \ldots i_p} dx_{i_1} \wedge \ldots \wedge dx_{i_p},$$

$$\psi = \sum_{1 \leq i_1 < \ldots < i_q \leq n} b_{i_1 \ldots i_q} dx_{i_1} \wedge \ldots \wedge dx_{i_q}.$$

$$\begin{aligned} d(\varphi \wedge \psi)_{\mathfrak{x}_0} &= d \sum_{\substack{1 \leq i_1 < \ldots < i_p \leq n \\ 1 \leq j_1 < \ldots < j_q \leq n}} a_{i_1 \ldots i_p} b_{j_1 \ldots j_q} dx_{i_1} \wedge \ldots \wedge dx_{i_p} \wedge dx_{j_1} \wedge \ldots \wedge dx_{j_q} \\ &= \sum_{(i),(j)} d(a_{i_1 \ldots i_p} b_{j_1 \ldots j_q} dx_{i_1} \wedge \ldots \wedge dx_{i_p} \wedge dx_{j_1} \wedge \ldots \wedge dx_{j_q}) \\ &= \sum_{(i),(j)} d(a_{i_1 \ldots i_p} b_{j_1 \ldots j_q}) \wedge dx_{i_1} \wedge \ldots \wedge dx_{i_p} \wedge dx_{j_1} \wedge \ldots \wedge dx_{j_q} \\ &= \sum_{(i),(j)} (d(a_{i_1 \ldots i_p}) b_{j_1 \ldots j_q}(\mathfrak{x}_0) + a_{i_1 \ldots i_p}(\mathfrak{x}_0)\, d(b_{j_1 \ldots j_q})) \\ &\qquad \wedge dx_{i_1} \wedge \ldots \wedge dx_{i_p} \wedge dx_{j_1} \wedge \ldots \wedge dx_{j_q} \\ &= (\sum_{(i)} da_{i_1 \ldots i_p} \wedge dx_{i_1} \wedge \ldots \wedge dx_{i_p}) \wedge (\sum_{(j)} b_{j_1 \ldots j_q}(\mathfrak{x}_0)\, dx_{j_1} \wedge \ldots \wedge dx_{j_q}) \\ &\quad + (-1)^p (\sum_{(i)} a_{i_1 \ldots i_p}(\mathfrak{x}_0)\, dx_{i_1} \wedge \ldots \wedge dx_{i_p}) \\ &\qquad \wedge (\sum_{(j)} db_{j_1 \ldots j_q} \wedge dx_{j_1} \wedge \ldots \wedge dx_{j_q}) \\ &= (d\varphi \wedge \psi)_{\mathfrak{x}_0} + (-1)^p (\varphi \wedge d\psi)_{\mathfrak{x}_0}. \end{aligned}$$

Satz 4.2. *Es sei f eine auf einem kompakten achsenparallelen Würfel M differenzierbare und in $\mathfrak{x}_0 \in M$ zweimal differenzierbare Funktion. Im Punkt $\mathfrak{x}_0$ ist dann $ddf=0$.*

Beweis.
$$ddf = d\left(\sum_{i=1}^{n} \frac{\partial f}{\partial x_i} dx_i\right) = \sum_{i=1}^{n} d\left(\frac{\partial f}{\partial x_i}\right) \wedge dx_i$$
$$= \sum_{i,j=1}^{n} \frac{\partial}{\partial x_j} \frac{\partial f}{\partial x_i}(\mathfrak{x}_0)\, dx_j \wedge dx_i.$$

In dieser Summe verschwinden alle Summanden mit $i=j$; also:

$$ddf = \sum_{i<j} \left\{\frac{\partial}{\partial x_j} \frac{\partial f}{\partial x_i}(\mathfrak{x}_0) - \frac{\partial}{\partial x_i} \frac{\partial f}{\partial x_j}(\mathfrak{x}_0)\right\} dx_j \wedge dx_i.$$

Wegen der Vertauschbarkeit der zweiten Ableitungen ist $ddf=0$.

Als Folgerung aus Satz 4.2 notieren wir

Satz 4.3. *Ist φ eine auf dem kompakten achsenparallelen Würfel M einmal, in $\mathfrak{x}_0 \in M$ zweimal differenzierbare Differentialform, so ist in diesem Punkt $dd\varphi=0$.*

Beweis. Wenn $\varphi = \sum_{1 \leqq i_1 < \ldots < i_p \leqq n} a_{i_1 \ldots i_p} dx_{i_1} \wedge \ldots \wedge dx_{i_p}$ ist, so gilt:

$$dd\varphi = d \sum_{(i)} da_{i_1 \ldots i_p} \wedge dx_{i_1} \wedge \ldots \wedge dx_{i_p}$$
$$= \sum_{(i)} (dda_{i_1 \ldots i_p} \wedge dx_{i_1} \wedge \ldots \wedge dx_{i_p} - da_{i_1 \ldots i_p} \wedge d(dx_{i_1} \wedge \ldots \wedge dx_{i_p}))$$
$$= 0.$$

Wir führen die folgenden Bezeichnungen ein:

Definition 4.4. *Eine (in $\mathfrak{x}_0$) differenzierbare Differentialform φ heißt (in $\mathfrak{x}_0$) geschlossen, wenn $d\varphi$ (bzw. $(d\varphi)_{\mathfrak{x}_0}$) $=0$ ist. Eine einmal differenzierbare Form φ heißt exakt (in $\mathfrak{x}_0$), wenn es eine (in $\mathfrak{x}_0$) differenzierbare Differentialform ψ mit $d\psi=\varphi$ gibt (bzw. $(d\psi)_{\mathfrak{x}_0} = \varphi_{\mathfrak{x}_0}$).*

Aus Satz 4.3 folgt

Satz 4.4. *Ist φ auf der offenen Menge M exakt, so ist φ geschlossen.*

Zum Schluß untersuchen wir noch das Verhalten von Differentialformen und der äußeren Ableitung bei differenzierbaren Abbildungen. Es sei M eine zulässige Menge im $\mathbb{R}^n$ und $N \subset \mathbb{R}^m$ irgendeine Menge; ferner sei F: $M \to N$ eine differenzierbare Abbildung. Wenn F durch die Funktionen $f_1, \ldots, f_m$ gegeben wird und

$$\varphi = \sum_{1 \leqq i_1 < \ldots < i_p \leqq m} a_{i_1 \ldots i_p}(\mathfrak{y})\, dy_{i_1} \wedge \ldots \wedge dy_{i_p}$$

eine p-dimensionale Differentialform auf N ist, so wird durch

$$\mathfrak{x} \to \varphi_{\mathfrak{y}} \circ F \qquad (\text{mit } \mathfrak{y} = F(\mathfrak{x}))$$

eine p-Form $\varphi \circ F$ auf M definiert, die auf Grund von Satz 3.2 in der Form

$$\varphi \circ F = \sum_{1 \leqq i_1 < \ldots < i_p \leqq m} a_{i_1 \ldots i_p}(F(\mathfrak{x}))\, df_{i_1} \wedge \ldots \wedge df_{i_p}$$

gegeben wird. Falls F unendlich oft differenzierbar und N zulässig ist, hat $\varphi \circ F$ dieselben Differenzierbarkeitseigenschaften wie φ. Es gilt

Satz 4.5. *Es sei φ in $\mathfrak{y}_0 \in N$ differenzierbar (insbesondere soll N zulässig sein), und F sei in $\mathfrak{x}_0$ mit $\mathfrak{y}_0 = F(\mathfrak{x}_0)$ sogar zweimal differenzierbar. Außerdem gebe es einen kompakten achsenparallelen Würfel U mit $\mathfrak{x}_0 \in U \subset M$. Dann ist*

$$d(\varphi \circ F)_{\mathfrak{x}_0} = (d\varphi)_{\mathfrak{y}_0} \circ F.$$

Beweis. Für Funktionen ist dieser Satz schon im zweiten Band bewiesen worden. Es sei

$$\varphi = \sum_{1 \leqq i_1 < \ldots < i_p \leqq m} a_{i_1 \ldots i_p}(\mathfrak{y})\, dy_{i_1} \wedge \ldots \wedge dy_{i_p}.$$

$$\begin{aligned} d(\varphi \circ F)_{\mathfrak{x}_0} &= \Big(d \sum_{(i)} (a_{i_1 \ldots i_p} \circ F)\, df_{i_1} \wedge \ldots \wedge df_{i_p}\Big)_{\mathfrak{x}_0} \\ &= \sum_{(i)} d(a_{i_1 \ldots i_p} \circ F)_{\mathfrak{x}_0} \wedge df_{i_1} \wedge \ldots \wedge df_{i_p} \\ &\quad + \sum_{(i)} (a_{i_1 \ldots i_p} \circ F)(\mathfrak{x}_0)\, d(df_{i_1} \wedge \ldots \wedge df_{i_p}). \end{aligned}$$

Die letzte Summe verschwindet, wie man aus Satz 4.2 induktiv herleitet, und die erste Summe ist gerade $(d\varphi)_{\mathfrak{y}_0} \circ F$, da $d(a_{i_1 \ldots i_p} \circ F) = da_{i_1 \ldots i_p} \circ F$ ist.

§ 5. Beispiele und Rechenregeln

Äußere Differentialformen der Dimension p werden durch Ausdrücke der Gestalt

$$\sum_{1 \leqq i_1, \ldots, i_p \leqq n} a_{i_1 \ldots i_p}\, dx_{i_1} \wedge \ldots \wedge dx_{i_p} \qquad \text{mit } a_{i_1 \ldots i_p} \in \mathbb{R}$$

gegeben. Die Summation solcher Ausdrücke geschieht koeffizientenweise: Man addiert die Koeffizienten mit gleichem Index $i_1 \ldots i_p$. Ist also

$$\varphi = a_{12}\, dx_1 \wedge dx_2 + a_{21}\, dx_2 \wedge dx_1,$$
$$\psi = b_{12}\, dx_1 \wedge dx_2,$$

so ist

$$\varphi + \psi = (a_{12} + b_{12})\, dx_1 \wedge dx_2 + a_{21}\, dx_2 \wedge dx_1.$$

Analog multipliziert man mit reellen Zahlen. Außerdem stellt jeder Ausdruck der Gestalt

$$\text{(R)}\qquad dx_{i_1}\wedge\ldots\wedge dx_{i_\nu}\wedge\ldots\wedge dx_{i_\mu}\wedge\ldots\wedge dx_{i_p} + dx_{i_1}\wedge\ldots\wedge dx_{i_\mu}\wedge\ldots\wedge dx_{i_\nu}\wedge\ldots\wedge dx_{i_p}$$

für $\nu \neq \mu$ die Nullform dar, und eine Differentialform φ ist dann und nur dann Null, wenn sie eine Linearkombination von Ausdrücken dieser Art ist. Demnach ist die eben aufgeschriebene 2-Form auch

$$\varphi=(a_{12}-a_{21})\,dx_1\wedge dx_2.$$

Aus der Relation (R) ergeben sich die folgenden Regeln:

1. *Es ist genau dann* $dx_{i_1}\wedge\ldots\wedge dx_{i_p}=0$, *wenn* $i_\nu=i_\mu$ *für ein* $\nu\neq\mu$ *ist.*
2. *Für* $p>n$ *ist stets* $dx_{i_1}\wedge\ldots\wedge dx_{i_p}=0$.
3. $dx_{i_1}\wedge\ldots\wedge dx_{i_p}=(-1)^a\,dx_{j_1}\wedge\ldots\wedge dx_{j_p}$, *wenn alle* i_ν *paarweise verschieden sind und* $j_1,\ldots,j_p$ *eine Permutation von* $i_1,\ldots,i_p$ *ist.*

Dabei bezeichnet a die Anzahl der Vertauschungen, die zur Überführung von $i_1,\ldots,i_p$ in $j_1,\ldots,j_p$ nötig sind.

Zwei „Monome“ $dx_{i_1}\wedge\ldots\wedge dx_{i_p}$ und $dx_{j_1}\wedge\ldots\wedge dx_{j_q}$ werden miteinander multipliziert, indem man sie hintereinander schreibt und ein $\wedge$ dazwischensetzt:

$$dx_{i_1}\wedge\ldots\wedge dx_{i_p}\wedge dx_{j_1}\wedge\ldots\wedge dx_{j_q}.$$

Das äußere Produkt von beliebigen Formen wird nach den Distributivgesetzen berechnet; z.B. im $\mathbb{R}^5$:

$$\begin{aligned}&(a\,dx_1\wedge dx_3\wedge dx_2+b\,dx_4\wedge dx_5\wedge dx_1)\wedge c\,dx_2\wedge dx_3\\&=a\,c\,dx_1\wedge dx_3\wedge dx_2\wedge dx_2\wedge dx_3+b\,c\,dx_4\wedge dx_5\wedge dx_1\wedge dx_2\wedge dx_3\\&=0+b\,c\,dx_4\wedge dx_5\wedge dx_1\wedge dx_2\wedge dx_3.\end{aligned}$$

Auf die Reihenfolge der Faktoren kommt es wesentlich an.

Rechnungen mit Differentialformen kann man nun anstellen, ohne auf die Definitionen zurückzugehen; man hat nur die obigen Regeln mit ihren Konsequenzen (streng genommen nur die Relation (R)) zu beachten.

Als nächstes wollen wir Beispiele von Differentialformen im $\mathbb{R}^2$ und im $\mathbb{R}^3$ angeben und uns dabei besonders für die Bedingungen interessieren, unter denen eine Form geschlossen bzw. exakt ist.

$n=2$, $p=1$. Es sei $\alpha=A\,dx+B\,dy$ eine differenzierbare 1-Form in der Ebene. Sie ist genau dann exakt, wenn es eine 2-mal differenzierbare Funktion $f(x,y)$ gibt mit

$$\frac{\partial f}{\partial x}=A,\qquad \frac{\partial f}{\partial y}=B.$$

Auf Grund von Satz 4.4 muß α dann geschlossen sein: $d\alpha=0$; d.h.

$$\begin{aligned}
0 &= dA\wedge dx + dB\wedge dy \\
&= \left(\frac{\partial A}{\partial x}dx + \frac{\partial A}{\partial y}dy\right)\wedge dx + \left(\frac{\partial B}{\partial x}dx + \frac{\partial B}{\partial y}dy\right)\wedge dy \\
&= \frac{\partial A}{\partial y}dy\wedge dx + \frac{\partial B}{\partial x}dx\wedge dy \\
&= \left(\frac{\partial B}{\partial x} - \frac{\partial A}{\partial y}\right)dx\wedge dy.
\end{aligned}$$

Demnach erhält man als notwendige Bedingung für die Exaktheit von α:

$$\frac{\partial B}{\partial x} - \frac{\partial A}{\partial y} = 0.$$

Das ist eine aus dem zweiten Band geläufige Integrabilitätsbedingung (Kap. VII, § 3). Übrigens unterscheidet sich der hier gegebene Beweis nur durch die Bezeichnungen von dem früheren.

Pfaffsche Formen im $\mathbb{R}^2$ werden in der Thermodynamik seit langem verwandt. Ein einfaches thermodynamisches System (z.B. ein ideales Gas) wird etwa durch *Volumen* V und *Temperatur* T gekennzeichnet. Dem System sind weitere physikalische Größen zugeordnet, von denen einige durch Funktionen in V und T, andere durch Differentialformen beschrieben werden: Der *Druck* p, die *innere Energie* E, deren Existenz aus dem 1. Hauptsatz folgt, und weiter zwei Differentialformen, die *infinitesimale Arbeit* $\alpha = -p\,dV$ sowie die *infinitesimale Wärmemenge* $\omega = dE - \alpha$. In den Physikbüchern wird α durch δA, ω durch δQ bezeichnet. Die Zustandsgleichungen eines Systems geben den Verlauf der Funktionen p bzw. E an:

I. $p = p(V, T)$.
II. $E = E(V, T)$.

Da dE eine exakte Form ist, gilt

III. $ddE = 0$.

Schließlich folgt aus dem 2. Hauptsatz der Wärmelehre die Aussage

IV. $d\left(\frac{\omega}{T}\right) = 0,$

da $\frac{\omega}{T}$ das Differential der *Entropie* ist.

Die obigen vier Gleichungen werden durch physikalische Überlegungen aufgestellt; die Untersuchung der Konsequenzen, die sich aus ihnen ergeben, ist natürlich ein rein mathematisches Problem. Wir zeigen als einfache Anwendung der Regel $dd=0$, daß zwischen den beiden Zustandsgleichungen eines Systems eine wichtige Beziehung besteht. Es ist

$$\begin{aligned}
0=d\left(\frac{\omega}{T}\right)&=d\left(\frac{dE+p\,dV}{T}\right)\\
&=d\left(\frac{dE}{T}\right)+d\left(\frac{p\,dV}{T}\right)\\
&=\frac{ddE}{T}-dE\wedge d\left(\frac{1}{T}\right)+\frac{d(p\,dV)}{T}-p\,dV\wedge d\left(\frac{1}{T}\right)\\
&=dE\wedge\frac{dT}{T^2}+\frac{dp\wedge dV}{T}+p\,dV\wedge\frac{dT}{T^2}\\
&=\frac{\partial E}{\partial V}dV\wedge\frac{dT}{T^2}+\frac{1}{T}\frac{\partial p}{\partial T}dT\wedge dV+\frac{p}{T^2}dV\wedge dT\\
&=\frac{1}{T}\left(\frac{1}{T}\left(\frac{\partial E}{\partial V}+p\right)-\frac{\partial p}{\partial T}\right)dV\wedge dT.
\end{aligned}$$

Also:

$$\text{V.}\quad \frac{\partial E}{\partial V}=T\frac{\partial p}{\partial T}-p.$$

Zum Beispiel muß beim van der Waalsschen Gas, welches der Zustandsgleichung

$$\left(p+\frac{a}{V^2}\right)(V-b)=cT\qquad \text{mit } a,b,c,\neq 0$$

genügt, die Energie wegen Gleichung V volumenabhängig sein. Wäre nämlich $\frac{\partial E}{\partial V}=0$, so gälte $p=T\frac{\partial p}{\partial T}$. Es ist aber

$$p+\frac{a}{V^2}=T\frac{\partial p}{\partial T}.$$

Die Beziehung $\frac{\partial E}{\partial V}\neq 0$ kann etwa im Joule-Thomsonschen Überströmversuch festgestellt werden und so zur Kontrolle der Gültigkeit der Zustandsgleichung dienen.

$n=2$, $p=2$. Jede differenzierbare 2-Form im $\mathbb{R}^2$ ist geschlossen, da ihre äußere Ableitung als 3-Form verschwindet. Ist $\varphi=A\,dx\wedge dy$ exakt, d.h. $\varphi=d\psi$ mit $\psi=a\,dx+b\,dy$, so ergibt sich für die Koeffizienten a und b die partielle Differentialgleichung

$$\frac{\partial b}{\partial x}-\frac{\partial a}{\partial y}=A.$$

Mit der Lösbarkeit dieser Gleichung werden wir uns im nächsten Paragraphen beschäftigen.

$n=3$, $p=1$. Eine Pfaffsche Form im $\mathbb{R}^3$,

$$\varphi = \sum_{\nu=1}^{3} a_\nu \, dx_\nu$$

ist genau dann exakt, wenn es eine 2-mal differenzierbare Funktion f mit $\dfrac{\partial f}{\partial x_\nu} = a_\nu$ gibt. Zum Beispiel gilt für die Form

$$\varphi = -\gamma m M \sum_{\nu=1}^{3} \frac{x_\nu}{r^3} \, dx_\nu,$$

bei der γ, m und M Konstanten sind und $r = \left(\sum_{\nu=1}^{3} x_\nu^2 \right)^{\frac{1}{2}}$ gesetzt wird,

$$\varphi = df \qquad \text{für } f = \frac{\gamma m M}{r}.$$

φ beschreibt die Newtonsche *Gravitationskraft* (bei richtiger Wahl der Konstanten), und $-f$ ist das *Gravitationspotential*. Statt $\varphi = df$ schreiben die Physiker $\mathfrak{K} = -\operatorname{grad}(-f)$, wobei $\mathfrak{K}$ das aus den drei a_ν gebildete *Vektorfeld* ist[1].

Damit eine 1-Form φ exakt (physikalische Sprechweise: ein Vektorfeld $\mathfrak{K}$ ein *Gradientenfeld*) sein kann, muß $d\varphi = 0$ gelten. Diese Bedingung führt auf die folgenden drei Gleichungen:

$$\frac{\partial a_1}{\partial x_2} - \frac{\partial a_2}{\partial x_1} = 0,$$
$$\frac{\partial a_2}{\partial x_3} - \frac{\partial a_3}{\partial x_2} = 0,$$
$$\frac{\partial a_3}{\partial x_1} - \frac{\partial a_1}{\partial x_3} = 0.$$

Bezeichnet wieder $\mathfrak{K}$ das Vektorfeld (a_1, a_2, a_3), so faßt man in der Physik diese Gleichungen in der Vektorgleichung $\operatorname{rot} \mathfrak{K} = 0$ zusammen. Man erkennt hier und im folgenden, daß die Schreibweise der Vektoranalysis unnötig viele Symbole verwendet.

$n=3$, $p=2$. Es ist

$$\varphi = a_1 \, dx_2 \wedge dx_3 + a_2 \, dx_3 \wedge dx_1 + a_3 \, dx_1 \wedge dx_2$$

---

[1] Für die Vektoranalysis vergleiche man [1], [6] und Kap. IV.

genau dann das äußere Differential der Pfaffschen Form $\psi = b_1\,dx_1 + b_2\,dx_2 + b_3\,dx_3$, wenn

$$\frac{\partial b_3}{\partial x_2} - \frac{\partial b_2}{\partial x_3} = a_1,$$

$$\frac{\partial b_1}{\partial x_3} - \frac{\partial b_3}{\partial x_1} = a_2,$$

$$\frac{\partial b_2}{\partial x_1} - \frac{\partial b_1}{\partial x_2} = a_3$$

ist. Anders ausgedrückt, $\mathfrak{a} = \operatorname{rot} \mathfrak{b}$, wo $\mathfrak{a} = (a_1, a_2, a_3)$ und $\mathfrak{b} = (b_1, b_2, b_3)$ ist. $\mathfrak{b}$ heißt *Vektorpotential* von $\mathfrak{a}$. Die Integrabilitätsbedingung $d\varphi = 0$, also

$$\frac{\partial a_1}{\partial x_1} + \frac{\partial a_2}{\partial x_2} + \frac{\partial a_3}{\partial x_3} = 0,$$

wird in der Physik als $\operatorname{div} \mathfrak{a} = 0$ geschrieben.

$n = 3$, $p = 3$. Die Aussage $d\psi = \varphi$ führt für

$$\varphi = a\,dx_1 \wedge dx_2 \wedge dx_3$$

und

$$\psi = b_1\,dx_2 \wedge dx_3 + b_2\,dx_3 \wedge dx_1 + b_3\,dx_1 \wedge dx_2$$

auf die partielle Differentialgleichung

$$\frac{\partial b_1}{\partial x_1} + \frac{\partial b_2}{\partial x_2} + \frac{\partial b_3}{\partial x_3} = a,$$

d.h. $\operatorname{div} \mathfrak{b} = a$.

§ 6. Das Poincarésche Lemma

Jede exakte Differentialform ist, wie wir in § 4 erkannt hatten, geschlossen; wir wollen uns nun mit der Umkehrung dieser Aussage befassen. Ohne Einschränkung ist sie nicht gültig: das lehrt das folgende Beispiel.

Es sei im $\mathbb{R}^2 - \{(0,0)\}$ die Pfaffsche Form

$$\alpha = \frac{x\,dy - y\,dx}{x^2 + y^2}$$

gegeben. Offensichtlich ist α beliebig oft differenzierbar, und für $d\alpha$ gilt:

$$\begin{aligned} d\alpha &= d\left(\frac{1}{x^2+y^2}\right)\wedge(x\,dy - y\,dx) + \frac{1}{x^2+y^2}\,d(x\,dy - y\,dx)\\ &= \frac{-2x\,dx - 2y\,dy}{(x^2+y^2)^2}\wedge(x\,dy - y\,dx) + \frac{1}{x^2+y^2}(dx\wedge dy - dy\wedge dx)\\ &= \frac{-2(x^2+y^2)\,dx\wedge dy}{(x^2+y^2)^2} + \frac{2}{x^2+y^2}\,dx\wedge dy\\ &= 0. \end{aligned}$$

Demnach ist α geschlossen. Ist f eine Funktion auf $\mathbb{R}^2 - \{(0,0)\}$ mit $\alpha = df$, also

$$\frac{\partial f}{\partial x} = -\frac{y}{x^2+y^2} \quad \text{und} \quad \frac{\partial f}{\partial y} = \frac{x}{x^2+y^2},$$

so betrachten wir die durch

$$x = \cos t, \qquad y = \sin t$$

definierte beliebig oft differenzierbare Abbildung

$$F\colon\ \mathbb{R} \to \mathbb{R}^2 - \{(0,0)\}.$$

Die Funktion $g(t) = (f\circ F)(t)$ ist auf $\mathbb{R}$ stetig und periodisch, nimmt also in einem Punkt $t_0 \in \mathbb{R}$ ihr Maximum an. Somit ist $g'(t_0) = 0$. Andererseits ist

$$\begin{aligned} g'(t) &= \frac{\partial f}{\partial x}(F(t))\,\frac{dx}{dt} + \frac{\partial f}{\partial y}(F(t))\,\frac{dy}{dt}\\ &= \frac{y}{x^2+y^2}(F(t))\sin t + \frac{x}{x^2+y^2}(F(t))\cos t\\ &= \frac{\sin^2 t + \cos^2 t}{\sin^2 t + \cos^2 t} = 1. \end{aligned}$$

Die Annahme, α sei exakt, hat also auf einen Widerspruch geführt.

Wir wollen nun zeigen, daß für eine bestimmte Klasse von Gebieten im $\mathbb{R}^n$ jede geschlossene stetig differenzierbare Form exakt ist.

Definition 6.1. *Eine Teilmenge M des $\mathbb{R}^n$ heißt sternförmig (genauer: sternförmig bezüglich $\mathfrak{x}_0$), wenn es ein $\mathfrak{x}_0 \in M$ gibt, so daß für jedes $\mathfrak{x} \in M$ auch alle $\mathfrak{y}$ mit*

$$\mathfrak{y} = \mathfrak{x}_0 + t(\mathfrak{x} - \mathfrak{x}_0), \qquad 0 \leqq t \leqq 1,$$

zu M gehören.

Zum Beispiel ist jede konvexe Menge sternförmig bezüglich eines jeden ihrer Punkte. Ist M eine sternförmige Menge bezüglich $\mathfrak{x}_0$, so bezeichne $\hat{M}$ die Menge

$M \times I = \{(\mathfrak{x}, t)\colon \mathfrak{x} \in M,\ 0 \leqq t \leqq 1\}$ und F die durch

$$F(\mathfrak{x}, t) = \mathfrak{x}_0 + t(\mathfrak{x} - \mathfrak{x}_0)$$

erklärte Abbildung von $\hat{M}$ auf M. Es ist $F(\mathfrak{x}, 0) \equiv \mathfrak{x}_0$, $F(\mathfrak{x}, 1) \equiv \mathfrak{x}$. Anschaulich läßt sich F als eine Zusammenziehung von M in den Punkt $\mathfrak{x}_0$ interpretieren (vgl. Fig. 8).

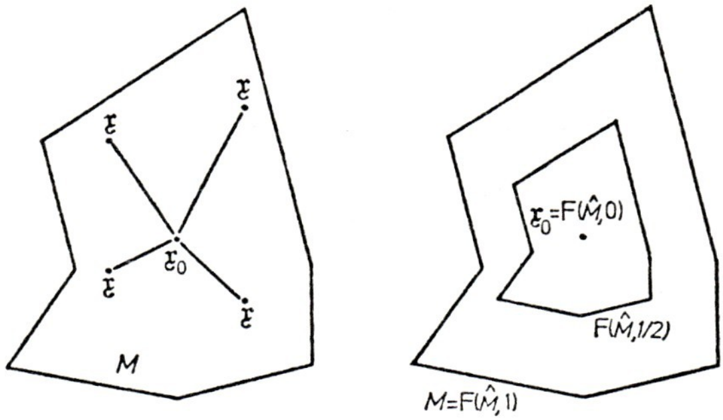

Fig. 8. Sternförmige Menge

Satz 6.1 (Poincaré). *Es sei φ eine stetig differenzierbare geschlossene Differentialform der Dimension $p > 0$ auf einer offenen sternförmigen Menge U im $\mathbb{R}^n$. Dann ist φ exakt.*

Der Satz zeigt z.B., daß die im vorigen Paragraphen angegebenen Bedingungen für die Existenz eines Potentials oder eines Vektorpotentials bei den in der Physik auftretenden Gebieten auch ausreichen. Weiter gibt er für die Lösbarkeit eines rein analytischen Problems – Konstruktion einer Differentialform mit vorgeschriebener äußerer Ableitung – eine geometrische Bedingung und verknüpft so zwei verschiedene mathematische Disziplinen miteinander. Sätze dieses Typs nehmen in der Mathematik einen wichtigen Platz ein.

Da jeder Punkt des $\mathbb{R}^n$ beliebig kleine sternförmige offene Umgebungen besitzt, folgt aus Satz 6.1 unmittelbar

Satz 6.2. *Jede geschlossene stetig differenzierbare p-Form φ (mit $p > 0$) auf einer offenen Menge ist lokal-exakt (d.h. zu jedem Punkt gibt es eine Umgebung V und eine dort erklärte $(p-1)$-Form ψ mit $d\psi = \varphi$ auf V).*

Vor dem Beweis des Poincaréschen Lemmas sollen einige Bezeichnungen eingeführt werden. Es sei

$$\hat{U} = U \times I = \{(\mathfrak{x}, t)\colon \mathfrak{x} \in U, 0 \leqq t \leqq 1\}$$

der „Zylinder" über U. Ist g eine auf $\hat{U}$ differenzierbare Funktion, so schreibt sich dg in der Form

$$dg = \sum_{\nu=1}^{n} \frac{\partial g}{\partial x_\nu}\, dx_\nu + \frac{\partial g}{\partial t}\, dt.$$

Wir setzen

$$d_{\mathfrak{x}} g = \sum_{\nu=1}^{n} \frac{\partial g}{\partial x_\nu}\, dx_\nu,$$

$$\dot{g} = \frac{\partial g}{\partial t},$$

und erhalten $dg = d_{\mathfrak{x}} g + \dot{g}\, dt$. Nun sei[2]

$$\gamma(\mathfrak{x}, t) = \sum_{1 \leqq i_1 < \dots < i_p \leqq n} \gamma_{i_1 \dots i_p}(\mathfrak{x}, t)\, dx_{i_1} \wedge \dots \wedge dx_{i_p}$$

eine von dt unabhängige stetig differenzierbare p-Form auf $\hat{U}$; dann ist

$$\begin{aligned} d\gamma &= \sum_{1 \leqq i_1 < \dots < i_p \leqq n} d\gamma_{i_1 \dots i_p} \wedge dx_{i_1} \wedge \dots \wedge dx_{i_p} \\ &= \sum_{1 \leqq i_1 < \dots < i_p \leqq n} d_{\mathfrak{x}} \gamma_{i_1 \dots i_p} \wedge dx_{i_1} \wedge \dots \wedge dx_{i_p} + dt \wedge \dot{\gamma}. \end{aligned}$$

Dabei ist

$$\dot{\gamma} = \sum_{1 \leqq i_1 < \dots < i_p \leqq n} \dot{\gamma}_{i_1 \dots i_p}\, dx_{i_1} \wedge \dots \wedge dx_{i_p}$$

eine von dt unabhängige p-dimensionale Differentialform. Schreibt man für die erste Summe noch $d_{\mathfrak{x}} \gamma$, so ergibt sich die Formel

$$d\gamma = d_{\mathfrak{x}} \gamma + dt \wedge \dot{\gamma}.$$

Schließlich ordnen wir γ eine gewisse Form auf U folgendermaßen zu:

$$\int_0^1 dt \wedge \gamma = \sum_{1 \leqq i_1 < \dots < i_p \leqq n} \left\{ \int_0^1 \gamma_{i_1 \dots i_p}(\mathfrak{x}, t)\, dt \right\} dx_{i_1} \wedge \dots \wedge dx_{i_p}.$$

Man prüft sofort die Beziehungen[2]

$$\int_0^1 dt \wedge (\gamma_1 + \gamma_2) = \int_0^1 dt \wedge \gamma_1 + \int_0^1 dt \wedge \gamma_2$$

---

[2] In diesem und den folgenden Paragraphen schreiben wir für γ_x oder gelegentlich auch $\gamma(\mathfrak{x})$ bzw. $\gamma_{(\mathfrak{x}, t)}$.

und

$$\int_0^1 dt \wedge \dot{\gamma}(\mathfrak{x}, t) = \gamma(\mathfrak{x}, 1) - \gamma(\mathfrak{x}, 0)$$

nach. Wichtiger ist der folgende

Hilfssatz 1. *Ist*

$$\gamma = \sum_{1 \leqq i_1 < \dots < i_p \leqq n} \gamma_{i_1 \dots i_p} dx_{i_1} \wedge \dots \wedge dx_{i_p}$$

stetig differenzierbar, so gilt dasselbe von $\int_0^1 dt \wedge \gamma$, *und zwar ist*

$$d \int_0^1 dt \wedge \gamma = \int_0^1 dt \wedge d_{\mathfrak{x}} \gamma.$$

Beweis. Zunächst folgen aus Satz 13.3 des ersten Kapitels Existenz und Stetigkeit der Ableitungen

$$\frac{\partial}{\partial x_i} \int_0^1 \gamma_{i_1 \dots i_p}(\mathfrak{x}, t)\, dt = \int_0^1 \frac{\partial \gamma_{i_1 \dots i_p}(\mathfrak{x}, t)}{\partial x_i}\, dt.$$

Somit:

$$\begin{aligned}
d \int_0^1 dt \wedge \gamma &= d \left(\sum_{1 \leqq i_1 < \dots < i_p \leqq n} \left\{ \int_0^1 \gamma_{i_1 \dots i_p}(\mathfrak{x}, t)\, dt \right\} dx_{i_1} \wedge \dots \wedge dx_{i_p} \right) \\
&= \sum_{1 \leqq i_1 < \dots < i_p \leqq n} d \left\{ \int_0^1 \gamma_{i_1 \dots i_p}(\mathfrak{x}, t)\, dt \right\} \wedge dx_{i_1} \wedge \dots \wedge dx_{i_p} \\
&= \sum_{1 \leqq i_1 < \dots < i_p \leqq n} \sum_{i=1}^{n} \left\{ \frac{\partial}{\partial x_i} \int_0^1 \gamma_{i_1 \dots i_p}\, dt \right\} dx_i \wedge dx_{i_1} \wedge \dots \wedge dx_{i_p} \\
&= \sum_{1 \leqq i_1 < \dots < i_p \leqq n} \sum_{i=1}^{n} \left\{ \int_0^1 \frac{\partial \gamma_{i_1 \dots i_p}}{\partial x_i}\, dt \right\} dx_i \wedge dx_{i_1} \wedge \dots \wedge dx_{i_p} \\
&= \int_0^1 dt \wedge \sum_{1 \leqq i_1 < \dots < i_p \leqq n} \sum_{i=1}^{n} \frac{\partial \gamma_{i_1 \dots i_p}}{\partial x_i}\, dx_i \wedge dx_{i_1} \wedge \dots \wedge dx_{i_p} \\
&= \int_0^1 dt \wedge \sum_{1 \leqq i_1 < \dots < i_p \leqq n} d_{\mathfrak{x}} \gamma_{i_1 \dots i_p} \wedge dx_{i_1} \wedge \dots \wedge dx_{i_p} \\
&= \int_0^1 dt \wedge d_{\mathfrak{x}} \gamma.
\end{aligned}$$

Wir kommen nun zum

Beweis von Satz 6.1.

Die Beweisidee ist ganz einfach[3]. Man wählt die oben betrachtete Zusammenziehung $F\colon \hat{U}\to U$, bildet die Form $\hat{\varphi}=\varphi\circ F$ und zerlegt $\hat{\varphi}$ in eine Summe

$$\hat{\varphi}=\hat{\varphi}_1+dt\wedge\hat{\varphi}_2,$$

wobei $\hat{\varphi}_1$ und $\hat{\varphi}_2$ Differentialformen der Dimensionen p bzw. $p-1$ auf $\hat{U}$ sind, die von dt nicht abhängen. Unter Benutzung der Voraussetzung $d\varphi=0$ zeigt man dann, daß

$$\psi=\int_0^1 dt\wedge\hat{\varphi}_2$$

eine $(p-1)$-Form auf U mit $d\psi=\varphi$ ist. Nun zu den Einzelheiten des Beweises.

Die Zusammenziehung $F\colon \hat{U}\to U$ wird durch die Funktionen

$$f_\nu(\mathfrak{x},t)=x_\nu^{(0)}+t(x_\nu-x_\nu^{(0)})\quad(\text{mit } \mathfrak{x}_0=(x_1^{(0)},\ldots,x_n^{(0)}))$$

gegeben und ist daher beliebig oft differenzierbar. Es ist

$$df_\nu=t\,dx_\nu+(x_\nu-x_\nu^{(0)})\,dt,$$

also $d_{\mathfrak{x}}f_\nu=t\,dx_\nu$, insbesondere: $d_{\mathfrak{x}}f_\nu=0$ für $t=0$ und $d_{\mathfrak{x}}f_\nu=dx_\nu$ für $t=1$.

Hat φ die Gestalt

$$\varphi=\sum_{1\leqq i_1<\ldots<i_p\leqq n}\varphi_{i_1\ldots i_p}(\mathfrak{x})\,dx_{i_1}\wedge\ldots\wedge dx_{i_p},$$

so ist

$$\begin{aligned}\hat{\varphi}=\varphi\circ F&=\sum_{1\leqq i_1<\ldots<i_p\leqq n}(\varphi_{i_1\ldots i_p}\circ F)\,df_{i_1}\wedge\ldots\wedge df_{i_p}\\&=\sum_{1\leqq i_1<\ldots<i_p\leqq n}(\varphi_{i_1\ldots i_p}\circ F)\,d_{\mathfrak{x}}f_{i_1}\wedge\ldots\wedge d_{\mathfrak{x}}f_{i_p}+dt\wedge\hat{\varphi}_2.\end{aligned}$$

Die Summe bezeichnen wir mit $\hat{\varphi}_1=\hat{\varphi}_1(\mathfrak{x},t)$; also

$$\hat{\varphi}=\hat{\varphi}_1+dt\wedge\hat{\varphi}_2;\qquad \hat{\varphi}_1(\mathfrak{x},0)=0;\qquad \hat{\varphi}_1(\mathfrak{x},1)=\varphi.$$

Jetzt nutzen wir die Voraussetzung aus. Es ist

$$d\hat{\varphi}=d(\varphi\circ F)=d\varphi\circ F=0;$$

andererseits:

$$\begin{aligned}d\hat{\varphi}&=d\hat{\varphi}_1+d(dt\wedge\hat{\varphi}_2)\\&=d\hat{\varphi}_1-dt\wedge d\hat{\varphi}_2\\&=d_{\mathfrak{x}}\hat{\varphi}_1+dt\wedge\dot{\hat{\varphi}}_1-dt\wedge(d_{\mathfrak{x}}\hat{\varphi}_2+dt\wedge\dot{\hat{\varphi}}_2)\\&=d_{\mathfrak{x}}\hat{\varphi}_1+dt\wedge(\dot{\hat{\varphi}}_1-d_{\mathfrak{x}}\hat{\varphi}_2).\end{aligned}$$

---

[3] Vgl. A. Weil: Sur les théorèmes de de Rham – Comm. math. helv. **26**, 119–145 (1952).

Hieraus folgt

$$\dot{\hat{\varphi}}_1 = d_x \hat{\varphi}_2.$$

Nun setzen wir

$$\psi = \int_0^1 dt \wedge \hat{\varphi}_2$$

und zeigen: $d\psi = \varphi$.

Auf Grund des vorangehenden Hilfssatzes ist nämlich

$$\begin{aligned} d\psi &= d\int_0^1 dt \wedge \hat{\varphi}_2 \\ &= \int_0^1 dt \wedge d_x \hat{\varphi}_2 \\ &= \int_0^1 dt \wedge \dot{\hat{\varphi}}_1 \\ &= \hat{\varphi}_1(x, 1) - \hat{\varphi}_1(x, 0) \\ &= \varphi. \end{aligned}$$

Damit ist das Poincarésche Lemma vollständig bewiesen.

III. Kapitel

Kurven- und Flächenintegrale

§ 1. Ketten

Bevor wir uns der Integration von Differentialformen zuwenden, müssen einige formale Vorbereitungen getroffen werden. Zunächst stellen wir eine Reihe algebraischer Begriffe zusammen.

Es sei M eine nichtleere Menge und $F(M)$ die Menge aller der Abbildungen f von M in die ganzen Zahlen, die für höchstens endlich viele Elemente von M von Null verschieden sind. Erklärt man Summe und Differenz von Abbildungen wie üblich:

$$(f \pm g)(x) = f(x) \pm g(x) \quad \text{für } x \in M \quad \text{und} \quad f, g \in F(M),$$

so bildet $F(M)$ eine abelsche Gruppe, die *freie von M erzeugte abelsche Gruppe*. Jedes $f \in F(M)$ bestimmt eindeutig eine Linearkombination

$$f = \sum_{x \in M} n_x [x] = \sum_{x \in M} n_x x$$

$$\text{mit } n_x \in \mathbb{Z} \text{ und } n_x \neq 0 \text{ für höchstens endlich viele } x,$$

wobei man mit $[x]$ oder einfach mit x die durch $h(x) = 1$ und $h(y) = 0$ *für* $y \neq x$ definierte Funktion bezeichnet. Es ist $f(x) = n_x$. – Umgekehrt bestimmt jede Linearkombination

$$\sum_{x \in M} n_x x, \quad \text{mit} \quad n_x \in \mathbb{Z} \quad \text{und} \quad n_x \neq 0 \text{ höchstens endlich oft},$$

ein Element $f \in F(M)$. Damit kann man $F(M)$ als die Menge aller endlichen Linearkombinationen von Elementen aus M mit ganzzahligen Koeffizienten ansehen (Glieder $n_x x$ mit $n_x = 0$ sollen nach Belieben hinzugefügt oder weggelassen werden); die Addition geschieht komponentenweise:

$$\sum_{i=1}^{k} n_i x_i + \sum_{i=1}^{k} m_i x_i = \sum_{i=1}^{k} (n_i + m_i) x_i.$$

Im folgenden bezeichnen wir mit Q^n stets n-dimensionale kompakte achsenparallele Quader im $\mathbb{R}^n$ mit nichtleerem Inneren:

$$Q^n = \{\mathrm{t} \in \mathbb{R}^n \colon a_i \leqq t_i \leqq b_i \quad \text{für} \quad i = 1, \ldots, n\}.$$

Wenn Klarheit über die Dimension besteht, schreiben wir statt Q^n kürzer Q. Für $n = 0$ sei $\mathbb{R}^0 = Q^0$ ein einziger Punkt, der „Nullpunkt". Jede Abbildung des $\mathbb{R}^0$ in einen $\mathbb{R}^n$ gelte als beliebig oft differenzierbar. Manchmal erfordert der 0-dimensionale Fall einige Bezeichnungsänderungen, die der Leser selbst vornehmen mag.

Definition 1.1. *Ein n-dimensionales parametrisiertes Pflaster im $\mathbb{R}^m$ ist eine zweimal stetig differenzierbare Abbildung $\Phi\colon Q^n \to \mathbb{R}^m$.*

Die kompakte Menge $\Phi(Q^n)$ heißt die *Spur* von Φ und wird auch mit $|\Phi|$ bezeichnet. Ist $m \geqq n$, der Rang der Funktionalmatrix von Φ überall gleich n und Φ injektiv, so spricht man von einem *regulären Pflaster*. – Ein eindimensionales parametrisiertes Pflaster ist einfach ein zweimal stetig differenzierbarer parametrisierter Weg (Band II, I. Kap., § 2).

Beim Quader Q^n (für $n \geqq 1$) nennen wir die Mengen

$$\partial_o^i Q^n = \{\mathrm{t} \in Q^n \colon t_i = b_i\}$$

und

$$\partial_u^i Q^n = \{\mathrm{t} \in Q^n \colon t_i = a_i\}$$

die *i-te obere* bzw. die *i-te untere Seite*. Q^n hat also $2n$ Seiten. Allgemeiner definiert man *k-dimensionale Seiten* für $0 \leqq k \leqq n-1$, indem man $n-k$ Koordinaten gleich a_i oder b_i setzt. Jede k-dimensionale Seite läßt sich als Durchschnitt $(n-1)$-dimensionaler Seiten $\partial_o^i Q^n$ oder $\partial_u^i Q^n$ darstellen.

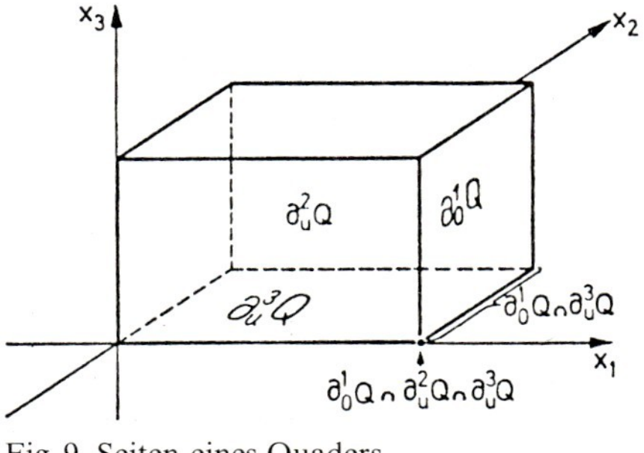

Fig. 9. Seiten eines Quaders

Definition 1.2. *Eine Parametertransformation ist eine umkehrbar eindeutige zweimal stetig differenzierbare Abbildung $F\colon Q_1^n \to Q_2^n$, deren Umkehrung ebenfalls* *zweimal stetig differenzierbar ist und die für jedes i sowohl* $\partial_o^i Q_1^n$ *in* $\partial_o^i Q_2^n$ *als auch* $\partial_u^i Q_1^n$ *in* $\partial_u^i Q_2^n$ *überführt.*

F muß demnach entsprechende Seiten jeder Dimension aufeinander abbilden.

Definition 1.3. *Zwei parametrisierte Pflaster* $\Phi_1\colon Q_1^n \to \mathbb{R}^m$ *und* $\Phi_2\colon Q_2^n \to \mathbb{R}^m$ *heißen äquivalent, wenn es eine Parametertransformation* $F\colon Q_1^n \to Q_2^n$ *mit* $\Phi_1 = \Phi_2 \circ F$ *gibt. Ein n-dimensionales Pflaster* $\mathfrak{P}$ *im* $\mathbb{R}^m$ *ist eine Äquivalenzklasse parametrisierter n-dimensionaler Pflaster; jedes* $\mathfrak{P}$ *repräsentierende parametrisierte Pflaster heißt eine Parametrisierung von* $\mathfrak{P}$.

Der Nachweis, daß durch die obige Definition eine Äquivalenzrelation erklärt worden ist, ist trivial. Ist $\mathfrak{P}$ ein etwa durch $\Phi\colon Q^n \to \mathbb{R}^m$ gegebenes Pflaster, so nennt man die kompakte Menge $|\Phi| = \Phi(Q^n)$ die *Spur* von $\mathfrak{P}$ und bezeichnet sie mit $|\mathfrak{P}|$. Die Spur ist offenbar von der Auswahl der Parametrisierung unabhängig.

Jedes n-dimensionale Pflaster $\mathfrak{P}$ besitzt Parametrisierungen, die auf dem *Einheitswürfel*

$$\bar{I}^n = \{\mathrm{t} \in \mathbb{R}^n\colon 0 \leqq t_i \leqq 1\}$$

definiert sind. Um das einzusehen, wähle man eine beliebige Parametrisierung $\Phi\colon Q^n \to \mathbb{R}^m$ und erkläre eine Parametertransformation $F\colon \bar{I}^n \to Q^n$ durch

$$t_i \to a_i + (b_i - a_i)t_i;$$

dabei sei $Q^n = \{\mathrm{t}\colon a_i \leqq t_i \leqq b_i\}$. Die Parametrisierung $\Phi \circ F$ leistet das Verlangte. – Wenn es zweckmäßig erscheint, werden wir also mit auf $\bar{I}^n$ definierten Parametrisierungen arbeiten; statt von dem durch $\Phi\colon \bar{I}^n \to \mathbb{R}^m$ repräsentierten Pflaster $\mathfrak{P}$ sprechen wir dann kürzer vom Pflaster $\mathfrak{P} = \Phi$.

Definition 1.4. *Die von den n-dimensionalen Pflastern erzeugte freie abelsche Gruppe* $C_n = C_n(\mathbb{R}^m)$ *heißt Gruppe der n-dimensionalen Ketten auf dem* $\mathbb{R}^m$, *ihre Elemente heißen n-Ketten.*

Eine n-Kette $\mathfrak{K}$ ist also eine endliche ganzzahlige Linearkombination von n-dimensionalen Pflastern

$$\mathfrak{K} = \sum_\lambda n_\lambda \mathfrak{P}_\lambda.$$

Für die *Nullkette* (das Nullelement in C_n) schreiben wir einfach 0. – Als *Spur* der Nullkette definieren wir die leere Menge; die Spur einer beliebigen Kette $\mathfrak{K} \neq 0$ wird folgendermaßen erklärt: Es sei

$$\mathfrak{K} = \sum_\lambda n_\lambda \mathfrak{P}_\lambda \quad \text{mit} \quad n_\lambda \neq 0$$

die eindeutig bestimmte Darstellung von $\mathfrak{K}$ als Linearkombination paarweise verschiedener Pflaster; dann ist

$$|\mathfrak{K}| = \bigcup_{\lambda} |\mathfrak{P}_\lambda|$$

die *Spur* von $\mathfrak{K}$. Offenbar ist $|\mathfrak{K}|$ durch $\mathfrak{K}$ eindeutig bestimmt.

Als letztes in diesem Paragraphen definieren wir den Rand einer Kette. Es sei für $i=1,\dots,n$ und $n \geqq 1$

$$\pi_i\colon \mathbb{R}^n \to \mathbb{R}^{n-1}$$

die Projektion:

$$\pi_i(t_1,\dots,t_n) = (t_1,\dots,t_{i-1},t_{i+1},\dots,t_n).$$

($\pi_0\colon \mathbb{R}^1 - \mathbb{R}^0$ ist die konstante Abbildung). Natürlich ist π_i beliebig oft differenzierbar und bildet die Seiten $\partial_o^i Q^n$ und $\partial_u^i Q^n$ eines Quaders Q^n umkehrbar eindeutig und regulär auf $(n-1)$-dimensionale Quader $Q_i^{n-1} = \pi_i(\partial_o^i Q^n) = \pi_i(\partial_u^i Q^n) \subset \mathbb{R}^{n-1}$ ab. Es ist

$$\begin{aligned} Q_i^{n-1} = \{(s_1,\dots,s_{n-1})\colon a_j \leqq s_j \leqq b_j \ \text{für}\ 1 \leqq j < i \ \text{und} \\ a_{j+1} \leqq s_j \leqq b_{j+1} \ \text{für}\ i \leqq j \leqq n-1\}. \end{aligned}$$

Q^n sei nun fest gewählt. Wir setzen

$$\Phi_o^i = (\pi_i | \partial_o^i Q^n)^{-1},$$

$$\Phi_u^i = (\pi_i | \partial_u^i Q^n)^{-1},$$

und erhalten so zwei unendlich oft differenzierbare Abbildungen

$$\Phi_o^i\colon Q_i^{n-1} \to \mathbb{R}^n,$$
$$\Phi_u^i\colon Q_i^{n-1} \to \mathbb{R}^n$$

mit

$$\Phi_o^i(Q_i^{n-1}) = \partial_o^i Q^n \quad \text{und} \quad \Phi_u^i(Q_i^{n-1}) = \partial_u^i Q^n.$$

Es ist leicht, Φ_o^i und Φ_u^i explizit anzugeben:

$$\Phi_o^i(s_1,\dots,s_{n-1}) = (s_1,\dots,s_{i-1},b_i,s_i,\dots,s_{n-1}),$$
$$\Phi_u^i(s_1,\dots,s_{n-1}) = (s_1,\dots,s_{i-1},a_i,s_i,\dots,s_{n-1}).$$

Wenn jetzt $\Phi\colon Q^n \to \mathbb{R}^m$ ein n-dimensionales parametrisiertes Plaster ist, so sind

$$\Phi \circ \Phi_o^i\colon Q_i^{n-1} \to \mathbb{R}^m$$

und

$$\Phi \circ \Phi_u^i\colon Q_i^{n-1} \to \mathbb{R}^m$$

zwei parametrisierte $(n-1)$-dimensionale Pflaster im $\mathbb{R}^m$. Wir haben also durch die obige Konstruktion jedem solchen Φ $2n$ parametrisierte $(n-1)$-dimensionale Pflaster zugeordnet. Geht man von Φ zu einem äquivalenten parametrisierten Pflaster $\Phi^*: Q^{*n} \to \mathbb{R}^m$ (mit $Q^{*n} = \{t: a_i^* \leqq t_i \leqq b_i^*\}$) und den zugehörigen $\Phi^* \circ \Phi_o^{*i}$ und $\Phi^* \circ \Phi_u^{*i}$ über, so ergibt sich ($F: Q^{*n} \to Q^n$ sei eine Parametertransformation mit $\Phi^* = \Phi \circ F$):

$$\Phi^* \circ \Phi_o^{*i} = \Phi \circ F \circ \Phi_o^{*i} = \Phi \circ \Phi_o^i \circ ((\Phi_o^i)^{-1} \circ F \circ \Phi_o^{*i}).$$

Die Transformation

$$G = (\Phi_o^i)^{-1} \circ F \circ \Phi_o^{*i}$$

ist eine umkehrbar zweimal stetig differenzierbare Abbildung von

$$Q_i^{*n-1} = \{(s, \ldots, s_{n-1}): a_j^* \leqq s_j \leqq b_j^* \text{ für } 1 \leqq j < i \text{ und } a_{j+1}^* \leqq s_j \leqq b_{j+1}^* \text{ für } i \leqq j \leqq n-1\}$$

auf Q_i^{n-1}; Φ_o^{*i} bildet jede Seite A von Q_i^{*n-1} auf eine $(n-2)$-dimensionale Seite von Q^{*n} ab, die unter F in eine entsprechende $(n-2)$-dimensionale Seite von Q^n übergeht und unter $(\Phi_o^i)^{-1}$ auf die A entsprechende Seite von Q_i^{n-1} geworfen wird. G ist also eine Parametertransformation, und wir sehen: Das durch $\Phi \circ \Phi_o^i$ repräsentierte $(n-1)$-dimensionale Pflaster hängt nur von der Äquivalenzklasse $\mathfrak{P}$ von Φ, nicht von der speziellen Wahl der Parametrisierung von $\mathfrak{P}$, ab. Dieselbe Aussage gilt natürlich für $\Phi \circ \Phi_u^i$. Die folgende Definition erhält damit einen Sinn.

Definition 1.5. *$\mathfrak{P}$ sei ein durch $\Phi: Q^n \to \mathbb{R}^m$ repräsentiertes Pflaster mit $n \geqq 1$. Die durch*

$$\Phi \circ \Phi_o^i: \; Q_i^{n-1} \to \mathbb{R}^m$$

bzw.

$$\Phi \circ \Phi_u^i: \; Q_i^{n-1} \to \mathbb{R}^m$$

gegebenen $(n-1)$-dimensionalen Pflaster $\partial_o^i \mathfrak{P}$ und $\partial_u^i \mathfrak{P}$ heißen i-te obere bzw. i-te untere Seite von $\mathfrak{P}$.

Um den Rand eines Pflasters in für die Integrationstheorie zweckmäßiger Weise zu erklären, benötigen wir

Definition 1.6. *Ein n-dimensionales Pflaster $\mathfrak{P}$ heißt entartet, wenn es eine Parametrisierung Φ besitzt, die von höchstens $n-1$ Variablen des $\mathbb{R}^n$ abhängt.*

Zum Beispiel ist das durch $\Phi: \bar{I}^2 \to \mathbb{R}^2$ mit $\Phi(x, y) = x$ repräsentierte Pflaster entartet.

Definition 1.7. *Der Rand eines n-dimensionalen Pflasters* $\mathfrak{P}$ *(für* $n \geqq 1$*) ist die* $(n-1)$*-Kette*

$$\partial \mathfrak{P} = -\sum_{i=1}^{n} (-1)^i (\partial_o^i \mathfrak{P} - \partial_u^i \mathfrak{P}),$$

in der noch sämtliche entarteten Pflaster fortgelassen werden sollen.

Die folgende Skizze zeigt $|\partial \mathfrak{P}|$ für das triviale Pflaster $\mathfrak{J} = id$ im $\mathbb{R}^2$. Nach rechts oder nach oben weisende Pfeile bedeuten $+$-Zeichen, die entgegengesetzten Pfeile $-$-Zeichen. In einfachen Fällen ist $|\partial \mathfrak{P}|$ also der geometrische Rand von $|\mathfrak{P}|$.

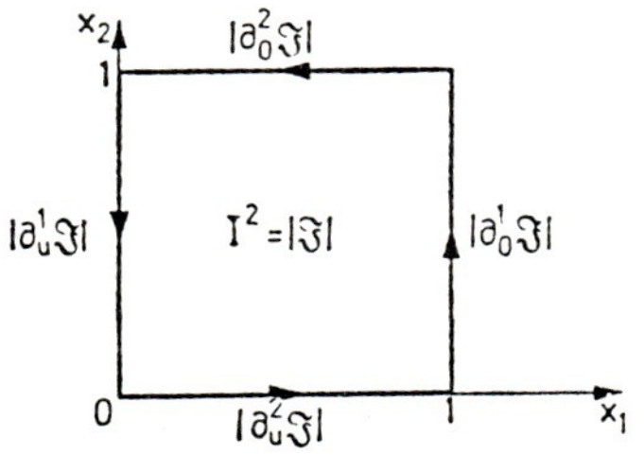

Fig. 10. Randbildung

Wir berechnen nun den Rand eines entarteten Pflasters. Es sei etwa Φ eine von t_1 unabhängige Parametrisierung. Dann ist

$$\begin{aligned}\Phi \circ \Phi_o^1(s_1, \dots, s_{n-1}) &= \Phi(b_1, s_1, \dots, s_{n-1}) \\ &= \Phi(a_1, s_1, \dots, s_{n-1}) \\ &= \Phi \circ \Phi_u^1(s_1, \dots, s_{n-1}),\end{aligned}$$

also $\partial_o^1 \mathfrak{P} - \partial_u^1 \mathfrak{P} = 0$. Für $i \neq 1$ hängen $\Phi \circ \Phi_o^i$ und $\Phi \circ \Phi_u^i$ nicht von s_1 ab; demnach sind alle $\partial_o^i \mathfrak{P}$ bzw. $\partial_u^i \mathfrak{P}$ für $i > 1$ entartet und werden in $\partial \mathfrak{P}$ fortgelassen. Der Rand eines entarteten Pflasters ist also Null.

Definition 1.8. *Unter dem Rand der n-Kette* $\mathfrak{K} = \sum_\lambda n_\lambda \mathfrak{P}_\lambda$ *(mit* $n \geqq 1$*) versteht man die* $(n-1)$*-Kette*

$$\partial \mathfrak{K} = \sum_\lambda n_\lambda \partial \mathfrak{P}_\lambda.$$

Offensichtlich ist

$$\partial(\mathfrak{K}_1 + \mathfrak{K}_2) = \partial \mathfrak{K}_1 + \partial \mathfrak{K}_2.$$

Für $n \geqq 2$ besteht die Gleichung $\partial \partial \mathfrak{K} = 0$, doch werden wir diese Tatsache im folgenden nicht benutzen und daher auch nicht beweisen.

§ 2. Der Stokessche Satz

Es seien M eine meßbare Menge im $\mathbb{R}^n$ und φ eine auf M erklärte n-dimensionale Differentialform. Wir können φ eindeutig in der Form

$$\varphi = a(\mathfrak{x})\, dx_1 \wedge \ldots \wedge dx_n$$

schreiben, wobei die Funktion a durch φ und die Reihenfolge der Koordinaten bestimmt ist.

Definition 2.1. *Die n-Form φ ist über M integrierbar, wenn a über M Lebesgue-integrierbar ist. Man setzt*

$$\int_M \varphi = \int_M a(\mathfrak{x})\, d\mathfrak{x}.$$

Durch diese Definition sind wir noch nicht über die Integration von Funktionen hinausgekommen, da sich nach Wahl einer festen Reihenfolge der Koordinaten im $\mathbb{R}^n$ Funktionen und n-Formen umkehrbar eindeutig entsprechen. Wir betrachten daher als nächstes ein n-dimensionales durch $\Phi\colon Q^n \to \mathbb{R}^m$ repräsentiertes Pflaster $\mathfrak{P}$ sowie eine auf $|\mathfrak{P}| = \Phi(Q^n)$ erklärte n-dimensionale Differentialform φ und treffen die folgende

Definition 2.2. *Die n-Form φ ist über das n-dimensionale Pflaster $\mathfrak{P}$ integrierbar, wenn $\varphi \circ \Phi$ über Q^n integrierbar ist. Unter dem Integral von φ über $\mathfrak{P}$ versteht man die Zahl*

$$\int_{\mathfrak{P}} \varphi = \int_{Q^n} \varphi \circ \Phi.$$

Damit diese Definition sinnvoll ist, muß der Wert des Integrals von der Auswahl der Parametrisierung von $\mathfrak{P}$ unabhängig sein, d.h. es muß gelten:

$$\int_{Q^n} \varphi \circ \Phi = \int_{Q^{*n}} \varphi \circ \Phi \circ F$$

für jede Parametertransformation $F\colon Q^{*n} \to Q^n$. Wir formulieren diese Behauptung als

Satz 2.1 (Spezielle Transformationsformel). *Es sei φ eine über Q^n integrierbare n-dimensionale Differentialform; $F\colon Q^{*n} \to Q^n$ sei eine Parametertransformation. Dann ist*

$$\int_{Q^n} \varphi = \int_{Q^{*n}} \varphi \circ F.$$

Dieser Satz wird zusammen mit einer Reihe allgemeinerer Sätze im folgenden Paragraphen bewiesen; wir benutzen ihn aber schon jetzt. Immerhin läßt sich bereits hier feststellen, daß $\int_{\mathfrak{P}} \varphi = 0$ für ein entartetes Pflaster $\mathfrak{P}$ ist. Es sei nämlich

$$\varphi = \sum a_{i_1 \dots i_n} dx_{i_1} \wedge \dots \wedge dx_{i_n}$$

und

$$\Phi = (f_1, \dots, f_m)$$

eine etwa von t_1 unabhängige Parametrisierung von $\mathfrak{P}$. Die Pfaffschen Formen df_i liegen dann stets in dem von $dt_2, \dots, dt_n$ aufgespannten $(n-1)$-dimensionalen Unterraum von $E^1_{\mathfrak{t}_0}$; demnach sind die n Formen $df_{i_1}, \dots, df_{i_n}$ in jedem Punkt $\mathfrak{t}_0 \in Q^n$ linear abhängig, d.h. $df_{i_1} \wedge \dots \wedge df_{i_n} = 0$, also

$$\varphi \circ \Phi = \sum a_{i_1 \dots i_n} df_{i_1} \wedge \dots \wedge df_{i_n} = 0.$$

Definition 2.3. *Unter dem Integral einer n-Differentialform φ über eine n-dimensionale Kette $\mathfrak{K} = \sum_\lambda n_\lambda \mathfrak{P}_\lambda$ im $\mathbb{R}^m$ versteht man den Wert*

$$\int_{\mathfrak{K}} \varphi = \sum_\lambda n_\lambda \int_{\mathfrak{P}_\lambda} \varphi.$$

Bei all diesen Definitionen war stillschweigend $n \geqq 1$ vorausgesetzt worden; als Integral einer Nullform $f(=\text{Funktion})$ über ein 0-dimensionales Pflaster $\mathfrak{P}$ erklären wir die Zahl $f(|\mathfrak{P}|)$; $|\mathfrak{P}|$ ist ja ein einzelner Punkt. Dann ist Definition 2.3 auch im Falle $n=0$ sinnvoll. Schließlich sei das Integral einer n-Form über die n-Kette $0 \in C_n$ auch Null.

Satz 2.2 (Stokesscher Satz für Würfel). *Es sei φ eine über dem Würfel $\bar{I}^n$ stetig differenzierbare $(n-1)$-dimensionale Differentialform. Bezeichnet $\mathfrak{I}$ das triviale Pflaster*[1] *$\mathfrak{I} = id$ im $\mathbb{R}^n$, so gilt:*

$$\int_{\partial \mathfrak{I}} \varphi = \int_{\mathfrak{I}} d\varphi.$$

Der Satz ermöglicht es, Integrale über eine n-dimensionale Menge auf solche über $(n-1)$-dimensionale Mengen zurückzuführen.

Beweis von Satz 2.2. Wir können φ eindeutig in der Form

$$\varphi = -\sum_{\nu=1}^{n} (-1)^\nu a_\nu(\mathfrak{x})\, dx_1 \wedge \dots \wedge \widehat{dx_\nu} \wedge \dots \wedge dx_n$$

schreiben; das Dach über dx_ν soll bedeuten, daß dx_ν in dem Monom nicht auftaucht. Die Behauptung braucht daher nur für eine Differentialform der Gestalt

$$\varphi = (-1)^{\nu-1} a(\mathfrak{x})\, dx_1 \wedge \dots \wedge \widehat{dx_\nu} \wedge \dots \wedge dx_n$$

---

[1] Wir verwenden die im Anschluß an Definition 1.3 eingeführte Bezeichnungsweise $\mathfrak{P} = \Phi$.

bewiesen zu werden. Es ist

$$\begin{aligned}\int_{\mathfrak{J}} d\varphi &= -\int_{\mathfrak{J}} (-1)^{\nu}\, da \wedge dx_1 \wedge \ldots \wedge \widehat{dx_\nu} \wedge \ldots \wedge dx_n\\
&= (-1)^{\nu-1} \int_{\mathfrak{J}} \frac{\partial a}{\partial x_\nu}\, dx_\nu \wedge dx_1 \wedge \ldots \wedge \widehat{dx_\nu} \wedge \ldots \wedge dx_n\\
&= \int_{\mathfrak{J}} \frac{\partial a}{\partial x_\nu}\, dx_1 \wedge \ldots \wedge dx_\nu \wedge \ldots \wedge dx_n\\
&= \int_{\bar{I}^n} \frac{\partial a}{\partial x_\nu}(\mathfrak{x})\, d\mathfrak{x}\\
&= \int_{\bar{I}^{n-1}} \left[\int_0^1 \frac{\partial a}{\partial x_\nu}\, dx_\nu\right] dx_1 \ldots \widehat{dx_\nu} \ldots dx_n\\
&= \int_{\bar{I}^{n-1}} a(x_1, \ldots, 1, \ldots, x_n)\, dx_1 \wedge \ldots \wedge \widehat{dx_\nu} \wedge \ldots \wedge dx_n\\
&\quad - \int_{\bar{I}^{n-1}} a(x_1, \ldots, 0, \ldots, x_n)\, dx_1 \wedge \ldots \wedge \widehat{dx_\nu} \wedge \ldots \wedge dx_n .\end{aligned}$$

Nun ist

$$\begin{aligned}\varphi \circ \Phi_o^\nu &= (-1)^{\nu-1}\, a(x_1, \ldots, 1, \ldots, x_n)\, dx_1 \wedge \ldots \wedge \widehat{dx_\nu} \wedge \ldots \wedge dx_n,\\
\varphi \circ \Phi_u^\nu &= (-1)^{\nu-1}\, a(x_1, \ldots, 0, \ldots, x_n)\, dx_1 \wedge \ldots \wedge \widehat{dx_\nu} \wedge \ldots \wedge dx_n;\end{aligned}$$

also folgt

$$\int_{\mathfrak{J}} d\varphi = (-1)^{\nu-1}\Big[\int_{\partial_o^\nu \mathfrak{J}} \varphi - \int_{\partial_u^\nu \mathfrak{J}} \varphi\Big].$$

Wegen $d(x_\mu \circ \Phi_o^\mu) = d(x_\mu \circ \Phi_u^\mu) = 0$ ist für $\mu \neq \nu$

$$\int_{\partial_o^\mu \mathfrak{J}} \varphi = \int_{\partial_u^\mu \mathfrak{J}} \varphi = 0.$$

Wir dürfen also Summanden der obigen Form noch addieren und erhalten

$$\begin{aligned}\int_{\mathfrak{J}} d\varphi &= (-1)^{\nu-1}\Big[\int_{\partial_o^\nu \mathfrak{J}} \varphi - \int_{\partial_u^\nu \mathfrak{J}} \varphi\Big]\\
&= -\sum_{\mu=1}^{n} (-1)^{\mu}\Big[\int_{\partial_o^\mu \mathfrak{J}} \varphi - \int_{\partial_u^\mu \mathfrak{J}} \varphi\Big]\\
&= \int_{\partial \mathfrak{J}} \varphi .\end{aligned}$$

Satz 2.3 (Stokesscher Satz für Ketten). *Es sei φ eine auf der zulässigen Menge M im $\mathbb{R}^m$ stetig differenzierbare $(n-1)$-dimensionale Differentialform und $\mathfrak{K}$ eine n-dimensionale Kette im $\mathbb{R}^m$ mit $|\mathfrak{K}| \subset M$. Dann ist*

$$\int_{\mathfrak{K}} d\varphi = \int_{\partial \mathfrak{K}} \varphi .$$

Beweis. Ohne Einschränkung der Allgemeinheit werde $\mathfrak{K}$ als Pflaster angenommen, $\mathfrak{K}=\Phi$. Es ist

$$\int_{\mathfrak{K}} d\varphi = \int_{\bar{I}^n} d\varphi\circ\Phi = \int_{\bar{I}^n} d(\varphi\circ\Phi) = \int_{\mathfrak{I}} d(\varphi\circ\Phi).$$

$\mathfrak{I}$ ist wieder das triviale Pflaster $\mathfrak{I}=id$ im $\mathbb{R}^n$. Aus dem vorigen Satz folgt nun:

$$\begin{aligned}\int_{\mathfrak{I}} d(\varphi\circ\Phi) &= \int_{\partial\mathfrak{I}} \varphi\circ\Phi\\ &= -\sum_{i=1}^{n}(-1)^i\Big[\int_{\partial_o^i\mathfrak{I}}\varphi\circ\Phi-\int_{\partial_u^i\mathfrak{I}}\varphi\circ\Phi\Big]\\ &= -\sum_{i=1}^{n}(-1)^i\Big[\int_{\bar{I}^{n-1}}\varphi\circ\Phi\circ\Phi_o^i-\int_{\bar{I}^{n-1}}\varphi\circ\Phi\circ\Phi_u^i\Big]\\ &= -\sum_{i=1}^{n}(-1)^i\Big[\int_{\partial_o^i\mathfrak{K}}\varphi-\int_{\partial_u^i\mathfrak{K}}\varphi\Big]\\ &= \int_{\partial\mathfrak{K}}\varphi,\end{aligned}$$

weil das Integral über entartete Pflaster (die ja fortgelassen werden) Null ergibt. Das war zu beweisen.

Dieser Satz wird im vierten Paragraphen noch wesentlich allgemeiner gefaßt werden; vorher aber müssen wir den Beweis der Transformationsformel nachholen.

§ 3. Die Transformationsformel

Im ersten Band war die folgende Substitutionsregel bewiesen worden: Ist f stetig auf $[a,b]$ und Φ eine stetig differenzierbare Abbildung von $[\alpha,\beta]$ auf $[a,b]$ mit $\Phi(\alpha)=a$, $\Phi(\beta)=b$, so gilt:

$$\int_a^b f(x\,dx=\int_\alpha^\beta f(\Phi(\xi))\,\Phi'(\xi)\,d\xi.$$

Formuliert man diesen Satz mit Hilfe von Differentialformen, so erhält man, indem man $\varphi=f(x)\,dx$ setzt, die Aussage:

$$\int_{[a,b]}\varphi=\int_{[\alpha,\beta]}\varphi\circ\Phi.$$

Unser Ziel ist es, diese Formel auf Differentialformen in mehreren Veränderlichen zu übertragen. Der Beweis ist sehr kompliziert, da das Bild eines Würfels unter einer differenzierbaren und eineindeutigen Abbildung im allgemeinen nicht mehr geradlinig begrenzt ist, während wir es im Falle einer Veränderlichen immer nur mit Intervallen zu tun hatten. Zunächst zeigen wir

Satz 3.1. *Es sei* $Q=\{\mathfrak{x}\in\mathbb{R}^n\colon a_\nu\leqq x_\nu\leqq b_\nu\}$ *ein kompakter Quader mit* $\mathring{Q}\neq\emptyset$ *und* U *eine offene Menge, die* Q *umfaßt. Ferner sei* $F\colon U\to\mathbb{R}^n$ *eine stetig differenzierbare umkehrbar eindeutige Abbildung, deren Funktionaldeterminante* J_F *keine Nullstellen auf* U *hat. Wenn* φ *eine integrierbare n-dimensionale Differentialform über* $K=F(Q)$ *ist, so ist* $\varphi\circ F$ *über* Q *integrierbar, und es gilt*

$$\int_K \varphi=\operatorname{sgn} J_F\cdot\int_Q \varphi\circ F.$$

Die Funktionaldeterminante J_F von F hat stets dasselbe Vorzeichen auf Q. Ist nämlich $J_F(\mathfrak{x}_0)>0$ und $\mathfrak{x}$ irgendein Punkt in Q, so lassen sich $\mathfrak{x}_0$ und $\mathfrak{x}$ durch einen stetigen Weg $\Phi\colon[0,1]\to Q$ verbinden. Da $J_F\circ\Phi$ auf $[0,1]$ stetig und $\neq 0$ ist und $J_F(\Phi(0))=J_F(\mathfrak{x}_0)>0$ gilt, muß auch $J_F(\Phi(1))=J_F(\mathfrak{x})>0$ sein. Das Vorzeichen $\operatorname{sgn} J_F$ ist also wohlbestimmt. Nach dieser Vorbemerkung kommen wir zum

Beweis von Satz 3.1. Der Beweis erfolgt in mehreren Schritten; dabei werden zu Anfang sehr einschränkende Voraussetzungen gemacht, auf die man dann nach und nach verzichtet. – Es sei

$$\varphi=a(\mathfrak{y})\,dy_1\wedge\ldots\wedge dy_n,$$

wobei a eine über K integrierbare Funktion ist.

1. Zunächst sei $n=1$ und $a(y)=t(y)$ eine Treppenfunktion auf dem Intervall $K=F(Q)$, also $\varphi=t(y)\,dy$.

In diesem Fall ist $J_F=F'$. Wir wählen eine Zerlegung von K in abgeschlossene Teilintervalle $K_\nu=[y_{\nu-1},y_\nu]$, so daß t auf $\mathring{K}_\nu$ konstant ist, $t(\mathring{K}_\nu)=c_\nu$, und berechnen das Integral

$$\int_K\varphi=\int_K t(y)\,dy=\sum_\nu c_\nu(y_\nu-y_{\nu-1}).$$

Es sei $x_\nu=F^{-1}(y_\nu)$. Dann ergibt sich weiter:

$$\int_K\varphi=\sum_\nu c_\nu(F(x_\nu)-F(x_{\nu-1}))=\sum_\nu c_\nu\int_{x_{\nu-1}}^{x_\nu}F'(x)\,dx.$$

Falls $F'>0$ gilt, so ist $x_{\nu-1}<x_\nu$; im andern Fall gilt die umgekehrte Ungleichung. Setzt man also

$$Q_\nu=\{x\colon\ \min(x_{\nu-1},x_\nu)\leqq x\leqq\max(x_{\nu-1},x_\nu)\},$$

so ist im ersten Fall

$$\int_{x_{\nu-1}}^{x_\nu}F'(x)\,dx=\int_{Q_\nu}F'(x)\,dx,$$

im zweiten Fall

$$\int_{x_{\nu-1}}^{x_\nu} F'(x)\,dx = -\int_{Q_\nu} F'(x)\,dx.$$

Es folgt

$$\begin{aligned}\int_K \varphi &= \sum_\nu c_\nu \cdot \operatorname{sgn} F' \int_{Q_\nu} F'(x)\,dx\\ &= \operatorname{sgn} F' \sum_\nu \int_{Q_\nu} t(F(x))\,F'(x)\,dx\\ &= \operatorname{sgn} F' \int_Q (t\circ F)\,F'\,dx\\ &= \operatorname{sgn} J_F \cdot \int_Q \varphi\circ F.\end{aligned}$$

In diesem einfachen Spezialfall gilt also die Transformationsformel.

2. Als nächstes weisen wir die Integrierbarkeit von $\varphi\circ F$ nach, wenn $\varphi = t(\mathfrak{y})\,dy_1\wedge\cdots\wedge dy_n$ eine n-Form mit einer Treppenfunktion als Koeffizienten ist. Ist t zur Quaderüberdeckung $\mathfrak{U}$ gegeben, so ist $t = t_0 + t_1$, wobei t_0 eine Treppenfunktion ist, die nur auf den Zerlegungshyperebenen $\partial\mathfrak{U}$ von Null verschieden ist, und t_1 eine Treppenfunktion mit $t_1|\partial\mathfrak{U}\equiv 0$. Wir werden (in Satz 3.3) nachweisen, daß $F^{-1}(\partial\mathfrak{U}\cap K)$ eine Nullmenge ist. Daher ist $(t_0\circ F)\cdot J_F$ sicher integrierbar, und zwar ist

$$\int_Q (t_0\circ F)\,J_F\,d\mathfrak{x} = 0.$$

Zur Untersuchung von t_1 dürfen wir annehmen, daß für genau ein $U\in\mathfrak{U}$ der Wert $t_1|\mathring{U}\equiv c$, $t_1 = 0$ sonst, gilt. Die Funktion cJ_F ist über Q integrierbar; da ebenso wie $K\cap\mathring{U}$ auch $F^{-1}(K\cap\mathring{U})$ eine Differenz kompakter Mengen ist, hat $F^{-1}(K\cap\mathring{U})$ endlichen Inhalt, und $c\,J_F$ ist über diese Menge integrierbar. Nun ist

$$\begin{aligned}\int_{F^{-1}(K\cap\mathring{U})} c\,J_F\,d\mathfrak{x} &= \int_Q (t\circ F)\,J_F\,d\mathfrak{x}\\ &= \int_Q (t\circ F)\,df_1\wedge\ldots\wedge df_n \quad (\text{mit } F(\mathfrak{x}) = (f_1(\mathfrak{x}),\ldots,f_n(\mathfrak{x})))\\ &= \int_Q \varphi\circ F;\end{aligned}$$

damit ist die Integrierbarkeit von $\varphi\circ F$ nachgewiesen.

3. Jetzt beweisen wir die Transformationsformel unter den zusätzlichen Annahmen: $a = t$ sei wieder eine Treppenfunktion und F eine *primitive Abbildung*, d.h. eine Abbildung der Gestalt

$$\begin{aligned}y_\mu &= x_\mu \quad \text{für } \mu \neq \nu,\\ y_\nu &= f(x_1,\ldots,x_n).\end{aligned}$$

Es ist also $J_F = \partial f / \partial x_\nu$. Berechnung von $\int\limits_K \varphi$ liefert zunächst:

$$\begin{aligned}\int\limits_K \varphi &= \int\limits_K \varphi\, d\mathfrak{y}\\ &= \int\limits_{\mathbb{R}^n} \tau\, d\mathfrak{y} \quad (\text{mit } \tau = \widehat{t|K})^2\\ &= \int\limits_{\mathbb{R}^{n-1}} \Big[\int\limits_{\mathbb{R}} \tau\, dy_\nu\Big] dy_1 \ldots \widehat{dy_\nu} \ldots dy_n .\end{aligned}$$

Das „Dach" über dy_ν soll wie früher bedeuten, daß dy_ν wegzulassen ist. – Es sei $I_{\mathfrak{x}'}$ (mit $\mathfrak{x}' = (x_1, \ldots, x_{\nu-1}, x_{\nu+1}, \ldots, x_n)$) das Bild des Intervalls $[a_\nu, b_\nu]$ unter der Abbildung $x_\nu \to f(x_1, \ldots, x_n)$. Für das innere Integral erhält man bei festem $(y_1, \ldots, y_{\nu-1}, y_{\nu+1}, \ldots, y_n)$ nach Teil 1:

$$\begin{aligned}\int\limits_{\mathbb{R}} \tau\, dy_\nu &= \int\limits_{I_{\mathfrak{x}'}} \tau(y_1, \ldots, y_n)\, dy_\nu\\ &= \operatorname{sgn} J_F \cdot \int\limits_{a_\nu}^{b_\nu} \tau(x_1, \ldots, f(x_1, \ldots, x_n), \ldots, x_n)\, \frac{\partial f}{\partial x_\nu}\, dx_\nu .\end{aligned}$$

Dabei mußte natürlich $a_\mu \leqq y_\mu \leqq b_\mu$ für $\mu \neq \nu$ sein. Wenn diese Ungleichungen nicht erfüllt sind, ist $\tau = 0$; also darf man das letzte Integral durch

$$\operatorname{sgn} J_F \cdot \int\limits_{\mathbb{R}} \widehat{(\tau \circ F) J_F}\, dx_\nu$$

ersetzen, wobei die triviale Fortsetzung auf den ganzen $\mathbb{R}^n$ gemeint ist, und erhält

$$\int\limits_K \varphi = \operatorname{sgn} J_F \cdot \int\limits_{\mathbb{R}^{n-1}} \Big[\int\limits_{\mathbb{R}} \widehat{(\tau \circ F) J_F}\, dx_\nu\Big] dy_1 \ldots \widehat{dy_\nu} \ldots dy_n .$$

Da $y_\mu = x_\mu$ für $\mu \neq \nu$ ist, kann man hierfür

$$\operatorname{sgn} J_F \cdot \int\limits_{\mathbb{R}^{n-1}} \Big[\int\limits_{\mathbb{R}} \widehat{(\tau \circ F) J_F}\, dx_\nu\Big] dx_1 \ldots \widehat{dx_\nu} \ldots dx_n$$

schreiben. Es folgt

$$\begin{aligned}\int\limits_K \varphi &= \operatorname{sgn} J_F \cdot \int\limits_{\mathbb{R}^{n-1}} \Big[\int\limits_{\mathbb{R}} \widehat{(\tau \circ F) J_F}\, dx_\nu\Big] dx_1 \ldots \widehat{dx_\nu} \ldots dx_n\\ &= \operatorname{sgn} J_F \cdot \int\limits_{\mathbb{R}^n} \widehat{(\tau \circ F) J_F}\, d\mathfrak{x} \quad (\text{nach dem Satz von Fubini})^3\\ &= \operatorname{sgn} J_F \cdot \int\limits_Q (t \circ F) J_F\, d\mathfrak{x}\\ &= \operatorname{sgn} J_F \cdot \int\limits_Q \varphi \circ F .\end{aligned}$$

---

[2] Mit $\hat{f}$ sei immer die triviale Fortsetzung einer Funktion f auf den ganzen Raum bezeichnet.

[3] An dieser Stelle nutzen wir die Integrierbarkeit von $(\tau \circ F) J_F$ aus. Man könnte auch mit Hilfe von Kap. I, Satz 12.3, auf die Integrierbarkeit dieser Funktion schließen und sich so Teil 2 des Beweises sparen; doch wird unser Beweis dadurch kaum kürzer.

4. Die Behauptung von Satz 3.1 sei nun für den $\mathbb{R}^{n-1}$ schon bewiesen. Wir zeigen, daß sie dann für n-dimensionale Differentialformen $\varphi = t(\mathfrak{y})dy_1 \wedge \ldots \wedge dy_n$ richtig ist, falls die Abbildung F die spezielle Gestalt

$$\begin{aligned} y_\kappa &= f_\kappa(x_1, \ldots, x_n) \qquad \text{für } \kappa \neq \nu, \\ y_\nu &= x_\mu \end{aligned}$$

hat[4] und t wieder eine Treppenfunktion ist.

Zum Beweis setzen wir $\mathfrak{y}' = (y_1, \ldots, y_{\nu-1}, y_{\nu+1}, \ldots, y_n)$ und bezeichnen mit $J_{F'}$ die folgende Funktionaldeterminante:

$$J_{F'} = \det\left(\left(\frac{\partial f_\kappa}{\partial x_\lambda}\right)_{\substack{\kappa, \lambda = 1, \ldots, n \\ \kappa \neq \nu, \lambda \neq \mu}}\right).$$

Dann ist $J_F = \pm J_{F'}$, und es folgt:

$$\int_K \varphi = \int_K t\, d\mathfrak{y} = \int_{\mathbb{R}^n} \hat{t}\, d\mathfrak{y} = \int_{\mathbb{R}} \left[\int_{\mathbb{R}^{n-1}} \hat{t}(\mathfrak{y})\, d\mathfrak{y}' \right] dy_\nu .$$

Für festes $y_\nu \in [a_\mu, b_\mu]$ läßt sich auf das innere Integral, dessen Integrand nur von $n-1$ Variablen abhängt, nach Voraussetzung die Transformationsformel anwenden:

$$\int_{\mathbb{R}^{n-1}} \hat{t}(\mathfrak{y})\, d\mathfrak{y}' = \operatorname{sgn} J_{F'} \cdot \int_{Q^{n-1}} t(f_1, \ldots, y_\nu, \ldots, f_n) J_{F'}\, d\mathfrak{x}',$$

wobei $\mathfrak{x}' = (x_1, \ldots, x_{\mu-1}, x_{\mu+1}, \ldots, x_n)$ und Q^{n-1} der Quader $\{\mathfrak{x}' : a_i \leqq x_i \leqq b_i;\ i \neq \mu\}$ ist. Damit ergibt sich ähnlich wie im vorigen Schritt

$$\begin{aligned} \int_K \varphi &= \int_{\mathbb{R}} \operatorname{sgn} J_{F'} \cdot \left[\int_{\mathbb{R}^{n-1}} \widehat{t(f_1, \ldots, y_\nu, \ldots, f_n) J_{F'}}\, d\mathfrak{x}' \right] dy_\nu \\ &= \int_{\mathbb{R}} \operatorname{sgn} J_F \cdot \left[\int_{\mathbb{R}^{n-1}} \widehat{(t \circ F) J_F}\, d\mathfrak{x}' \right] dy_\nu \\ &= \int_{\mathbb{R}} \operatorname{sgn} J_F \cdot \left[\int_{\mathbb{R}^{n-1}} \widehat{(t \circ F) J_F}\, d\mathfrak{x}' \right] dx_\mu \\ &= \operatorname{sgn} J_F \cdot \int_{\mathbb{R}^n} \widehat{(t \circ F) J_F}\, d\mathfrak{x} \quad \text{(nach dem Satz von Fubini)}^5 \\ &= \operatorname{sgn} J_F \cdot \int_{Q^n} (t \circ F) J_F\, d\mathfrak{x} \\ &= \operatorname{sgn} J_F \cdot \int_{Q^n} \varphi \circ F . \end{aligned}$$

---

[4] Für den Rest des Beweises nennen wir derartige Abbildungen *speziell*.

[5] Bemerkung 3, S. 116.

5. Die Transformationsformel möge jetzt für Differentialformen gelten, deren Koeffizient eine Treppenfunktion ist; wir leiten aus dieser Voraussetzung die Behauptung für beliebige integrierbare n-Formen her.

Es sei zunächst $\varphi = g(\mathfrak{y})dy_1 \wedge \ldots \wedge dy_n$, wobei g integrierbar, nach unten halbstetig und außerhalb eines gewissen Quaders positiv ist. Nach Kap. I, Satz 9.3 läßt sich g als Limes einer monoton wachsenden Folge von Treppenfunktionen darstellen:

$$g = \lim_{\nu \to \infty} t_\nu; \qquad t_\nu \leqq t_{\nu+1}.$$

Dann ist

$$(g \circ F) J_F = \lim_{\nu \to \infty} (t_\nu \circ F) J_F,$$

wobei die Folge $(t_\nu \circ F) J_F$ wächst oder fällt, je nachdem, ob J_F positiv oder negativ ist. Nach Voraussetzung gilt:

$$\operatorname{sgn} J_F \int_Q (t_\nu \circ F) J_F \, d\mathfrak{x} = \int_K t_\nu \, d\mathfrak{y} \leqq \int_K g \, d\mathfrak{y}.$$

Aus dem Satz über monotone Konvergenz folgt die Integrierbarkeit von $(g \circ F) J_F$ und die Gleichung

$$\begin{aligned}
\operatorname{sgn} J_F \int_Q (g \circ F) J_F \, d\mathfrak{x} &= \operatorname{sgn} J_F \int_Q \lim_{\nu \to \infty} (t_\nu \circ F) J_F \, d\mathfrak{x} \\
&= \lim_{\nu \to \infty} \operatorname{sgn} J_F \int_Q (t_\nu \circ F) J_F \, d\mathfrak{x} \\
&= \lim_{\nu \to \infty} \int_K t_\nu \, d\mathfrak{y} \\
&= \int_K \lim_{\nu \to \infty} t_\nu \, d\mathfrak{y} \\
&= \int_K g \, d\mathfrak{y}.
\end{aligned}$$

Also ist in der Tat

$$\int_K \varphi = \operatorname{sgn} J_F \cdot \int_Q \varphi \circ F.$$

Für nach oben halbstetige integrierbare Funktionen erhält man die Transformationsformel auf dieselbe Weise.

Schließlich sei $\varphi = a(\mathfrak{y}) dy_1 \wedge \ldots \wedge dy_n$ eine n-Form mit irgendeinem integrierbaren Koeffizienten a. Wir setzen $J_F > 0$ voraus und wählen $1/\nu$-Umgebungen $\mathfrak{F}[h_\nu, g_\nu]$ von $\hat{a}$, der trivialen Fortsetzung von a, mit

$$h_1 \leqq h_2 \leqq \ldots \leqq \hat{a} \leqq \ldots \leqq g_2 \leqq g_1.$$

Wegen $\int h_\nu \, d\mathfrak{y} \leqq \int \hat{a} \, d\mathfrak{y} \leqq \int g_\nu \, d\mathfrak{y}$ und $\int (g_\nu - h_\nu) d\mathfrak{y} \leqq 1/\nu$ muß

$$\int \hat{a} \, d\mathfrak{y} = \lim_{\nu \to \infty} \int h_\nu \, d\mathfrak{y} = \lim_{\nu \to \infty} \int g_\nu \, d\mathfrak{y}$$

gelten. Weiter bestehen auf Q die Ungleichungen

$$(h_\nu \circ F) J_F \leqq (a \circ F) J_F \leqq (g_\nu \circ F) J_F;$$

nach der Transformationsformel für halbstetige Funktionen ist

$$\int_Q ((g_\nu - h_\nu) \circ F) J_F \, d\mathfrak{x} = \int_K (g_\nu - h_\nu) d\mathfrak{y} \leqq 1/\nu.$$

Aus Kap. I, Satz 4.4 ergibt sich nun die Integrierbarkeit von $(a \circ F) J_F$, und wie eben folgt

$$\int_Q (a \circ F) J_F \, d\mathfrak{x} = \lim_{\nu \to \infty} \int_Q (g_\nu \circ F) J_F \, d\mathfrak{x},$$

also auch

$$\begin{aligned} &= \lim_{\nu \to \infty} \int_K g_\nu d\mathfrak{y} \\ &= \int_K a \, d\mathfrak{y}. \end{aligned}$$

Das war zu zeigen. – Der Fall $J_F < 0$ wird entsprechend behandelt.

6. Es sei $F \colon U \to \mathbb{R}^n$ irgendeine Abbildung, die den Voraussetzungen des Satzes genügt, und $\mathfrak{x}_0$ ein Punkt in Q. Da $J_F(\mathfrak{x}_0) \neq 0$ ist, gibt es mindestens eine nichtverschwindende $(n-1)$-reihige Unterdeterminante von J_F, etwa

$$\det\left(\left(\frac{\partial f_\kappa}{\partial x_\lambda}\right)_{\substack{\kappa, \lambda = 1, \ldots, n \\ \kappa \neq \nu, \lambda \neq \mu}}\right).$$

F soll hierbei durch die Funktionen $f_1, \ldots, f_n$ gegeben sein. – Wir definieren nun eine Abbildung F_1 durch

$$\begin{aligned} z_\kappa &= f_\kappa(\mathfrak{x}) \qquad \text{für } \kappa \neq \nu, \\ z_\nu &= x_\mu. \end{aligned}$$

Nach dem Satz über implizite Funktionen gibt es offene Umgebungen V von $\mathfrak{x}_0$ und W von $\mathfrak{z}_0 = F_1(\mathfrak{x}_0)$, so daß F_1 eine umkehrbar eindeutige in beiden Richtungen stetig differenzierbare Abbildung von V auf W vermittelt. Demnach ist $F_2 = F \circ F_1^{-1}$ auf W wohldefiniert und stetig differenzierbar, und auf V gilt die Zerlegung $F = F_2 \circ F_1$. Wir untersuchen F_2 genauer. Unter F_1^{-1} geht ein Punkt $\mathfrak{z} \in W$ über in $\mathfrak{x} = (x_1, \ldots, x_n) \in V$ mit $z_\kappa = f_\kappa(\mathfrak{x})$ für $\kappa \neq \nu$, unter F wird $\mathfrak{x}$ auf $\mathfrak{y}$ mit

$y_\kappa = f_\kappa(\mathfrak{x})$ für alle κ, also $y_\kappa = z_\kappa$ für $\kappa \neq \nu$, abgebildet. Demnach wird F_2 durch die Gleichungen

$$\begin{aligned} y_\kappa &= z_\kappa \quad \text{für } \kappa \neq \nu, \\ y_\nu &= f(z_1, \ldots, z_n) = f_\nu(F_1^{-1}(\mathfrak{z})) \end{aligned}$$

gegeben. Wir haben damit F lokal in zwei Abbildungen des in Teil 3 bzw. 4 betrachteten Typus zerlegt.

7. Wir nehmen nun an, die Behauptung gelte für primitive und für spezielle Transformationen und zeigen, daß sie dann für jede Transformation F gelten muß.

Zu $\mathfrak{x}_0 \in Q$ wählen wir zunächst eine Umgebung $V(\mathfrak{x}_0)$ und eine Zerlegung $F = F_2 \circ F_1$ der im 6. Schritt hergestellten Art. Es sei $W(\mathfrak{z}_0) = F_1(V(\mathfrak{x}_0))$, $W'(\mathfrak{z}_0) \subset W(\mathfrak{z}_0)$ ein achsenparalleler kompakter Würfel, der $F_1(\mathfrak{x}_0)$ im Innern enthält, und $V'(\mathfrak{x}_0) = F_1^{-1}(W'(\mathfrak{z}_0))$. Ferner sei $\varepsilon(\mathfrak{x}_0) > 0$ so klein, daß $U_{2\varepsilon(\mathfrak{x}_0)}(\mathfrak{x}_0) \subset V'(\mathfrak{x}_0)$ gilt. Das System $\{U_{\varepsilon(\mathfrak{x}_0)}(\mathfrak{x}_0) \colon \mathfrak{x}_0 \in Q\}$ bildet eine offene Überdeckung von Q, aus der sich eine endliche Teilüberdeckung $U_{\varepsilon_1}(\mathfrak{x}_1), \ldots, U_{\varepsilon_r}(\mathfrak{x}_r)$ aussuchen läßt. Es sei $\varepsilon = \min_{\varrho = 1, \ldots, r} \varepsilon_\varrho$. Für $\mu = 1, \ldots, n$ zerlegen wir die Intervalle $[a_\mu, b_\mu]$ in Teilintervalle $[a_\mu, a_{\mu 1})$, $[a_{\mu 1}, a_{\mu 2})$, $\ldots$, $[a_{\mu s_\mu - 1}, b_\mu]$ der Länge $\leqq \varepsilon$ und erhalten dadurch eine Zerlegung von Q in paarweise punktfremde halboffene Quader Q_ν. Ist $\mathfrak{x}_0 \in Q_\nu \cap U_{\varepsilon_\varrho}(\mathfrak{x}_\varrho)$ und $\mathfrak{x} \in Q_\nu$, so gilt:

$$|\mathfrak{x} - \mathfrak{x}_\varrho| \leqq |\mathfrak{x} - \mathfrak{x}_0| + |\mathfrak{x}_0 - \mathfrak{x}_\varrho| < \varepsilon + \varepsilon_\varrho \leqq 2\varepsilon_\varrho;$$

demnach ist $Q_\nu \subset U_{2\varepsilon_\varrho}(\mathfrak{x}_0) \subset V'(\mathfrak{x}_\varrho)$. Jedes Q_ν und damit auch $\bar{Q}_\nu$ ist also in einem kompakten $V'(\mathfrak{x}_\varrho)$ enthalten.

Es sei nun $K_\nu = F(Q_\nu)$. Die K_ν bilden eine Zerlegung von K in meßbare Mengen; setzt man noch $\varphi_\nu = \varphi | K_\nu$, so erhält man:

$$\int_K \varphi = \sum_\nu \int_{K_\nu} \varphi = \sum_\nu \int_{F(Q_\nu)} \varphi_\nu = \sum_\nu \int_{F_2 \circ F_1(Q_\nu)} \varphi_\nu .$$

(Bei F_1 und F_2 verzichten wir auf den Index ν.)

Wenn $\bar{Q}_\nu \subset V'_\nu(\mathfrak{x}_\varrho) = V'_\nu$ gilt und $W'_\nu = F_1(V'_\nu)$ ist, so folgt weiter ($\hat{\varphi}_\nu$ ist die triviale Fortsetzung von φ_ν):

$$\begin{aligned} \int_K \varphi &= \sum_\nu \int_{F_2(W'_\nu)} \hat{\varphi}_\nu \\ &= \sum_\nu \operatorname{sgn} J_{F_2} \int_{W'_\nu} \hat{\varphi}_\nu \circ F_2 \quad \text{(nach Voraussetzung)} \\ &= \sum_\nu \operatorname{sgn} J_{F_2} \cdot \operatorname{sgn} J_{F_1} \int_{\bar{Q}_\nu} \hat{\varphi}_\nu \circ F_2 \circ F_1 \quad \text{(nach Voraussetzung).} \end{aligned}$$

Nun ist $J_{F_2} \cdot J_{F_1} = J_F$, also $\operatorname{sgn} J_{F_2} \cdot \operatorname{sgn} J_{F_1} = \operatorname{sgn} J_F$; somit

$$\begin{aligned}\int_K \varphi &= \operatorname{sgn} J_F \sum_\nu \int_{Q_\nu} \hat{\varphi}_\nu \circ F \\ &= \operatorname{sgn} J_F \int_Q \varphi \circ F.\end{aligned}$$

8. Jetzt können wir die bisherigen Überlegungen zu einem Induktionsbeweis zusammenfügen.

$n=1$. Nach Teil 1 gilt die Transformationsformel, wenn $\varphi = t\,dy$ mit einer Treppenfunktion t als Koeffizienten ist, nach Teil 5 gilt sie dann für beliebiges integrierbares φ.

Die Behauptung sei nun für $n-1 \geqq 1$ schon bewiesen. Nach Teil 4 und 5 gilt sie dann im $\mathbb{R}^n$ für spezielle Abbildungen, nach Teil 3 und 5 für primitive Abbildungen. Teil 7 des Beweises lehrt schließlich, daß die Transformationsformel im $\mathbb{R}^n$ ohne weitere Einschränkung gültig ist.

Satz 3.1 ist bewiesen.

Um die im vorigen Paragraphen benutzte Transformationsformel herzuleiten, müssen wir den eben aufgestellten Satz verallgemeinern: Auf die Voraussetzung, F möge in einer vollen Umgebung U von Q erklärt sein, sollte man noch verzichten. Zum Beweis einer allgemeineren Transformationsformel sind einige Vorbetrachtungen nötig.

Satz 3.2. *Es sei $F\colon Q^n \to \mathbb{R}^n$ eine stetig differenzierbare Abbildung. Dann existiert eine reelle Zahl $\beta > 0$, so daß für jeden achsenparallelen Würfel P der Kantenlänge l im $\mathbb{R}^n$ gilt: $F(P \cap Q^n)$ ist in einem achsenparallelen Würfel der Kantenlänge $\beta \cdot l$ enthalten.*

Beweis. Es sei $F(\mathfrak{x}) = (f_1(\mathfrak{x}), \ldots, f_n(\mathfrak{x}))$ und R eine *Lipschitzkonstante* auf Q^n für jedes f_ν und jedes x_μ, d.h.

$$|f_\nu(x_1, \ldots, x_\mu, \ldots, x_n) - f_\nu(x_1, \ldots, y_\mu, \ldots, x_n)| \leqq R\,|x_\mu - y_\mu|.$$

Die Existenz von R folgt wie in Band II, VI. Kap., Satz 3.1. Sind $\mathfrak{x}$, $\mathfrak{y} \in Q^n$, so ist

$$\begin{aligned}|f_\nu(\mathfrak{x}) - f_\nu(\mathfrak{y})| \leqq{} & |f_\nu(x_1, \ldots, x_n) - f_\nu(x_1, \ldots, x_{n-1}, y_n)| \\ & + |f_\nu(x_1, \ldots, x_{n-1}, y_n) - f_\nu(x_1, \ldots, x_{n-2}, y_{n-1}, y_n)| \\ & + \ldots \\ & + |f_\nu(x_1, y_2, \ldots, y_n) - f_\nu(y_1, \ldots, y_n)| \\ \leqq{} & R \cdot \sum_{\nu=1}^{n} |x_\nu - y_\nu| \leqq R \cdot n\,|\mathfrak{x} - \mathfrak{y}|.\end{aligned}$$

Also gilt, wenn man $\beta = n \cdot R$ setzt, für je zwei Punkte in Q^n die Abschätzung $|F(\mathfrak{x}) - F(\mathfrak{y})| \leqq \beta\,|\mathfrak{x} - \mathfrak{y}|$.

Nun sei $P \subset \mathbb{R}^n$ ein achsenparalleler Würfel der Kantenlänge l. Wir setzen für $\nu = 1, \dots, n$

$$a_\nu = \inf_{\mathfrak{x} \in P \cap Q^n} f_\nu(\mathfrak{x}), \qquad b_\nu = \sup_{\mathfrak{x} \in P \cap Q^n} f_\nu(\mathfrak{x}).$$

Offenbar ist $b_\nu - a_\nu \leqq \beta \cdot l$; das Bild von $P \cap Q^n$ unter F ist also in einem Würfel der Kantenlänge $\beta \cdot l$ enthalten.

Als Folgerung aus diesem Satz ergibt sich

Satz 3.3. *Das Bild einer Nullmenge unter einer stetig differenzierbaren Abbildung $F: M \to \mathbb{R}^n$ ist wieder eine Nullmenge. Dabei darf M eine offene Menge oder ein Würfel Q^n im $\mathbb{R}^n$ sein.*

Beweis. Es sei etwa M offen und $N \subset M$ eine Nullmenge. M ist Vereinigung abzählbar vieler kompakter Würfel Q_i; daher genügt es, $F(M \cap Q_i)$ als Nullmenge zu erkennen. Mit anderen Worten: Wir brauchen nur den Fall $M = Q^n$ zu untersuchen. Es sei β eine Konstante zu F mit den Eigenschaften von Satz 3.2. Ist $\varepsilon > 0$ eine beliebig vorgegebene Zahl, so können wir abzählbar viele kompakte achsenparallele Würfel W_i finden, die N überdecken und für die

$$\sum I(W_i) \leqq \frac{\varepsilon}{\beta^n}$$

gilt. Die Bilder $F(W_i \cap M)$ überdecken $F(N)$, und jedes Bild ist in einem Würfel W_i' vom Inhalt

$$I(W_i') = \beta^n I(W_i)$$

enthalten. Also ist

$$\sum I(W_i') = \beta^n \cdot \sum I(W_i) \leqq \varepsilon.$$

Damit ist $F(N)$ als Nullmenge erkannt.

Jetzt kommen wir zum Hauptergebnis dieses Paragraphen.

Satz 3.4 (Allgemeine Transformationsformel). *Es sei*

$$Q^n = \{\mathfrak{x}: a_i \leqq x_i \leqq b_i;\ i = 1, \dots, n\}$$

ein kompakter Quader im $\mathbb{R}^n$ mit nicht-leerem Innern $\mathring{Q}^n$ und $F: Q^n \to \mathbb{R}^n$ eine stetig differenzierbare Abbildung, die auf $\mathring{Q}^n$ umkehrbar eindeutig ist und deren Funktionaldeterminante dort nirgends verschwindet. Wenn dann $\varphi = a(\mathfrak{y})\, dy_1 \wedge \dots \wedge dy_n$ eine integrierbare n-Form auf $K = F(Q^n)$ ist, so ist $\varphi \circ F$ über Q^n integrierbar, und es gilt

$$\int_K \varphi = \operatorname{sgn}(J_F | \mathring{Q}^n) \cdot \int_{Q^n} \varphi \circ F.$$

Beweis. Es sei Q_ν^n der Quader

$$\left\{\mathfrak{x}\colon a_i+\frac{1}{\nu}\leqq x_i\leqq b_i-\frac{1}{\nu};\ i=1,\ldots,n\right\}.$$

Offenbar ist $\mathring{Q}^n$ eine offene Umgebung von Q_ν^n und $\bigcup_{\nu\in\mathbb{N}} Q_\nu^n=\mathring{Q}^n$. Wir setzen $a_\nu=\widehat{a|F(Q_\nu^n)}$ und nehmen zunächst $a\geqq 0$ an. Es gilt, weil $F(Q^n)-F(\mathring{Q}^n)$ nach Satz 3.3 ja eine Nullmenge ist:

$$\int_K \varphi=\int_{F(\mathring{Q}^n)}\varphi=\int_{F(\mathring{Q}^n)} a(\mathfrak{y})\,d\mathfrak{y}.$$

Da die a_ν monoton wachsend gegen $\widehat{a|F(\mathring{Q}^n)}$ streben und diese Funktion integrierbar ist, folgt aus dem Satz über monotone Konvergenz

$$\begin{aligned}\int_{F(\mathring{Q}^n)} a(\mathfrak{y})\,d\mathfrak{y}&=\lim_{\nu\to\infty}\int a_\nu(\mathfrak{y})\,d\mathfrak{y}\\ &=\lim_{\nu\to\infty}\int_{F(Q_\nu^n)} a(\mathfrak{y})\,d\mathfrak{y}\\ &=\lim_{\nu\to\infty}\operatorname{sgn} J_F\int_{Q_\nu^n}(a\circ F)J_F\,d\mathfrak{x}\quad\text{(nach Satz 3.1)}\\ &=\lim_{\nu\to\infty}\operatorname{sgn} J_F\int_{\mathring{Q}^n}(a_\nu\circ F)J_F\,dx.\end{aligned}$$

Die Folge $(a_\nu\circ F)J_F$ strebt auf $\mathring{Q}^n$ monoton (wachsend oder fallend) gegen $((a\circ F)\cdot J_F)|\mathring{Q}^n$, und die Integrale der Folgenglieder sind gleichmäßig beschränkt. Damit liefert wieder der Satz über monotone Konvergenz:

$$\begin{aligned}\lim_{\nu\to\infty}\operatorname{sgn} J_F\int_{\mathring{Q}^n}(a_\nu\circ F)J_F\,d\mathfrak{x}&=\operatorname{sgn} J_F\cdot\int_{\mathring{Q}^n}(a\circ F)J_F\,d\mathfrak{x}\\ &=\operatorname{sgn}(J_F|\mathring{Q}^n)\int_{Q^n}(a\circ F)J_F\,d\mathfrak{x}\\ &=\operatorname{sgn}(J_F|\mathring{Q}^n)\int_{Q^n}\varphi\circ F.\end{aligned}$$

Bei beliebigem a zerlegt man a in eine Differenz positiver integrierbarer Funktionen $a=a^+-a^-$ und wendet auf a^+, a^- das eben erhaltene Ergebnis an: Satz 3.4 ist bewiesen.

Um die spezielle Transformationsformel (Satz 2.1) aus der allgemeinen abzuleiten, müssen wir uns nur noch davon überzeugen, daß die Funktionaldeterminante einer Parametertransformation $F\colon Q^n\to Q^{*n}$ positiv ist. Wir dürfen dabei annehmen, daß $Q^n=Q^{*n}=\bar{I}^n$ ist, weil die in § 1 (S. 106) angegebene affine Parametertransformation von $\bar{I}^n$ nach Q^n bzw. nach Q^{*n} positive (Funktional-) Determinante hat. Da unter F der Nullpunkt in sich übergeht, induziert F einen Isomorphismus $F_*\colon T_0\to T_0$ des Tangentialraumes in 0. Auch die Würfelkante $K_i=\{\mathfrak{x}\in\bar{I}^n\colon x_j=0 \text{ für } j\neq i\}$ wird von F in sich abgebildet. Faßt man K_i als Weg auf, so ist $\frac{\partial}{\partial x_i}$ bei geeigneter Parametrisierung gerade der Tangentialvektor in 0 an diesen Weg; daher muß $F_*\left(\frac{\partial}{\partial x_i}\right)=c_i \frac{\partial}{\partial x_i}$ sein. Da $F|K_i$ monoton wächst, ist $c_i=\frac{\partial}{\partial x_i}(x_i \circ F)>0$. Wir sehen: $J_F(0)=c_1 \cdot \ldots \cdot c_n>0$, also $J_F>0$ auf ganz Q^n.

Satz 3.5 (Transformationsformel für offene Mengen). *Es seien U und V offene Mengen im $\mathbb{R}^n$ und F eine umkehrbar eindeutige in beiden Richtungen stetig differenzierbare Abbildung von U auf V, deren Funktionaldeterminante stets dasselbe Vorzeichen hat. Wenn dann*

$$\varphi=a(\mathfrak{y})\, dy_1 \wedge \ldots \wedge dy_n$$

eine integrierbare n-Form auf V ist, so ist die Differentialform $\varphi \circ F$ über U integrierbar, und es gilt

$$\int_V \varphi=\operatorname{sgn} J_F \cdot \int_U \varphi \circ F .$$

Beweis. Es sei $\mathfrak{U}_1, \mathfrak{U}_2, \mathfrak{U}_3, \ldots$ eine Folge endlicher abgeschlossener Würfelüberdeckungen[6] mit folgenden Eigenschaften:

1. Jeder kompakte Würfel von $\mathfrak{U}_\nu$ ist Vereinigung kompakter Würfel von $\mathfrak{U}_{\nu+1}$.

2. Die Vereinigung aller in den $\mathfrak{U}_\nu$ auftretenden kompakten Würfel ist der ganze Raum.

3. Für die Kantenlänge l_ν der Würfel in $\mathfrak{U}_\nu$ gilt: $\lim_{\nu \to \infty} l_\nu=0$.

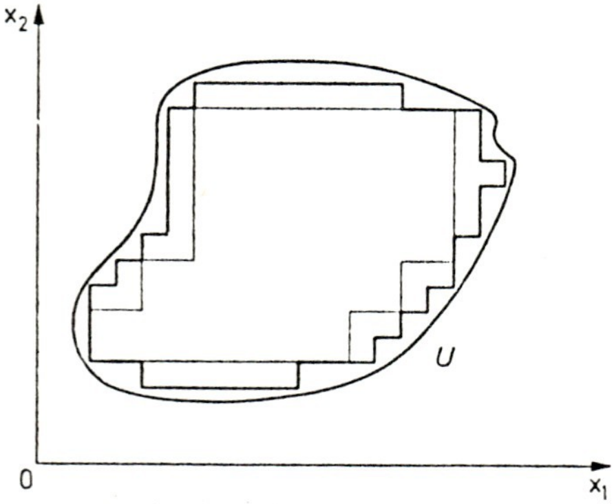

Fig. 11. Zum Beweis von Satz 3.5: $Q_\nu \subset Q_{\nu+1} \subset U$.
(Die Menge $Q_{\nu+1}$ ist dick umrahmt)

Für $\nu=1,2,\ldots$ bezeichnen wir die Würfel von $\mathfrak{U}_\nu$, die in U enthalten sind, mit $Q_{\nu 1}, Q_{\nu 2}, \ldots, Q_{\nu r_\nu}$; ferner sei $Q_\nu=\bigcup_{\mu=1,\ldots,r_\nu} Q_{\nu\mu}$. Wegen Eigenschaft 1 ist

[6] Würfelüberdeckungen sind Quaderüberdeckungen, bei denen alle kompakten Quader Würfel sind.

$Q_\nu \subset Q_{\nu+1}$. Weiter ist $\bigcup\limits_\nu Q_\nu = U$. Um das einzusehen, betrachten wir ein $\mathfrak{x}_0 \in U$, wählen eine ε-Umgebung $U_\varepsilon(\mathfrak{x}_0) \subset U$, ferner ein $\mathfrak{U}_\nu$, so daß $\mathfrak{x}_0$ einem kompakten Würfel $Q \in \mathfrak{U}_\nu$ angehört und gleichzeitig $l_\nu < \varepsilon$ ist. Dann gilt: $Q \subset U$; Q kommt also unter den $Q_{\nu\mu}$ vor. Daher ist $\mathfrak{x}_0 \in \bigcup\limits_\nu Q_\nu$, wie behauptet wurde. Schließlich haben bei festem ν zwei verschiedene Würfel in Q_ν höchstens eine Seite gemeinsam.

Wir nehmen wie früher ohne Beschränkung der Allgemeinheit $a \geqq 0$ an und setzen

$$a_\nu = a \left| \bigcup_{\mu=1}^{r_\nu} F(Q_{\nu\mu}) = a \right| F(Q_\nu).$$

Die Folge $(\widehat{a_\nu})$ konvergiert dann monoton wachsend gegen die integrierbare Funktion $\hat{a}$. Außerdem ist, da die Durchschnitte zweier verschiedener $Q_{\nu\mu}$ Nullmengen sind,

$$\begin{aligned}
\int \widehat{a_\nu}\, d\mathfrak{y} &= \int\limits_{F(Q_\nu)} a\, d\mathfrak{y} \\
&= \sum_{\mu=1}^{r_\nu} \int\limits_{F(Q_{\nu\mu})} a\, d\mathfrak{y} \\
&= \operatorname{sgn} J_F \cdot \sum_{\mu=1}^{r_\nu} \int\limits_{Q_{\nu\mu}} (a \circ F) J_F\, d\mathfrak{x} \\
&= \operatorname{sgn} J_F \cdot \int\limits_{Q_\nu} (a \circ F) J_F\, d\mathfrak{x}.
\end{aligned}$$

Demnach gilt:

$$\begin{aligned}
\int\limits_V \varphi &= \int \hat{a}\, d\mathfrak{y} \\
&= \lim_{\nu \to \infty} \int \widehat{a_\nu}\, d\mathfrak{y} \\
&= \lim_{\nu \to \infty} \operatorname{sgn} J_F \int\limits_{Q_\nu} (a \circ F) J_F\, d\mathfrak{x} \\
&= \operatorname{sgn} J_F \int\limits_U (a \circ F) J_F\, d\mathfrak{x} \\
&= \operatorname{sgn} J_F \int\limits_U \varphi \circ F.
\end{aligned}$$

Dabei wurde zweimal der Satz über monotone Konvergenz benutzt, einmal Satz 3.1. – Unsere Behauptung ist bewiesen.

Als Folgerung ergibt sich: Wenn die Form $\varphi \circ F$ über Q^n integrierbar ist, wobei $F: Q^n \to \mathbb{R}^n$ den Voraussetzungen von Satz 3.4 genügt, dann ist φ integrierbar, und es gilt die Transformationsformel. In der Tat bildet F den offenen Quader $\mathring{Q}^n$ auf eine offene Menge $F(\mathring{Q}^n)$ ab; man wende nun auf $\varphi \circ F$ und F^{-1} Satz 3.5 an und beachte, daß $F(\partial Q^n)$ eine Nullmenge ist.

§ 4. Semireguläre Pflasterungen

Unser Ziel bei der Einführung von Differentialformen war, Kurven- und Flächenintegrale zu definieren und zu untersuchen. Dieses Ziel erreichen wir im vorliegenden Paragraphen und rechtfertigen so die komplizierten Begriffsbildungen des zweiten und dritten Kapitels.

Unter einer in $\mathfrak{t}_0 \in Q^n$ *regulären* Abbildung $\Phi\colon Q^n \to \mathbb{R}^m$ versteht man eine stetig differenzierbare Abbildung, deren Funktionalmatrix in $\mathfrak{t}_0$ den Rang n hat; es ist $m \geqq n$ vorausgesetzt.

Definition 4.1. *Ein n-dimensionales Pflaster $\mathfrak{P}$ im $\mathbb{R}^m$ heißt semiregulär, wenn es eine Parametrisierung $\Phi\colon Q^n \to \mathbb{R}^m$ besitzt, die auf $\mathring{Q}^n$ injektiv und regulär ist.*

Natürlich hat dann jede Parametrisierung von $\mathfrak{P}$ diese Eigenschaft.

Ist $\mathfrak{P}$ irgendein durch $\Phi\colon Q^n \to \mathbb{R}^m$ repräsentiertes Pflaster, so bezeichnen wir $\Phi(\mathring{Q}^n)$ mit $|\mathring{\mathfrak{P}}|$; $|\mathring{\mathfrak{P}}|$ ist im allgemeinen keine offene Menge! Für $n=0$ sei $|\mathring{\mathfrak{P}}| = |\mathfrak{P}|$. Offensichtlich hängt $|\mathring{\mathfrak{P}}|$ nicht von der gewählten Parametrisierung ab.

Definition 4.2. *Eine semireguläre Pflasterung einer kompakten Menge $K \subset \mathbb{R}^m$ ist eine n-dimensionale Kette $\mathfrak{K}$, für die gilt:*

1. $|\mathfrak{K}| = K$.

2. *$\mathfrak{K}$ besitzt die Darstellung $\mathfrak{K} = \sum_\lambda \varepsilon_\lambda \mathfrak{P}_\lambda$ mit $\varepsilon_\lambda = \pm 1$, in der alle $\mathfrak{P}_\lambda$ semireguläre Pflaster sind.*

3. *Für $\nu \neq \mu$ ist $|\mathring{\mathfrak{P}}_\nu| \cap |\mathring{\mathfrak{P}}_\mu| = \emptyset$.*

4. *Ist $\mathfrak{Q}$ irgendeine Seite eines der Pflaster $\mathfrak{P}_\lambda$, so ist*

$$|\mathfrak{Q}| \cap \bigcup_\lambda |\mathring{\mathfrak{P}}_\lambda| = \emptyset.$$

Da alle $\mathfrak{P}_\lambda$ verschieden sind, ist die Darstellung $\mathfrak{K} = \sum_\lambda \varepsilon_\lambda \mathfrak{P}_\lambda$ eindeutig bestimmt; es gilt:

$$K = |\mathfrak{K}| = \bigcup_\lambda |\mathfrak{P}_\lambda|.$$

Wir betrachten einige Beispiele und Gegenbeispiele.

1. Da bei der Kette in Figur 12 Bedingung 3 verletzt ist, stellt $\mathfrak{K} = \mathfrak{P}_1 + \mathfrak{P}_2$ keine semireguläre Pflasterung von $|\mathfrak{K}|$ dar.

2. Die in Figur 13 angegebene 2-Kette im $\mathbb{R}^3$ verletzt Bedingung 4 der Definition und ist daher auch keine semireguläre Pflasterung ihrer Spur.

3. In Figur 14 ist $\mathfrak{K} = \mathfrak{P}_1 + \mathfrak{P}_2$ eine semireguläre Pflasterung von $|\mathfrak{K}|$. Dabei sollen $\mathfrak{P}_1$ und $\mathfrak{P}_2$ natürlich semireguläre Pflaster mit den skizzierten Spuren sein.

Der Begriff der semiregulären Pflasterung muß noch verschärft werden. Zunächst soll die n-Kette $\mathfrak{K} = 0$ als semireguläre Pflasterung der leeren Menge gelten. Weiter treffen wir

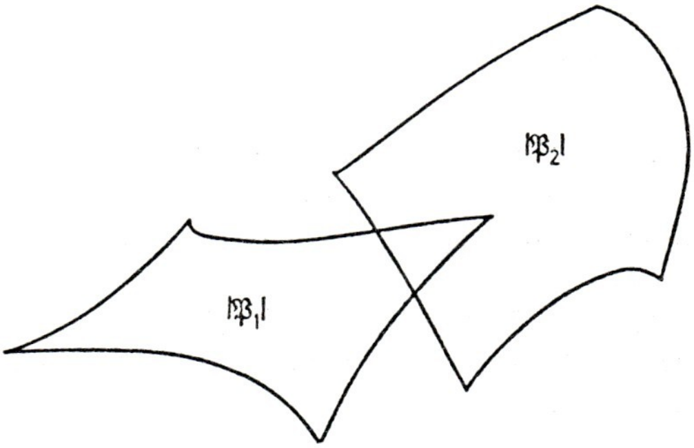

Fig. 12. Zu Beispiel 1

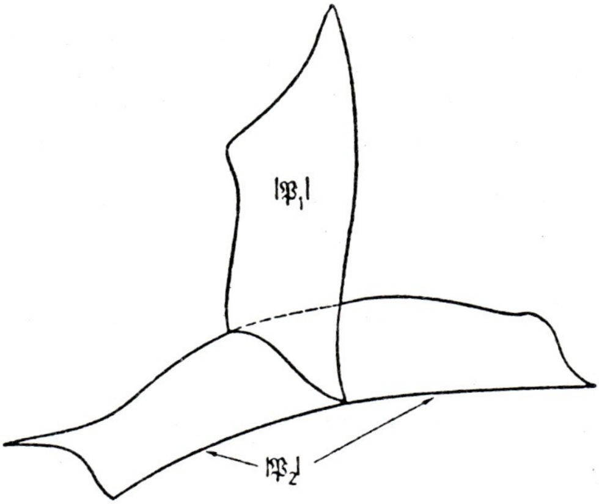

Fig. 13. Zu Beispiel 2

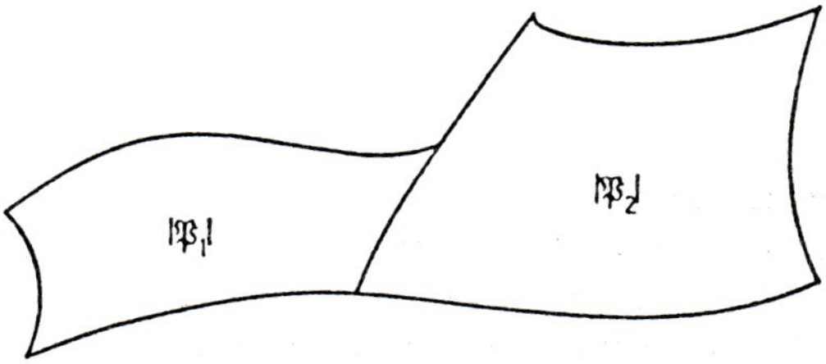

Fig. 14. Zu Beispiel 3

Definition 4.3. *Es sei K eine kompakte Menge, $\partial K \subset K$ eine kompakte Teilmenge von K. Eine semireguläre Pflasterung des Mengenpaares $(K, \partial K)$ ist eine n-dimensionale Kette $\mathfrak{K}$, die eine semireguläre Pflasterung von K und deren Rand $\partial \mathfrak{K}$ eine semireguläre Pflasterung von ∂K ist.*

Einige der auftretenden Randpflaster können durchaus entartet oder nicht-semiregulär sein; entartete Pflaster werden sowieso bei der Randbildung fortgelassen, von den nicht-semiregulären Randpflastern wird verlangt, daß sie sich in $\partial\mathfrak{K}$ wegheben. Wir erläutern die Definition wieder an einigen Beispielen, verweisen für nichttriviale Beispiele aber auf den Schluß dieses Paragraphen.

Setzt man bei der im dritten Beispiel betrachteten Kette

$$K=|\mathfrak{P}_1|\cup|\mathfrak{P}_2|, \qquad \partial K=|\partial\mathfrak{P}_1|\cup|\partial\mathfrak{P}_2|,$$

so ist zwar $|\partial\mathfrak{K}|=\partial K$, aber $\mathfrak{K}$ trotzdem keine semireguläre Pflasterung von $(K,\partial K)$; $\partial\mathfrak{K}$ genügt nämlich nicht der Bedingung 3 von Definition 4.2.

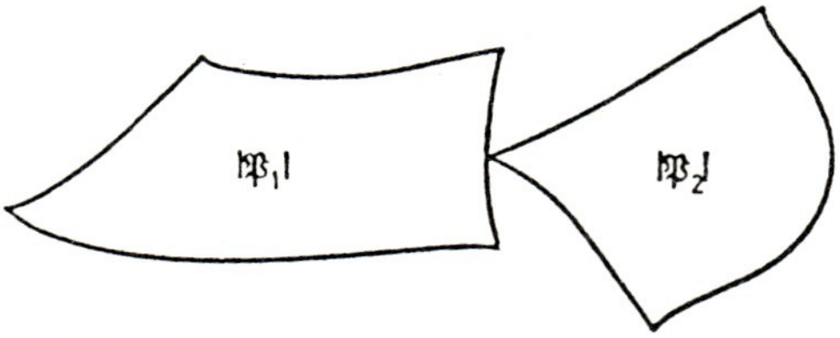

Fig. 15. Zu Beispiel 4

4. Die Kette $\mathfrak{K}=\mathfrak{P}_1+\mathfrak{P}_2$ in Figur 15 stellt offenbar eine semireguläre Pflasterung von $|\mathfrak{K}|$ dar, jedoch keine von $(|\mathfrak{K}|,|\partial\mathfrak{K}|)$: zwar ist Bedingung 3 für $\partial\mathfrak{K}$ erfüllt, nicht aber Bedingung 4.

5. Das triviale Pflaster $\mathfrak{I}$ im $\mathbb{R}^n$ ist eine semireguläre Pflasterung von $(\bar{I}^n,|\partial\mathfrak{I}|)$.

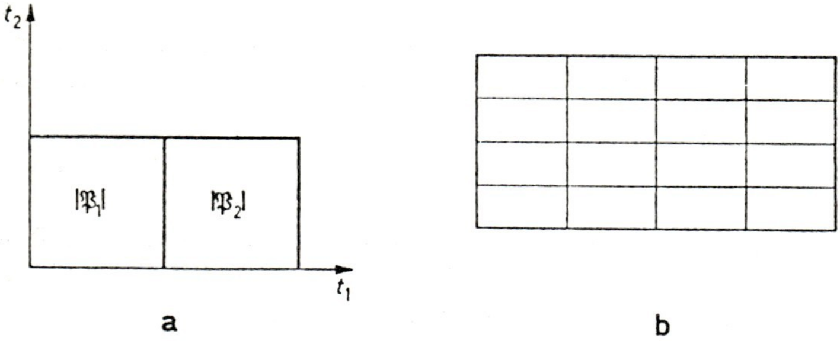

Fig. 16a u. b. Beispiele semiregulärer Pflasterungen

6. Es sei $\mathfrak{P}_1=\mathfrak{I}$, $\mathfrak{P}_2=\Phi$ mit $\Phi(t_1,t_2)=(t_1+1,t_2)$ und $\mathfrak{K}=\mathfrak{P}_1+\mathfrak{P}_2\in C_2(\mathbb{R}^2)$. Die Spur von $\mathfrak{K}$ ist das in Figur 16a eingezeichnete Rechteck K. Man sieht sofort, daß $\mathfrak{K}$ eine semireguläre Pflasterung von $(K,\partial K)$ ist, wobei ∂K die Menge aller Randpunkte von K bezeichnet. In der Tat heben sich die Seiten $\partial_o^1\mathfrak{P}_1$ und $\partial_u^1\mathfrak{P}_2$ weg, und die verbleibenden Seiten genügen allen Bedingungen

der Definition. Die Kette $\mathfrak{K}'=\mathfrak{P}_1-\mathfrak{P}_2$ ist zwar noch eine semireguläre Pflasterung von K, aber keine von $(K, \partial K)$, da $|\partial\mathfrak{K}'|\neq\partial K$ ist, und auch keine von $(K, |\partial\mathfrak{K}'|)$, weil das Pflaster $\partial_o^1\mathfrak{P}_1=\partial_u^1\mathfrak{P}_2$ in $\partial\mathfrak{K}'$ mit dem Koeffizienten 2 auftaucht.

7. Bei richtiger Wahl der Vorzeichen läßt sich jede Zerlegung eines Rechtecks in Teilrechtecke (so wie in Fig. 16b dargestellt) als semireguläre Pflasterung dieses Rechtecks einschließlich seines Randes ansehen. Alle andern Beispiele sind als Verallgemeinerungen dieses Standardbeispiels zu betrachten.

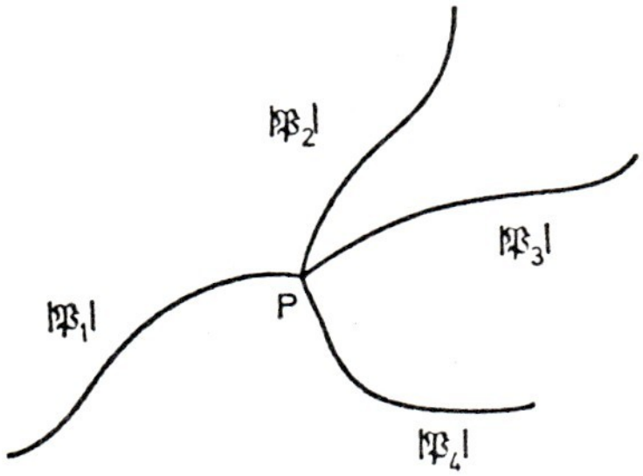

Fig. 17. Semireguläre Pflasterung

8. Die 1-Kette $\mathfrak{K}=\mathfrak{P}_1+\mathfrak{P}_2+\mathfrak{P}_3+\mathfrak{P}_4$ in Figur 17 ist eine semireguläre Pflasterung von $(|\mathfrak{K}|, |\partial\mathfrak{K}|)$, falls der Punkt P nicht zu $|\partial\mathfrak{K}|$ gehört.

Die Frage, welche Mengen sich semiregulär pflastern lassen, führt auf schwierige topologische Probleme. In neuerer Zeit ist gezeigt worden, daß jede semianalytische kompakte Menge eine semireguläre Pflasterung besitzt[7]. Dabei heißt eine Menge K *semianalytisch*, wenn es endlich viele reell-analytische Funktionen $g_1, \ldots, g_r, h_1, \ldots, h_s$ gibt, so daß

$$K=\{\mathfrak{x}\in\mathbb{R}^m\colon\ g_\varrho(\mathfrak{x})=0,\ h_\sigma(\mathfrak{x})\leqq 0,\ 1\leqq\varrho\leqq r,\ 1\leqq\sigma\leqq s\}$$

ist. Allerdings wird bei diesen Beweisen ein etwas schwächerer Begriff von Semiregularität zugrunde gelegt, doch bleibt zu vermuten, daß dieselbe Aussage auch für den von uns verwandten Begriff gilt.

Wenn eine (mindestens 1-dimensionale) Menge K sich überhaupt semiregulär pflastern läßt, dann kann dies auf unendlich viele verschiedene Weisen geschehen; es erscheint aber vernünftig, z.B. die Pflasterung von $\bar{I}^2$ durch das triviale Pflaster $\mathfrak{I}$ als zu der Pflasterung durch vier Teilquadrate

---

[7] Giesecke, B.: *Simpliziale Zerlegung abzählbarer analytischer Räume*. Math. Z. **83**, 177–213 (1964).

Lojasiewisc, S.: *Triangulation of a semianalytic set*. Ann. Scuola Norm. Sup. Pisa **18**, 449–474 (1964).

äquivalent anzusehen. Wir wollen diesen Gedanken präzisieren, müssen aber vorher eine Reihe technischer Schwierigkeiten aus dem Wege räumen.

Hilfssatz 1. *Es sei $\mathfrak{P}=\Phi$ ein Pflaster aus einer semiregulären Pflasterung und $U\subset\mathring{I}^n$ eine offene Menge. Dann gibt es eine offene Menge $V\subset\mathbb{R}^m$, so daß U durch Φ bijektiv auf $V\cap|\mathfrak{P}|$ abgebildet wird. Insbesondere ist die auf $|\mathring{\mathfrak{P}}|$ definierte Umkehrabbildung Φ^{-1} stetig.*

Beweis. Da $\Phi|\mathring{I}^n$ bijektiv und außerdem $\Phi(\partial\bar{I}^n)\cap\Phi(\mathring{I}^n)=\emptyset$ ist, besteht die Gleichung $\Phi(\bar{I}^n-U)=\Phi(\bar{I}^n)-\Phi(U)$. Somit ist $\Phi(\bar{I}^n)-\Phi(U)=|\mathfrak{P}|-\Phi(U)$ kompakt und daher $V=\mathbb{R}^m-(|\mathfrak{P}|-\Phi(U))$ offen. Es ist aber $\Phi(U)=V\cap|\mathfrak{P}|$, was zu beweisen war.

Die durch $(x_1,\ldots,x_m)\to(x_1,\ldots,x_n)$ definierte Projektion des $\mathbb{R}^m$ auf den $\mathbb{R}^n$ werde mit π bezeichnet; für $\pi(\mathfrak{x})$ schreiben wir auch $\mathfrak{x}'$.

Hilfssatz 2. *Es sei $\mathfrak{P}=\Phi$ ein Pflaster aus einer semiregulären Pflasterung und $\mathfrak{x}_0\in|\mathring{\mathfrak{P}}|$. Bei geeigneter Numerierung der Koordinaten des $\mathbb{R}^m$ gibt es dann eine offene Umgebung V von $\mathfrak{x}_0$ und auf $W=\pi(V\cap|\mathfrak{P}|)$ erklärte 2-mal stetig differenzierbare Funktionen f_μ, $\mu=n+1,\ldots,m$, so daß*

$$V\cap|\mathfrak{P}|=\{\mathfrak{x}\in\mathbb{R}^m\colon\ \mathfrak{x}'\in W,\ x_\mu=f_\mu(\mathfrak{x}'),\ \mu=n+1,\ldots,m\}$$

ist.

Anders ausgedrückt: $|\mathfrak{P}|$ ist lokal ein Graph.

Beweis von Hilfssatz 2. Φ sei durch die Funktionen $\varphi_1,\ldots,\varphi_m$ erklärt. Da voraussetzungsgemäß die Funktionalmatrix von Φ den Rang n in $\mathfrak{t}_0=\Phi^{-1}(\mathfrak{x}_0)$ hat, können wir durch Umnumerierung der Koordinaten $x_1,\ldots,x_m$ die Ungleichung

$$\det\left(\left(\frac{\partial\varphi_\mu}{\partial t_\nu}\right)_{\substack{\mu=1,\ldots,n\\ \nu=1,\ldots,n}}\right)\neq 0$$

im Punkt $\mathfrak{t}_0$ erreichen. Nach Band II, IV. Kap., §§ 4, 5 gibt es eine offene Umgebung $U\subset\mathring{I}^n$ von $\mathfrak{t}_0$, die durch $\Phi_1=(\varphi_1,\ldots,\varphi_n)$ umkehrbar zweimal stetig differenzierbar auf eine offene Menge $W\subset\mathbb{R}^n$ abgebildet wird. Andererseits hat auf Grund des vorigen Hilfssatzes $\Phi(U)$ die Gestalt $V\cap|\mathfrak{P}|$, wo $V\subset\mathbb{R}^m$ offen ist. Da ferner $\Phi_1=\pi\circ\Phi$ gilt, ist also $W=\pi(V\cap|\mathfrak{P}|)$. Wir setzen nun für $\mathfrak{x}'\in W$

$$f_\mu(\mathfrak{x}')=(\varphi_\mu\circ\Phi_1^{-1})(\mathfrak{x}'),\qquad \mu=n+1,\ldots,m,$$

und verifizieren die Behauptung.

Nach Konstruktion ist $V\cap|\mathfrak{P}|=\Phi(U)=(\Phi\circ\Phi_1^{-1})(W)$. Da nun die Punkte $\mathfrak{x}\in(\Phi\circ\Phi_1^{-1})(W)$ gerade die Punkte der Gestalt

$$\mathfrak{x}=(\mathfrak{x}',f_{n+1}(\mathfrak{x}'),\ldots,f_m(\mathfrak{x}'))\qquad\text{mit }\mathfrak{x}'\in W$$

sind, ist der Hilfssatz bewiesen.

Wir untersuchen jetzt den Zusammenhang zwischen zwei verschiedenen semiregulären Pflasterungen $\mathfrak{K}$ und $\mathfrak{K}^*$ einer kompakten Menge K. Es sei $\mathfrak{P} = \Phi$ ein Pflaster von $\mathfrak{K}$, $\mathfrak{P}^* = \Phi^*$ eins von $\mathfrak{K}^*$, und es gelte $|\mathring{\mathfrak{P}}| \cap |\mathring{\mathfrak{P}}^*| \neq \emptyset$. Wir setzen

$$W = \Phi^{-1}(|\mathring{\mathfrak{P}}| \cap |\mathfrak{P}^*|), \qquad W^* = \Phi^{*-1}(|\mathring{\mathfrak{P}}| \cap |\mathfrak{P}^*|)$$

und können auf W^* die Abbildung $F = \Phi^{-1} \circ \Phi^*$ betrachten, die W^* in W überführt. Da Φ^* und Φ^{-1} stetig sind, ist auch F stetig.

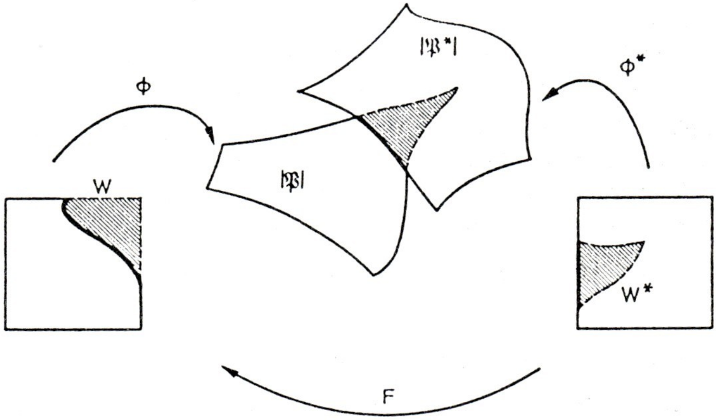

Fig. 18. Übergang zwischen semiregulären Pflastern

Hilfssatz 3. *W^* ist zulässig, und F ist zweimal stetig differenzierbar.*

Beweis. a) Es sei $\mathfrak{t}_0^* \in W^*$ und $\mathfrak{x}_0 = \Phi^*(\mathfrak{t}_0^*) \in |\mathring{\mathfrak{P}}| \cap |\mathfrak{P}^*|$. Bezeichnet man mit $\mathfrak{P}_\nu$ die von $\mathfrak{P}$ verschiedenen Pflaster der semiregulären Pflasterung $\mathfrak{K}$ und mit $\partial|\mathfrak{P}|$ die Vereinigung der Spuren aller Seiten von $\mathfrak{P}$, so gehört $\mathfrak{x}_0$ nicht zur Menge

$$K^* = \partial|\mathfrak{P}| \cup \bigcup_{\mathfrak{P}_\nu \neq \mathfrak{P}} |\mathfrak{P}_\nu|.$$

Nun ist K^* kompakt, $V' = \mathbb{R}^m - K^*$ also offen, und es gibt wegen der Stetigkeit von Φ^* in $\mathfrak{t}_0^*$ eine ε-Umgebung $U_\varepsilon(\mathfrak{t}_0^*) \subset \mathbb{R}^n$, so daß $\Phi^*(U_\varepsilon(\mathfrak{t}_0^*) \cap \bar{I}^n) \subset V'$ ist. Da aber $K = |\mathring{\mathfrak{P}}| \cup K^*$ ist, muß

$$\Phi^*(U_\varepsilon(\mathfrak{t}_0^*) \cap \bar{I}^n) \subset |\mathring{\mathfrak{P}}|$$

gelten; somit ist $U_\varepsilon(\mathfrak{t}_0^*) \cap \bar{I}^n \subset W^*$. Damit ist die Zulässigkeit von W^* gezeigt. Bevor wir den Beweis des Hilfssatzes fortsetzen, bemerken wir:

Hilfssatz 4. *W^* ist eine abzählbare Vereinigung abgeschlossener Quader.*

Beweis. Zu $\mathfrak{t}_0^* \in W^*$ existiert, wie gerade bewiesen wurde, ein $U_\varepsilon(\mathfrak{t}_0^*)$ mit $U_\varepsilon(\mathfrak{t}_0^*) \cap \bar{I}^n \subset W^*$. Man kann in dieser Menge einen abgeschlossenen Quader $\bar{U}$ mit rationalen Eckpunkten finden, der auch noch $\mathfrak{t}_0^*$ enthält. Die Menge aller dieser $\bar{U}$ ist abzählbar, und ihre Vereinigung ist nach Konstruktion gleich W^*.

Beweis von Hilfssatz 3 (Fortsetzung). b) Wir wählen wieder $\mathfrak{t}_0^* \in W^*$, setzen $\mathfrak{t}_0 = F(\mathfrak{t}_0^*)$, $\mathfrak{x}_0 = \Phi(\mathfrak{t}_0) = \Phi^*(\mathfrak{t}_0^*)$. Die Abbildung Φ sei durch die Funktionen $\varphi_1, \ldots, \varphi_m$ gegeben, und Φ_1 sei die durch $\varphi_1, \ldots, \varphi_n$ definierte Abbildung. Bei geeigneter Numerierung der Koordinaten x_μ können wir offene Umgebungen U von $\mathfrak{t}_0$ in $\mathring{I}^n$ und $\tilde{W}$ von $\pi(\mathfrak{x}_0)$ im $\mathbb{R}^n$ finden, so daß Φ_1: $U \to \tilde{W}$ umkehrbar zweimal stetig differenzierbar ist und $\Phi(U) \subset |\mathring{\mathfrak{P}}|$ als Graph einer zweimal stetig differenzierbaren Abbildung über $\tilde{W}$ liegt (Hilfssatz 2). π ist die Projektion des $\mathbb{R}^m$ auf den Raum der ersten n Koordinaten. Wir setzen $U^* = \Phi^{*-1}(\Phi(U)) = F^{-1}(U)$. Wegen der Stetigkeit von F gibt es eine ε-Umgebung $U_\varepsilon(\mathfrak{t}_0^*)$ mit $U_\varepsilon(\mathfrak{t}_0^*) \cap \bar{I}^n \subset U^*$.

c) Um jetzt die Differenzierbarkeit von F in $\mathfrak{t}_0^*$ einzusehen, brauchen wir nur die Einschränkung von F auf U^* zu betrachten. Dort ist $F = \Phi^{-1} \circ \Phi^* = \Phi_1^{-1} \circ \pi \circ \Phi^*$, und da diese drei Abbildungen zweimal stetig differenzierbar sind, gilt dasselbe von F. Hilfssatz 3 ist bewiesen.

Wir setzen jetzt

$$\mathring{W} = \Phi^{-1}(|\mathring{\mathfrak{P}}| \cap |\mathring{\mathfrak{P}}^*|),$$
$$\mathring{W}^* = \Phi^{*-1}(|\mathring{\mathfrak{P}}| \cap |\mathring{\mathfrak{P}}^*|) = W^* \cap \mathring{I}^n.$$

Zu $\mathfrak{t}_0^*$ gibt es eine offene Umgebung $U_\varepsilon(\mathfrak{t}_0^*)$ mit $U_\varepsilon(\mathfrak{t}_0^*) \cap \bar{I}^n \subset W^*$ (siehe oben), also $U_\varepsilon(\mathfrak{t}_0^*) \cap \mathring{I}^n \subset W^* \cap \mathring{I}^n = \mathring{W}^*$. $\mathring{W}^*$ ist demnach eine offene Menge im $\mathbb{R}^n$. Da man bei diesen Überlegungen die Rollen von $\mathfrak{P}$ und $\mathfrak{P}^*$ vertauschen darf, ist auch $\mathring{W}$ offen; F: $\mathring{W}^* \to \mathring{W}$ ist eine zweimal stetig differenzierbare Abbildung, die durch die ebenfalls zweimal stetig differenzierbare Abbildung $F^{-1} = \Phi^{*-1} \circ \Phi$ auf $\mathring{W}$ umgekehrt wird. Wir fassen diese Überlegungen zusammen in

Hilfssatz 5. *Sind $\mathfrak{P} = \Phi$, $\mathfrak{P}^* = \Phi^*$ Pflaster aus semiregulären Pflasterungen von K mit $|\mathring{\mathfrak{P}}| \cap |\mathring{\mathfrak{P}}^*| \neq \emptyset$, so bildet $F = \Phi^{-1} \circ \Phi^*$ die Menge $\mathring{W}^* = \Phi^{*-1}(|\mathring{\mathfrak{P}}| \cap |\mathring{\mathfrak{P}}^*|)$ bijektiv, zweimal stetig differenzierbar und regulär auf $\mathring{W} = \Phi^{-1}(|\mathring{\mathfrak{P}}| \cap |\mathring{\mathfrak{P}}^*|)$ ab; die Umkehrung von F ist $\Phi^{*-1} \circ \Phi$.*

Die bisherigen Bezeichnungen werden noch beibehalten.

Hilfssatz 6. $\Phi^{-1}(|\mathring{\mathfrak{P}}| \cap \partial |\mathfrak{P}^*|)$ *ist eine Nullmenge in* $\bar{I}^n$.

($\partial |\mathfrak{P}^*|$ bezeichnet wieder die Vereinigung der Spuren aller Seiten von $\mathfrak{P}^*$; das ist i.a. nicht die Spur von $\partial \mathfrak{P}^*$.)

Beweis. Es ist $\Phi^{-1}(|\mathring{\mathfrak{P}}| \cap \partial |\mathfrak{P}^*|) = F(\partial \bar{I}^n \cap W^*)$. Stellt man W^* gemäß Hilfssatz 4 als abzählbare Vereinigung abgeschlossener Quader dar: $W^* = \bigcup_i U_i$, so folgt:

$$F(\partial \bar{I}^n \cap W^*) = F(\partial \bar{I}^n \cap \bigcup_i U_i) = F(\bigcup_i (\partial \bar{I}^n \cap U_i))$$
$$= \bigcup_i F(\partial \bar{I}^n \cap U_i).$$

Da die kompakte Nullmenge $\partial \bar{I}^n \cap U_i$ nach §3 unter F auf eine ebensolche Menge abgebildet wird, hat auch $F(\partial \bar{I}^n \cap W^*)$ als abzählbare Vereinigung von Nullmengen den Inhalt Null.

Wenn $\mathfrak{K} = \sum_\lambda \varepsilon_\lambda \mathfrak{P}_\lambda$ eine semireguläre Pflasterung ist, so wollen wir die Summanden $\varepsilon_\lambda \mathfrak{P}_\lambda$ (mit $\varepsilon_\lambda = \pm 1$) die *elementaren Ketten* von $\mathfrak{K}$ nennen.

Definition 4.4. $\mathfrak{K} = \sum_\lambda \varepsilon_\lambda \mathfrak{P}_\lambda$ *und* $\mathfrak{K}^* = \sum_\nu \varepsilon_\nu^* \mathfrak{P}_\nu^*$ *seien zwei semireguläre Pflasterungen einer kompakten Menge K. Für jedes Paar von Pflastern* $\mathfrak{P}_\lambda = \Phi$ *und* $\mathfrak{P}_\nu^* = \Phi^*$ *mit* $|\mathring{\mathfrak{P}}_\lambda| \cap |\mathring{\mathfrak{P}}_\nu^*| \neq \emptyset$ *sei* $J_{\lambda\nu}$ *die Funktionaldeterminante der Abbildung*

$$\Phi^{*-1} \circ \Phi \colon \Phi^{-1}(|\mathring{\mathfrak{P}}_\lambda| \cap |\mathring{\mathfrak{P}}_\nu^*|) \to \Phi^{*-1}(|\mathring{\mathfrak{P}}_\lambda| \cap |\mathring{\mathfrak{P}}_\nu^*|).$$

Zwei elementare Ketten $\varepsilon_\lambda \mathfrak{P}_\lambda$ *von* $\mathfrak{K}$ *und* $\varepsilon_\nu^* \mathfrak{P}_\nu^*$ *von* $\mathfrak{K}^*$ *heißen miteinander verträglich, wenn entweder* $|\mathring{\mathfrak{P}}_\lambda| \cap |\mathring{\mathfrak{P}}_\nu^*| = \emptyset$ *ist oder die Ungleichung*

$$\varepsilon_\lambda \varepsilon_\nu^* J_{\lambda\nu} > 0$$

auf ganz $\Phi^{-1}(|\mathring{\mathfrak{P}}_\lambda| \cap |\mathring{\mathfrak{P}}_\nu^*|)$ *besteht.*

Die Funktionaldeterminante $J_{\lambda\nu}$ soll also genau dann positiv sein, wenn $\mathfrak{P}_\lambda$ und $\mathfrak{P}_\nu^*$ in $\mathfrak{K}$ bzw. $\mathfrak{K}^*$ mit demselben Vorzeichen auftauchen; das ist eine von der Auswahl der Parametrisierung unabhängige Bedingung. Setzt man beispielsweise $\Phi(t_1, t_2) = (1 - t_1, t_2)$, so ist die Kette $-\mathfrak{P} = \Phi$ mit dem trivialen Pflaster $\mathfrak{I}$ im $\mathbb{R}^2$ verträglich. Verträglichkeit ist eine reflexive und symmetrische, für elementare Ketten erklärte Relation.

Definition 4.5. *Zwei semireguläre Pflasterungen* $\mathfrak{K}$ *und* $\mathfrak{K}^*$ *der kompakten Menge K sind äquivalent, in Zeichen:* $\mathfrak{K} \sim \mathfrak{K}^*$, *wenn jede elementare Kette von* $\mathfrak{K}$ *mit jeder elementaren Kette von* $\mathfrak{K}^*$ *verträglich ist. Zwei äquivalente semireguläre Pflasterungen des Mengenpaares* $(K, \partial K)$ *sind semireguläre Pflasterungen* $\mathfrak{K}$, $\mathfrak{K}^*$ *mit* $\mathfrak{K} \sim \mathfrak{K}^*$, $\partial \mathfrak{K} \sim \partial \mathfrak{K}^*$.

Offenbar haben wir eine reflexive und symmetrische Relation definiert; wir zeigen noch ihre Transitivität. Es seien $\mathfrak{K}^\nu = \sum_\lambda \varepsilon_\lambda^{(\nu)} \mathfrak{P}_\lambda^\nu$ für $\nu = 1, 2, 3$ semireguläre Pflasterungen von K mit $\mathfrak{K}^1 \sim \mathfrak{K}^2$ und $\mathfrak{K}^2 \sim \mathfrak{K}^3$. Weiter seien $\varepsilon^{(1)} \mathfrak{P}^1$ und $\varepsilon^{(3)} \mathfrak{P}^3$ elementare Ketten von $\mathfrak{K}^1$ bzw. $\mathfrak{K}^3$ mit $|\mathring{\mathfrak{P}}^1| \cap |\mathring{\mathfrak{P}}^3| \neq \emptyset$. Bezeichnet K^2 die Vereinigung der Spuren sämtlicher Seiten der Pflaster $\mathfrak{P}_\lambda^2$, so hat nach Hilfssatz 6 die Menge $\Phi_1^{-1}(|\mathring{\mathfrak{P}}^1| \cap K^2)$ den Inhalt Null; dabei soll Φ_1 eine Parametrisierung von $\mathfrak{P}^1$ sein. Wir wählen einen Punkt

$$t_0 \in \Phi_1^{-1}(|\mathring{\mathfrak{P}}^1| \cap |\mathring{\mathfrak{P}}^3|) - \Phi_1^{-1}(|\mathring{\mathfrak{P}}^1| \cap K^2) = M$$

und setzen $\mathfrak{x}_0 = \Phi_1(t_0)$. Da $|\mathfrak{K}^2| = K$ ist, gibt es eine elementare Kette $\varepsilon^{(2)}\mathfrak{P}^2$ von $\mathfrak{K}^2$ mit $\mathfrak{x}_0 \in |\mathfrak{P}^2|$. Nach Wahl von t_0 muß $\mathfrak{x}_0 \in |\mathring{\mathfrak{P}}^2|$ gelten. Sind Φ_2, Φ_3 irgendwelche Parametrisierungen von $\mathfrak{P}^2$, $\mathfrak{P}^3$, so gilt im Punkte t_0 wegen der Beziehung $t_0 \in \Phi_1^{-1}(|\mathring{\mathfrak{P}}^1| \cap |\mathring{\mathfrak{P}}^2|)$ und der Äquivalenz von $\mathfrak{K}_1$ und $\mathfrak{K}_2$:

$$\varepsilon^{(1)}\varepsilon^{(2)} J_{\Phi_2^{-1}\circ\Phi_1} > 0.$$

Da $\Phi_2^{-1}(\mathfrak{x}_0)$ zu $\Phi_2^{-1}(|\mathring{\mathfrak{P}}_2| \cap |\mathring{\mathfrak{P}}_3|)$ gehört, folgt wieder nach Voraussetzung

$$\varepsilon^{(2)}\varepsilon^{(3)} J_{\Phi_3^{-1}\circ\Phi_2}(\Phi_2^{-1}(\mathfrak{x}_0)) > 0.$$

Insgesamt ergibt sich

$$\begin{aligned}&\varepsilon^{(1)}\varepsilon^{(3)} J_{\Phi_3^{-1}\circ\Phi_1}(t_0)\\ &= \varepsilon^{(2)}\varepsilon^{(3)} J_{\Phi_3^{-1}\circ\Phi_2}(\Phi_2^{-1}(\mathfrak{x}_0))\, \varepsilon^{(1)}\varepsilon^{(2)} J_{\Phi_2^{-1}\circ\Phi_1}(t_0) > 0.\end{aligned}$$

Da die Menge M in $\Phi_1^{-1}(|\mathring{\mathfrak{P}}^1| \cap |\mathring{\mathfrak{P}}^3|)$ dicht liegt, besteht die oben bewiesene Ungleichung für jeden Punkt von $\Phi_1^{-1}(|\mathring{\mathfrak{P}}^1| \cap |\mathring{\mathfrak{P}}^3|)$, d.h. $\varepsilon^{(1)}\mathfrak{P}^1$ und $\varepsilon^{(3)}\mathfrak{P}^3$ sind miteinander verträglich. Somit ist $\mathfrak{K}^1 \sim \mathfrak{K}^3$, was zu beweisen war.

Satz 4.1. *Es seien* $\mathfrak{K} = \sum_\lambda \varepsilon_\lambda \mathfrak{P}_\lambda$ *und* $\mathfrak{K}^* = \sum_\nu \varepsilon_\nu^* \mathfrak{P}_\nu^*$ *zwei äquivalente n-dimensionale semireguläre Pflasterungen einer kompakten Menge K und* φ *eine auf K erklärte über* $\mathfrak{K}$ *integrierbare n-Form. Dann ist* φ *auch über* $\mathfrak{K}^*$ *integrierbar, und es ist*

$$\int_{\mathfrak{K}} \varphi = \int_{\mathfrak{K}^*} \varphi.$$

Beweis. Wir bezeichnen mit K_1 (bzw. K_1^*) die Vereinigung der Spuren sämtlicher Seiten der Pflaster $\mathfrak{P}_\lambda$ (bzw. $\mathfrak{P}_\lambda^*$). Weiter sei, falls $|\mathring{\mathfrak{P}}_\lambda| \cap |\mathring{\mathfrak{P}}_\nu^*| \neq \emptyset$ ist,

$$\begin{aligned}\mathring{W}_{\lambda\nu} &= \Phi_\lambda^{-1}(|\mathring{\mathfrak{P}}_\lambda| \cap |\mathring{\mathfrak{P}}_\nu^*|),\\ \mathring{W}_{\lambda\nu}^* &= \Phi_\nu^{*-1}(|\mathring{\mathfrak{P}}_\lambda| \cap |\mathring{\mathfrak{P}}_\nu^*|),\\ F_{\lambda\nu} &= \Phi_\lambda^{-1} \circ \Phi_\nu^* | \mathring{W}_{\lambda\nu}^*.\end{aligned}$$

Dabei bedeuten Φ_λ, Φ_ν^* natürlich wieder Parametrisierungen von $\mathfrak{P}_\lambda$ bzw. $\mathfrak{P}_\nu^*$, die auf $\bar{I}^n$ definiert sind.

Für jedes λ sind die Mengen

$$\begin{aligned}R_\lambda &= \Phi_\lambda^{-1}(|\mathring{\mathfrak{P}}_\lambda| \cap K_1^*) \cup \partial \bar{I}^n,\\ R_\lambda^* &= \Phi_\lambda^{*-1}(|\mathring{\mathfrak{P}}_\lambda^*| \cap K_1) \cup \partial \bar{I}^n\end{aligned}$$

Nullmengen (Hilfssatz 6), und es gilt:

$$\bar{I}^n - R_\lambda = \bigcup_\nu \mathring{W}_{\lambda\nu},$$
$$\bar{I}^n - R_\lambda^* = \bigcup_\nu \mathring{W}_{\nu\lambda}^*.$$

Jetzt kann die Gleichung des Satzes nachgeprüft werden:

$$\begin{aligned}
\int_{\mathfrak{K}} \varphi &= \sum_\lambda \varepsilon_\lambda \int_{\mathfrak{P}_\lambda} \varphi \\
&= \sum_\lambda \varepsilon_\lambda \int_{I^n} \varphi \circ \Phi_\lambda \\
&= \sum_\lambda \varepsilon_\lambda \int_{I^n - R_\lambda} \varphi \circ \Phi_\lambda \\
&= \sum_\lambda \varepsilon_\lambda \int_{\bigcup_\nu \mathring{W}_{\lambda\nu}} \varphi \circ \Phi_\lambda \\
&= \sum_\lambda \varepsilon_\lambda \sum_\nu \int_{\mathring{W}_{\lambda\nu}} \varphi \circ \Phi_\lambda \\
&= \sum_\lambda \varepsilon_\lambda \sum_\nu \operatorname{sgn} J_{F_{\lambda\nu}} \cdot \int_{\mathring{W}_{\lambda\nu}^*} \varphi \circ \Phi_\lambda \circ F_{\lambda\nu} \\
&= \sum_{\lambda,\nu} \varepsilon_\lambda \cdot \operatorname{sgn} J_{F_{\lambda\nu}} \cdot \int_{\mathring{W}_{\lambda\nu}^*} \varphi \circ \Phi_\nu^* \\
&= \sum_\nu \varepsilon_\nu^* \sum_\lambda \int_{\mathring{W}_{\lambda\nu}^*} \varphi \circ \Phi_\nu^* \\
&= \sum_\nu \varepsilon_\nu^* \int_{\bigcup_\lambda \mathring{W}_{\lambda\nu}^*} \varphi \circ \Phi_\nu^* \\
&= \sum_\lambda \varepsilon_\nu^* \int_{I^n - R_\nu^*} \varphi \circ \Phi_\nu^* \\
&= \sum_\nu \varepsilon_\nu^* \int_{\bar{I}^n} \varphi \circ \Phi_\nu^* \\
&= \sum_\nu \varepsilon_\nu^* \int_{\mathfrak{P}_\nu^*} \varphi \\
&= \int_{\mathfrak{K}^*} \varphi .
\end{aligned}$$

Definition 4.6. *Eine stückweise glatte Fläche der Dimension n mit stückweise glattem Rand ist ein Mengenpaar $(K, \partial K)$ zusammen mit einer Äquivalenzklasse semiregulärer n-dimensionaler Pflasterungen von $(K, \partial K)$. Falls $\partial K = \emptyset$ ist, nennt man K geschlossen.*

∂K heißt *Rand* von K. Im allgemeinen spricht man einfach von der Fläche K, statt von $(K, \partial K, \mathfrak{K})$; es muß dann aus dem Zusammenhang hervorgehen, wie K gepflastert sein soll. Zwei semireguläre Pflasterungen mit derselben Spur brauchen keineswegs äquivalent zu sein; eine Fläche K ist eindeutig erst durch Angabe einer Pflasterung $\mathfrak{K}$ bestimmt.

Definition 4.7. *Es sei $(K, \partial K)$ eine – etwa durch die semireguläre Pflasterung $\mathfrak{K}$ gegebene – n-dimensionale Fläche im $\mathbb{R}^m$. Eine n-Form φ heißt über K integrierbar, wenn $\int_{\mathfrak{K}} \varphi$ existiert; diese Zahl wird dann mit $\int_K \varphi$ bezeichnet und Integral von φ über die Fläche K genannt. Entsprechend erklärt man für eine auf ∂K definierte $(n-1)$-Form ψ:*

$$\int_{\partial K} \psi = \int_{\partial \mathfrak{K}} \psi,$$

falls ψ über $\partial \mathfrak{K}$ integrierbar ist.

Nach Satz 4.1 hängt $\int_K \varphi$ nur von der Fläche, d.h. von der Klasse zu $\mathfrak{K}$ äquivalenter semiregulärer Pflasterungen ab, nicht von der zufälligen Auswahl einer bestimmten Pflasterung. Im Fall $m=n$ war $\int_K \varphi$ schon im zweiten Paragraphen erklärt worden. Man kann zeigen, daß beide Definitionen sich nur durch das Vorzeichen unterscheiden. Besteht $\mathfrak{K}$ etwa nur aus einem einzigen Pflaster $\mathfrak{P} = \Phi$, so ist

$$\int_K \varphi = \operatorname{sgn} J_\Phi \int_{\bar{I}^n} \varphi \circ \Phi = \operatorname{sgn} J_\Phi \int_{\mathfrak{K}} \varphi;$$

für längere Ketten ergibt sich der Beweis durch Addition, falls $\operatorname{sgn} J_\Phi$ nicht von Φ abhängt.

Als Hauptergebnis diese Kapitels beweisen wir nun

Satz 4.2 (Allgemeine Stokessche Formel). *Es sei $(K, \partial K)$ eine stückweise glatte n-dimensionale Fläche mit stückweise glattem Rand und φ eine in einer zulässigen Menge, die K umfaßt, stetig differenzierbare $(n-1)$-dimensionale Differentialform. Dann ist*

$$\int_{\partial K} \varphi = \int_K d\varphi.$$

Beweis. $(K, \partial K)$ sei durch die semireguläre Pflasterung $\mathfrak{K}$ definiert. Es gilt nach Satz 2.3:

$$\int_{\partial K} \varphi = \int_{\partial \mathfrak{K}} \varphi = \int_{\mathfrak{K}} d\varphi = \int_K d\varphi;$$

das war zu zeigen.

Wir schließen diesen Paragraphen mit einigen Beispielen für stückweise glatte Flächen.

1. Es sei $K = S^1 = \{(x, y) \in \mathbb{R}^2\colon\ x^2 + y^2 = 1\}$ die Kreislinie und $\partial K = \emptyset$. Wir geben eine semireguläre Pflasterung von $(S^1, \emptyset)$ an.

Für $t \in \bar{I}^1$ sei $\Phi(t) = (\cos 2\pi t, \sin 2\pi t)$ und $\mathfrak{P} = \Phi$. Die Funktionalmatrix von Φ hat stets den Rang 1, und für $0 < t < 1$ ist Φ umkehrbar eindeutig. Weiter ist

$|\mathfrak{P}| = S^1$ und $|\mathring{\mathfrak{P}}| = S^1 - (1,0)$; wegen $\Phi \circ \Phi_o^1(0) = \Phi \circ \Phi_u^1(0) = (1,0)$ ist $|\partial \mathfrak{P}| = \emptyset$. Somit ist $\mathfrak{P}$ eine semireguläre Pflasterung von $(S^1, \emptyset)$ und S^1 also tatsächlich eine stückweise glatte geschlossene Fläche. Um das einzusehen, hätte man natürlich nicht eine so komplizierte Theorie zu entwickeln brauchen; doch sollte man das Ergebnis anders auffassen: Unsere Theorie liefert in einfachen Fällen die anschaulich zu erwartenden Resultate und erweist sich somit als vernünftig; bei den verwickelten Situationen, die im Falle höherer Dimensionen auftreten, muß man auf die von uns eingeführten, zwar umständlichen, dafür aber zuverlässigen Begriffsbildungen zurückgehen.

Aus dem Stokesschen Satz folgt zum Beispiel: Ist $\varphi = df$ eine exakte in einer Umgebung von S^1 definierte 1-Form, so ist $\int\limits_{S^1} \varphi = 0$. In der Tat ist

$$\int\limits_{S^1} \varphi = \int\limits_{S^1} df = \int\limits_{\emptyset} f = 0.$$

Eine entsprechende Aussage gilt für alle geschlossenen Flächen.

2. Wir geben jetzt eine semireguläre Pflasterung der berandeten Vollkugel im $\mathbb{R}^3$ an:

$$K = \{\mathfrak{x} \in \mathbb{R}^3 \colon \ \|\mathfrak{x}\|^2 \leqq 1\},$$
$$\partial K = S^2 = \{\mathfrak{x} \in \mathbb{R}^3 \colon \ \|\mathfrak{x}\|^2 = 1\}.$$

Es sei

$$Q^3 = \{(r, \varphi, \vartheta) \colon \ 0 \leqq r \leqq 1, \ 0 \leqq \varphi \leqq 2\pi, \ -\pi/2 \leqq \vartheta \leqq \pi/2\}$$

und Φ die durch

$$x = r \cos\varphi \cos\vartheta,$$
$$y = r \sin\varphi \cos\vartheta,$$
$$z = r \sin\vartheta$$

definierte Abbildung von Q^3 in den $\mathbb{R}^3$. Offenbar ist $\Phi(Q^3) \subset K$. Es sei nun $\mathfrak{x} = (x, y, z)$ ein beliebiger Punkt der Vollkugel; $\mathfrak{x}$ hat einen wohlbestimmten Abstand r vom Ursprung 0, mit $0 \leqq r \leqq 1$. Projiziert man $\mathfrak{x}$ auf die (x, y)-Ebene, so entsteht, falls nur $r > 0$ ist, ein (eventuell entartetes) Dreieck mit den Eckpunkten 0, $\mathfrak{x}$, $(x, y, 0)$; die dem Ursprung gegenüberliegende Seite hat die Länge z. Demnach ist $z = r \sin\vartheta$, mit $-\pi/2 \leqq \vartheta \leqq \pi/2$, wobei ϑ derjenige Winkel dieses Dreiecks ist, dessen Spitze in 0 liegt. Falls $\vartheta \neq \pm\pi/2$ ist, d.h. falls der Punkt $\mathfrak{x}$ nicht auf der z-Achse liegt, entsteht bei Projektion von $(x, y, 0)$ auf die x-Achse wieder ein Dreieck mit den Eckpunkten 0, $(x, 0, 0)$, $(x, y, 0)$, dessen bei 0 gelegener Winkel mit φ bezeichnet werde. Für $y \neq 0$, d.h. $\varphi \neq 0, 2\pi$, ist φ eindeutig durch $\mathfrak{x}$ bestimmt. Die Seiten des eben konstruierten Dreiecks haben

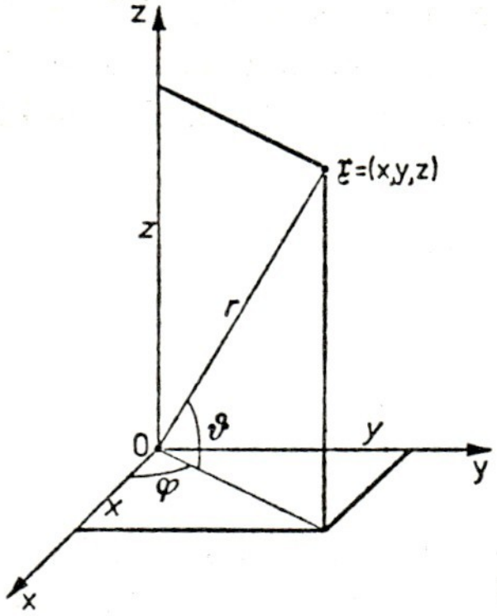

Fig. 19. Polarkoordinaten

die Längen $r\cos\vartheta$, $y=r\cos\vartheta\sin\varphi$, $x=r\cos\vartheta\cos\varphi$, mit $0\leqq\varphi\leqq 2\pi$. Wir haben damit gezeigt, daß Φ im Innern von Q^3 umkehrbar eindeutig ist und Q^3 auf K abbildet. Das Tripel (r,φ,ϑ) nennt man die *Polarkoordinaten* des Punktes $\mathfrak{x}$. Daß es sich bei Φ um eine beliebig oft stetig differenzierbare Abbildung handelt, ist auch klar; da die Funktionaldeterminante $J_\Phi=r^2\cos\vartheta$ nur auf dem Rande von Q^3 verschwindet, definiert $\Phi\colon Q^3\to\mathbb{R}^3$ ein semireguläres Pflaster $\mathfrak{P}$ mit Spur K. Es bleibt $\partial\mathfrak{P}$ zu untersuchen.

Offenbar wird $\partial_o^1\mathfrak{P}$ durch $\Phi\circ\Phi_o^1\colon Q_1^2\to\mathbb{R}^3$ repräsentiert, wobei

$$Q_1^2=\{(\varphi,\vartheta)\colon\ 0\leqq\varphi\leqq 2\pi,\ \ -\pi/2\leqq\vartheta\leqq\pi/2\}$$

und $\Phi\circ\Phi_o^1(\varphi,\vartheta)=(\cos\varphi\cos\vartheta,\ \sin\varphi\cos\vartheta,\ \sin\vartheta)$ ist. Demnach ist $|\partial_o^1\mathfrak{P}|=S^2$. Wegen $\Phi(0,\varphi,\vartheta)=0$ ist $\partial_u^1\mathfrak{P}$ entartet und wird bei der Randbildung fortgelassen. Weiter ist $\Phi\circ\Phi_o^2\colon Q_2^2\to\mathbb{R}^3$ *mit*

$$Q_2^2=\{(r,\vartheta)\colon\ 0\leqq r\leqq 1,\ \ -\pi/2\leqq\vartheta\leqq\pi/2\}$$

und $\Phi\circ\Phi_o^2(r,\vartheta)=(r\cos\vartheta,0,r\sin\vartheta)$ ein Repräsentant von $\partial_o^2\mathfrak{P}$. Für $\partial_u^2\mathfrak{P}$ erhält man denselben Ausdruck, d.h. $\partial_o^2\mathfrak{P}-\partial_u^2\mathfrak{P}=0$. Analog stellt man fest, daß wegen $\cos\pi/2=\cos(-\pi/2)=0$ die Randpflaster $\partial_o^3\mathfrak{P}$ und $\partial_u^3\mathfrak{P}$ nur von r abhängen und somit entartet sind. Es folgt:

1. $|\mathring{\mathfrak{P}}|\cap\bigcup_i(|\partial_o^i\mathfrak{P}|\cup|\partial_u^i\mathfrak{P}|)=\emptyset$,

2. $\partial\mathfrak{P}=\partial_o^1\mathfrak{P}$,

und bei dieser Kette handelt es sich, wie man leicht nachrechnet, um eine semireguläre Pflasterung von S^2. K ist also eine stückweise glatte Fläche mit dem stückweise glatten Rand $\partial K=S^2$.

Die Bedeutung dieser Aussage beruht wieder auf dem Stokesschen Satz: Um eine exakte 3-Form $\alpha=d\beta$, die auf K erklärt ist, über K zu integrieren, braucht man nur das Integral der 2-Form β über S^2 zu bilden. Umgekehrt lassen sich Flächenintegrale über S^2 auf Raumintegrale über K zurückführen.

Die Abbildung Φ gestattet es schließlich, in ein Integral Polarkoordinaten einzuführen; nach § 3 ist

$$\int_K a(\mathfrak{x})\, d\mathfrak{x} = \int_{Q^3} (a \circ \Phi)\, r^2 \cos\vartheta\, dr\, d\varphi\, d\vartheta .$$

§ 5. Absolut stetige Funktionen

Die Schwierigkeiten beim Beweis der Transformationsformel rühren wesentlich von den komplizierten geometrischen Verhältnissen her, die im n-dimensionalen Raum für $n \geqq 2$ vorliegen können; da man es im 1-dimensionalen Fall immer nur mit Abbildungen zwischen Intervallen zu tun hat, ist es nicht erstaunlich, daß man unter diesen Bedingungen die Transformationsformel für eine umfangreichere Klasse von Abbildungen beweisen kann. Zur Charakterisierung der jetzt zulässigen Transformationen müssen wir den Zusammenhang zwischen Differentiation und Integration sorgfältig untersuchen; diese Überlegungen schließen direkt an Band I, VII. Kap., §§ 7, 9 an, benutzen aber die im ersten Kapitel des vorliegenden Bandes hergeleiteten Konvergenzsätze.

$\bar{I}$ bezeichne stets ein abgeschlossenes Intervall der Zahlengeraden: $\bar{I} = [a, b]$; die auftretenden Funktionen seien auf $\bar{I}$ erklärt.

Definition 5.1. *Eine reelle Funktion F heißt absolut stetig, wenn es eine (Lebesgue-)integrierbare Funktion f auf $\bar{I}$ und eine Konstante $c \in \mathbb{R}$ gibt, so daß*

$$F(x) = c + \int_a^x f(\xi)\, d\xi$$

ist.

In Verallgemeinerung von Satz 7.1 aus Band I, Kap. VII gilt

Satz 5.1. *Eine absolut stetige Funktion ist stetig.*

Beweis. Die Zahl $\varepsilon > 0$ wird willkürlich vorgegeben. Es sei

$$F(x) = c + \int_a^x f(\xi)\, d\xi$$

und $\mathfrak{F} = \mathfrak{F}[h, g]$ eine $\varepsilon/3$-Umgebung der integrierbaren Funktion f. Wir wählen eine Treppenfunktion $t \in\in \mathfrak{F}$ und betrachten die durch

$$T(x) = c + \int_a^x t(\xi)\, d\xi$$

erklärte Funktion T. Da T offenkundig auf ganz $\bar{I}$ stetig ist, gibt es, wenn $x_0 \in \bar{I}$ ein fester Punkt ist, ein $\delta > 0$, so daß für alle $x \in U_\delta(x_0) \cap \bar{I}$ die Ungleichung

$$|T(x) - T(x_0)| < \varepsilon/3$$

besteht. Nach Wahl von $\mathfrak{F}$ gilt ferner (wegen $h \leqq f$, $t \leqq g$):

$$\int_a^x h(\xi)\,d\xi \leqq \int_a^x f(\xi)\,d\xi, \int_a^x t(\xi)\,d\xi \leqq \int_a^x g(\xi)\,d\xi,$$

$$\int_a^x g(\xi)\,d\xi - \int_a^x h(\xi)\,d\xi = \int_a^x (g-h)(\xi)\,d\xi \leqq \int_a^b (g-h)(\xi)\,d\xi \leqq \frac{\varepsilon}{3};$$

also

$$\left| \int_a^x f(\xi)\,d\xi - \int_a^x t(\xi)\,d\xi \right| \leqq \frac{\varepsilon}{3}.$$

Damit wird für $x \in U_\delta(x_0) \cap \bar{I}$:

$$\begin{aligned}|F(x) - F(x_0)| &\leqq |F(x) - T(x)| + |T(x) - T(x_0)| \\ &\quad + |T(x_0) - F(x_0)| < \varepsilon.\end{aligned}$$

F ist also in x_0 stetig, was zu zeigen war.

Als nächstes soll nachgewiesen werden, daß absolut stetige Funktionen fast überall differenzierbar sind. Hierzu sind einige Vorbereitungen notwendig. Zunächst wird Satz 9.4 aus Kapitel I geringfügig verschärft.

Hilfssatz 1. *Zu jeder integrierbaren Funktion f und jedem $\varepsilon > 0$ gibt es eine Reihe $\sum_{\nu=0}^{\infty} t_\nu$ von Treppenfunktionen mit folgenden Eigenschaften:*

1. *Die Reihe konvergiert fast überall gegen f.*
2. *Die Folge der Partialsummen $\sum_{\nu=0}^{\mu} t_\nu$ ist L-beschränkt.*
3. *Für $\nu \geqq 1$ ist $\int_a^b |t_\nu|\,dx \leqq \frac{\varepsilon}{4^\nu}$.*

Beweis. Wir wählen Folgen nach oben bzw. nach unten halbstetiger Funktionen (h_μ), (g_μ) mit $h_\mu < g_\mu$ und

$$h_0 \leqq h_1 \leqq h_2 \leqq \ldots \leqq f \leqq \ldots \leqq g_2 \leqq g_1 \leqq g_0,$$

so daß

$$\int_a^b (g_\mu - h_\mu)\,dx \leqq \varepsilon \cdot 4^{-(\mu+1)}$$

ist, und setzen $h = \lim_{\mu\to\infty} h_\mu$, $g = \lim_{\mu\to\infty} g_\mu$. Nach dem Satz über monotone Konvergenz sind h und g integrierbar, und wegen

$$\lim_{\mu\to\infty} \int_a^b (g_\mu - h_\mu)\,dx = 0$$

gilt fast überall die Gleichung $h=f=g$. Für jedes μ werde jetzt eine Treppenfunktion $\tau_\mu \in\in \mathfrak{F}[h_\mu, g_\mu]$ herausgegriffen. Die Folge (τ_μ) strebt dann fast überall gegen f und ist L-beschränkt; ferner erhält man für jedes μ die Ungleichung

$$h_{\mu-1} \leqq \tau_\mu, \tau_{\mu-1} \leqq g_{\mu-1},$$

also

$$\int_a^b |\tau_\mu - \tau_{\mu-1}| dx \leqq \int_a^b (g_{\mu-1} - h_{\mu-1}) dx \leqq \varepsilon \cdot 4^{-\mu}.$$

Setzt man $t_0 = \tau_0$ und $t_\mu = \tau_\mu - \tau_{\mu-1}$ für $\mu \geqq 1$, so hat die Reihe $\sum_{\mu=0}^{\infty} t_\mu$ die verlangten Eigenschaften.

Der folgende Hilfssatz ist erheblich komplizierter. Wir betrachten eine Treppenfunktion t auf $\bar{I} = [a, b]$ zur Zerlegung

$$\mathfrak{Z} = (a_0, a_1, \ldots, a_m)$$

mit

$$\int_a^b |t(x)| dx \leqq \varepsilon,$$

setzen

$$T(x) = \int_a^x t(\xi) d\xi$$

und bezeichnen mit $\Delta(x, x_0)$ den Differenzenquotienten von T:

$$\Delta(x, x_0) = \frac{T(x) - T(x_0)}{x - x_0}, \qquad x \neq x_0.$$

Weiter sei für festes x_0

$$S^+(x_0) = \sup_{x > x_0} |\Delta(x, x_0)|, \qquad (\text{für } x_0 \neq b)$$

$$S^-(x_0) = \sup_{x < x_0} |\Delta(x, x_0)|, \qquad (\text{für } x_0 \neq a)$$

$$K^+(t) = \{x_0 \in \bar{I} \colon S^+(x_0) \geqq 1\},$$

$$K^-(t) = \{x_0 \in \bar{I} \colon S^-(x_0) \geqq 1\}.$$

Hilfssatz 2. *Es gibt zwei meßbare Teilmengen K^+ und K^- von $\bar{I}$ mit $I(K^+)$, $I(K^-) \leqq \varepsilon$ und $K^+(t) \subset K^+$, $K^-(t) \subset K^-$.*

Beweis. Die offenen Intervalle $(a_{\nu-1}, a_\nu)$ seien mit I_ν bezeichnet. Wir zeigen zunächst

a) $S^+(x_0) = \sup_{x_0 < a_\nu} |\Delta(a_\nu, x_0)|$.

Offensichtlich ist $S^+(x_0)$ mindestens so groß wie die rechts stehende Zahl. Um die Gleichheit nachzuweisen, wählen wir ein beliebiges $x \in \bar{I}$ mit $x > x_0$ und $x \neq a_\nu$ für alle ν und behaupten: Es gibt ein $a_\nu > x_0$ mit $|\Delta(x, x_0)| \leqq |\Delta(a_\nu, x_0)|$.

Wegen der Identität

$$\frac{T(a_\nu)-T(x_0)}{a_\nu - x_0} = \frac{T(a_\nu)-T(x)}{a_\nu - x}\,\frac{a_\nu - x}{a_\nu - x_0} + \frac{T(x)-T(x_0)}{x-x_0}\,\frac{x-x_0}{a_\nu - x_0}$$

schreibt sich $\Delta(a_\nu, x_0)$ in der Form

$$\Delta(a_\nu, x_0) = \mu_1 \Delta(a_\nu, x) + \mu_2 \Delta(x, x_0)$$

mit $\mu_1 + \mu_2 = 1$ und $\mu_2 > 0$.

Der Punkt x gehört einem der Zerlegungsintervalle an, etwa dem Intervall I_ϱ; also $a_{\varrho-1} < x < a_\varrho$. Wir setzen zunächst $\Delta(x, x_0) \geqq 0$ voraus und unterscheiden zwei Fälle.

Fall 1. Es sei $\Delta(x, x_0) \leqq t(I_\varrho)$. Dann ist

$$\begin{aligned}\Delta(a_\varrho, x_0) &= \mu_1 \Delta(a_\varrho, x) + \mu_2 \Delta(x, x_0)\\ &= \mu_1 \cdot t(I_\varrho) + \mu_2 \cdot \Delta(x, x_0)\\ &\geqq \mu_1 \Delta(x, x_0) + \mu_2 \Delta(x, x_0) \qquad (\text{wegen } \mu_1 > 0)\\ &= \Delta(x, x_0).\end{aligned}$$

Fall 2. Es sei $\Delta(x, x_0) > t(I_\varrho)$. Dann muß $x_0 < a_{\varrho-1}$ sein, weiter ist

$$\mu_1 = \frac{a_{\varrho-1} - x}{a_{\varrho-1} - x_0} = -\mu < 0,$$

und man erhält:

$$\begin{aligned}\Delta(a_{\varrho-1}, x_0) &= \mu_1 \Delta(a_{\varrho-1}, x) + \mu_2 \Delta(x, x_0)\\ &= -\mu \Delta(a_{\varrho-1}, x) + (1+\mu)\Delta(x, x_0)\\ &= -\mu t(I_\varrho) + (1+\mu)\Delta(x, x_0)\\ &= \Delta(x, x_0) + \mu(\Delta(x, x_0) - t(I_\varrho))\\ &> \Delta(x, x_0).\end{aligned}$$

Wenn $\Delta(x, x_0) < 0$ ist, so betrachte man die Treppenfunktion $t^* = -t$ und die zugehörigen Differenzenquotienten Δ^*. Nach dem schon bewiesenen Teil der Behauptung ist

$$0 \leqq \Delta^*(x, x_0) \leqq \max(\Delta^*(a_\varrho, x_0), \Delta^*(a_{\varrho-1}, x_0)),$$

also

$$0 \geqq \Delta(x, x_0) \geqq \min(\Delta(a_\varrho, x_0), \Delta(a_{\varrho-1}, x_0)).$$

In jedem Fall gilt also die Abschätzung

$$|\Delta(x,x_0)| \leqq \max(|\Delta(a_\varrho,x_0)|, |\Delta(a_{\varrho-1},x_0)|),$$

was zu zeigen war.

b) Aus Teil a) des Beweises folgt:

$$K^+(t) = \bigcup_{\nu=1}^{m} \{x\in\bar{I}\colon |T(a_\nu)-T(x)| \geqq a_\nu - x \text{ und } x<a_\nu\}.$$

Wir wollen aus dieser Darstellung von $K^+(t)$ ablesen, daß $K^+(t)$ leer sein oder ein kleinstes Element enthalten muß. Um das einzusehen, genügt es, zu jedem $x_0\in\bar{I}-K^+(t)-\{b\}$ ein $\varepsilon>0$ zu finden, so daß das Intervall $[x_0,x_0+\varepsilon]$ mit $K^+(t)$ keinen Punkt gemeinsam hat. Da die Funktionen $\tilde{T}_\nu(x)=|T(a_\nu)-T(x)| -a_\nu+x$ im Punkt x_0 stetig sind, folgt aus der Ungleichung $\tilde{T}_\nu(x_0)<0$, daß für alle x in einer gewissen Umgebung $U_\varepsilon(x_0)$ (und $x\in[a,b]$) ebenfalls $\tilde{T}_\nu(x)<0$ sein muß. Wählt man ε so klein, daß $x_0+\varepsilon<a_\nu$ für alle ν mit $x_0<a_\nu$ ist, so gilt für $x_0\leqq x\leqq x_0+\varepsilon$ und jedes $a_\nu>x$:

$$|\Delta(a_\nu,x)|<1,$$

d.h.

$$[x_0,x_0+\varepsilon]\cap K^+(t)=\emptyset,$$

wie wir behauptet hatten.

c) Es sei x_1 der kleinste Punkt von $K^+(t)$. Wir wählen ein $a_{\nu_1}>x_1$ mit $|T(a_{\nu_1})-T(x_1)|\geqq a_{\nu_1}-x_1$ und betrachten jetzt die Menge $K^+(t)\cap[a_{\nu_1},b]$. Teil b) des Beweises lehrt, daß auch diese Menge leer sein oder ein kleinstes Element, etwa x_2, enthalten muß; zu x_2 läßt sich ein $a_{\nu_2}>x_2$ mit $|T(a_{\nu_2})-T(x_2)|\geqq a_{\nu_2}-x_2$ finden; $K^+(t)\cap[a_{\nu_2},b]$ enthält ebenfalls ein kleinstes Element, etwa x_3, oder ist leer, usf. Nach endlich vielen Schritten muß dieses Verfahren abbrechen, da ja nur endlich viele Zerlegungspunkte a_ν zur Verfügung stehen; es gilt also:

$$K^+(t)\subset\bigcup_{\lambda=1}^{s}[x_\lambda,a_{\nu_\lambda}]=K^+.$$

Der Inhalt von K^+ läßt sich nun leicht abschätzen:

$$\begin{aligned} I(K^+) &= \sum_{\lambda=1}^{s}(a_{\nu_\lambda}-x_\lambda) \leqq \sum_{\lambda=1}^{s}|T(a_{\nu_\lambda})-T(x_\lambda)| \\ &= \sum_{\lambda=1}^{s}\left|\int_{x_\lambda}^{a_{\nu\lambda}} t(x)\,dx\right| \leqq \sum_{\lambda=1}^{s}\int_{x_\lambda}^{a_{\nu\lambda}}|t(x)|\,dx \\ &\leqq \int_a^b |t(x)|\,dx \leqq \varepsilon. \end{aligned}$$

Damit ist die Behauptung für $K^+(t)$ bewiesen; der Beweis für $K^-(t)$ verläuft entsprechend.

Satz 5.2. *Es sei* $F(x)=c+\int_a^x f(\xi)\,d\xi$ *eine absolut stetige Funktion auf* $\bar{I}$. *Dann hat F fast überall die Ableitung f.*

Beweis. Ohne Beschränkung der Allgemeinheit werde $c=0$ vorausgesetzt. Wir wählen eine L-beschränkte Reihe von Treppenfunktionen t_ν mit $f=\sum_{\nu=0}^{\infty} t_\nu$ (fast überall) und $\int_a^b |t_\nu|\,dx \leqq 4^{-\nu}$ für $\nu \geqq 1$. K_ν^+ und K_ν^- seien die in Hilfssatz 2 betrachteten meßbaren Mengen zu den Treppenfunktionen $2^\nu t_\nu$, $\nu \geqq 1$. Setzt man $K_\nu = K_\nu^+ \cup K_\nu^-$, so ist nach Hilfssatz 2 wegen

$$\int_a^b |2^\nu t_\nu|\,dx \leqq 2^\nu 4^{-\nu} = 2^{-\nu}$$

der Inhalt $I(K_\nu) \leqq 2^{-\nu+1}$. Weiter setzen wir

$$T_\nu(x)=\int_a^x t_\nu(\xi)\,d\xi$$

und bilden für jedes μ die Funktion

$$G_\mu(x)=F(x)-\sum_{\nu=0}^{\mu-1} T_\nu(x).$$

Nach dem Lebesgueschen Konvergenzsatz gilt:

$$F(x)=\sum_{\nu=0}^{\infty} T_\nu(x),$$

also

$$F(x)-\sum_{\nu=0}^{\mu-1} T_\nu(x)=\sum_{\nu=\mu}^{\infty} T_\nu(x).$$

Für die Zahlen

$$S_\nu(x_0)=\sup_{x \neq x_0}\left|\frac{2^\nu(T_\nu(x)-T_\nu(x_0))}{x-x_0}\right|,$$

$$R_\mu(x_0)=\sup_{x \neq x_0}\left|\frac{G_\mu(x)-G_\mu(x_0)}{x-x_0}\right|$$

erhält man die Ungleichungen

$$R_\mu(x) \leqq \sum_{\nu=\mu}^{\infty} 2^{-\nu} S_\nu(x).$$

Es sei $L_\mu = \bigcup_{\nu=\mu}^{\infty} K_\nu$. Außerhalb von L_μ ist also $S_\nu(x) < 1$ für $\nu \geqq \mu$ und somit $R_\mu(x) \leqq \sum_{\nu=\mu}^{\infty} 2^{-\nu} = 2^{-\mu+1}$. Ferner ist $I(L_\mu) \leqq 2^{-\mu+2}$. Die Menge

$$L = \bigcap_{\mu \geqq 1} L_\mu$$

ist demnach eine Nullmenge mit folgender Eigenschaft: Für $x \notin L$ strebt die Folge $R_\mu(x)$ gegen 0. Wir bezeichnen ferner mit Z die Menge aller Sprungstellen der Treppenfunktionen t_ν. Z ist abzählbar und hat somit auch den Inhalt Null. Schließlich sei M die Menge der Punkte x, in denen die Reihe $\sum_{\nu=0}^{\infty} t_\nu(x)$ nicht gegen $f(x)$ konvergiert, und $N = L \cup M \cup Z$. Es ist jetzt leicht zu sehen, daß außerhalb der Nullmenge N die Funktion F differenzierbar sein muß. Für $x_0 \in \bar{I} - N$ zerlegen wir F in der Form

$$F(x) - F(x_0) = (x - x_0) \cdot \Delta(x),$$

wo $\Delta(x_0) = f(x_0)$ gesetzt wird, und zeigen die Stetigkeit von Δ im Punkte x_0. Da nämlich $x_0 \notin Z$ gilt, sind die Funktionen $T_\nu(x)$ dort differenzierbar; es sei

$$\sum_{\nu=0}^{\mu-1} T_\nu(x) - \sum_{\nu=0}^{\mu-1} T_\nu(x_0) = (x - x_0)\,\Delta_\mu(x)$$

mit einer in x_0 stetigen Funktion Δ_μ, die in x_0 den Wert $\sum_{\nu=0}^{\mu-1} t_\nu(x_0)$ annimmt. Wegen $x_0 \notin M$ ist

$$\lim_{\mu \to \infty} \Delta_\mu(x_0) = \sum_{\nu=0}^{\infty} t_\nu(x_0) = f(x_0),$$

wegen $x_0 \notin L$ und

$$|\Delta_\mu(x) - \Delta(x)| \leqq R_\mu(x_0) \qquad \text{für } x \neq x_0$$

strebt die Folge Δ_μ auf $\bar{I} - \{x_0\}$ gleichmäßig gegen Δ. Damit konvergiert Δ_μ auf ganz $\bar{I}$ gleichmäßig gegen Δ, und die Stetigkeit von Δ_μ in x_0 hat die von Δ in x_0 zur Folge. — Satz 5.2 ist bewiesen.

Definition 5.2. *Eine absolut stetige Parametertransformation ist eine absolut stetige, monoton wachsende Abbildung F eines Intervalls $\bar{I}_1 = [a, b]$ auf ein Intervall $\bar{I}_2 = [c, d]$.*

Jetzt läßt sich die bereits angekündigte verbesserte Substitutionsregel beweisen.

Satz 5.3 (Substitutionsregel für Lebesgue-Integrale). *Wenn p eine über das Intervall $\bar{I}_2 = [c, d]$ integrierbare Funktion ist und ferner $F: \bar{I}_1 = [a, b] \to \bar{I}_2$ eine absolut stetige Parametertransformation, dann ist die Funktion $(p \circ F) \cdot F'$ (die* *dort, wo F' nicht existiert, gleich Null gesetzt werden soll) über $\bar{I}_1$ integrierbar, und es gilt*

$$\int_c^d p(y)\,dy = \int_a^b p(F(x))\,F'(x)\,dx.$$

Beweis. a) Wir nehmen p zunächst als Treppenfunktion zu einer Zerlegung $\mathfrak{Z}=(y_0,\ldots,y_k)$ von $\bar{I}_2$ an. Mit $\mathfrak{Z}^*$ werde eine Zerlegung von $\bar{I}_1$ der Form $(x_0,x_1,\ldots,x_k)$ mit $F(x_\nu)=y_\nu$ bezeichnet. Dann ist

$$\begin{aligned}
\int_c^d p(y)\,dy &= \sum_{\nu=1}^{k} \int_{y_{\nu-1}}^{y_\nu} p(y)\,dy \\
&= \sum_{\nu=1}^{k} p(I_\nu) \int_{y_{\nu-1}}^{y_\nu} dy \quad (\text{mit } I_\nu=(y_{\nu-1},y_\nu)) \\
&= \sum_{\nu=1}^{k} p(I_\nu)(y_\nu-y_{\nu-1}) \\
&= \sum_{\nu=1}^{k} p(I_\nu) \int_{x_{\nu-1}}^{x_\nu} F'(x)\,dx \\
&= \sum_{\nu=1}^{k} \int_{x_{\nu-1}}^{x_\nu} (p\circ F)\cdot F'\,dx \\
&= \int_a^b (p\circ F)F'\,dx.
\end{aligned}$$

b) Wir beweisen die Formel nun für nach unten halbstetige integrierbare Funktionen p. Nach Kap. I, Satz 9.3 gibt es eine monoton wachsende Folge von Treppenfunktionen t_ν, die gegen p konvergiert. Dann ist nach dem Satz über monotone Konvergenz

$$\int_c^d p(y)\,dy = \int_c^d \lim_{\nu\to\infty} t_\nu(y)\,dy = \lim_{\nu\to\infty} \int_c^d t_\nu(y)\,dy = \lim_{\nu\to\infty} \int_a^b (t_\nu\circ F)F'\,dx.$$

Ist F in x_0 differenzierbar, so gilt

$$F(x)=F(x_0)+(x-x_0)\Delta(x), \qquad \Delta \text{ in } x_0 \text{ stetig},$$

und wegen der Monotonie von F muß $\Delta(x)\geqq 0$ für $x\neq x_0$ sein. Dann ist aber auch $\Delta(x_0)\geqq 0$, d.h. $F'(x_0)\geqq 0$, und die Folge $(t_\nu\circ F)\cdot F'$ konvergiert demnach monoton wachsend gegen $(p\circ F)\cdot F'$. Der Satz über monotone Konvergenz liefert die Integrierbarkeit von $(p\circ F)\cdot F'$ und die Beziehung

$$\begin{aligned}
\int_c^d p(y)\,dy &= \lim_{\nu\to\infty} \int_a^b (t_\nu\circ F)\cdot F'\,dx \\
&= \int_a^b \lim_{\nu\to\infty} (t_\nu\circ F)\cdot F'\,dx = \int_a^b (p\circ F)F'\,dx.
\end{aligned}$$

c) Der Übergang von halbstetigen zu integrierbaren Funktionen geschieht nach dem üblichen Schema[8]. Wir wählen nach oben halbstetige Funktionen h_ν sowie nach unten halbstetige Funktionen g_ν mit

$$h_1 \leqq h_2 \leqq \ldots \leqq p \leqq \ldots \leqq g_2 \leqq g_1$$

und

$$\int_c^d (g_\nu(y) - h_\nu(y))\,dy \leqq 2^{-\nu}.$$

Die Folgen $(h_\nu \circ F)F'$ bzw. $(g_\nu \circ F)F'$ streben monoton wachsend bzw. monoton fallend gegen zwei integrierbare Grenzfunktionen h bzw. g, für die gilt:

$$h(x) \leqq p(F(x)) \cdot F'(x) \leqq g(x),$$

$$\begin{aligned}\int_a^b (g(x) - h(x))\,dx &= \int_a^b \lim_{\nu\to\infty} ((g_\nu - h_\nu) \circ F)F'\,dx \\ &= \lim_{\nu\to\infty} \int_a^b ((g_\nu - h_\nu) \circ F)F'\,dx \\ &= \lim_{\nu\to\infty} \int_c^d (g_\nu(y) - h_\nu(y))\,dy \\ &= 0.\end{aligned}$$

Fast überall besteht also die Gleichung $h = g = (p \circ F)F'$, und es folgt

$$\begin{aligned}\int_a^b (p \circ F)F'\,dx &= \lim_{\nu\to\infty} \int_a^b (h_\nu \circ F)F'\,dx \\ &= \lim_{\nu\to\infty} \int_c^d h_\nu\,dy \\ &= \int_c^d p(y)\,dy.\end{aligned}$$

Die letzte Gleichung ist richtig, da (h_ν) fast überall monoton gegen p strebt. – Satz 5.3 ist bewiesen.

Beim Beweis war die Aussage $F' \geqq 0$ wesentlich ausgenutzt worden; der Satz bleibt in der Tat nicht richtig, wenn F' zu oft das Vorzeichen wechselt. Das wollen wir durch ein *Gegenbeispiel* zeigen.

Es sei $\bar{I}_1 = [0, 1]$, $\bar{I}_2 = [-\frac{1}{6}, \frac{1}{2}]$ und f die über $\bar{I}_2$ integrierbare Funktion $|y|^{-\frac{1}{2}}$ (vgl. Band I, Kap. VII, Satz 11.1). Zur Konstruktion einer absolut stetigen

---

[8] Wir verwenden den Satz über monotone Konvergenz. Man kann natürlich auch wie in Teil 5 des Beweises von Satz 3.1 vorgehen und Satz 4.4 aus Kap. I benutzen. Dann kommt man mit etwas weniger Integrationstheorie aus.

Abbildung $F\colon \bar{I}_1 \to \bar{I}_2$ stellen wir $\bar{I}_1$ in der Form

$$\bar{I}_1 = \{0\} \cup \bigcup_{n \geqq 1} M_n$$

mit

$$M_1 = [\tfrac{1}{2}, 1] \quad \text{und} \quad M_n = \left[\frac{1}{n(n+1)}, \frac{1}{n(n-1)}\right] \text{ (für } n \geqq 2)$$

dar und definieren auf $\bar{I}_1$ eine integrierbare Funktion g durch

$$g(x) = \begin{cases} -n, & \text{falls } x \in \mathring{M}_n \text{ und } n \text{ gerade}, \\ n, & \text{falls } x \in \mathring{M}_n \text{ und } n \text{ ungerade}, \\ 0 & \text{sonst.} \end{cases}$$

Da g meßbar ist, brauchen wir zum Nachweis der Integrierbarkeit von g wegen Satz 10.4 des ersten Kapitels nur die Existenz von $\int_0^1 |g(x)|\,dx$ zu beweisen. Auf Grund der Konvergenz der Reihe $\sum_{n \geqq 1} \int_{M_n} |g|\,dx$ – es ist nämlich

$$\begin{aligned} \sum_{n \geqq 2} \int_{M_n} |g|\,dx &= \sum_{n \geqq 2} n \left(\frac{1}{n(n-1)} - \frac{1}{(n+1)n}\right) \\ &= 2 \sum_{n \geqq 2} \frac{1}{n^2 - 1} < \infty \text{ –} \end{aligned}$$

liefert der Satz von B. Levi die Integrierbarkeit von $|g|$.

Wir setzen nun

$$F(x) = \int_x^1 g(\xi)\,d\xi.$$

F hat die gewünschten Eigenschaften. Definitionsgemäß ist F absolut stetig; ferner gilt

$$F(x) = \begin{cases} nx - 1/n & \text{für } n \text{ gerade und } x \in M_n, \\ -nx + 1/n & \text{für } n \text{ ungerade und } x \in M_n, \end{cases}$$

wie man sofort nachrechnet. Da stets $|F(x)| \leqq |x|$ ist und F bereits das Intervall $[\tfrac{1}{6}, 1]$ auf $[-\tfrac{1}{6}, \tfrac{1}{2}]$ abbildet, gilt erst recht $F(\bar{I}_1) = \bar{I}_2$. Wir behaupten nun, daß die Funktion

$$(f \circ F)(x) F'(x) = \frac{g(x)}{\sqrt{|F(x)|}}$$

nicht über $\bar{I}_1$ integrierbar ist und daher die Substitutionsregel für F nicht gilt.

Wäre diese Funktion integrierbar, dann müßte die Beziehung

$$\int_0^1 \frac{|g(x)|}{\sqrt{|F(x)|}}\,dx = \sum_{n\geqq 1}\int_{M_n} \frac{|g(x)|}{\sqrt{|F(x)|}}\,dx$$

bestehen, die rechts stehende Reihe also eine endliche Summe haben. Nun ist für $n \geqq 2$ und $M_n = [a_n, b_n]$

$$\begin{aligned}\int_{M_n} \frac{|g(x)|}{\sqrt{|F(x)|}}\,dx &= \int_{M_n} \frac{n\,dx}{\sqrt{|nx-1/n|}}\\ &= \int_{a_n}^{1/n^2} \frac{n\,dx}{\sqrt{1/n-nx}} + \int_{1/n^2}^{b_n} \frac{n\,dx}{\sqrt{nx-1/n}}\\ &= 2\left(\sqrt{\frac{1}{n(n+1)}} + \sqrt{\frac{1}{n(n-1)}}\right)\\ &\geqq 2\left(\frac{1}{n+1} + \frac{1}{n-1}\right);\end{aligned}$$

demnach divergiert die obige Reihe.

Wir besprechen jetzt weitere Eigenschaften absolut stetiger Parametertransformationen.

Satz 5.4. *Wenn $F_1: \bar{I}_1 \to \bar{I}_2$ und $F_2: \bar{I}_2 \to \bar{I}_3$ zwei absolut stetige Parametertransformationen sind, so ist auch $F_2 \circ F_1$ eine.*

Beweis. Wir müssen nur noch die absolute Stetigkeit von $F_2 \circ F_1$ nachweisen. Nach Voraussetzung gibt es integrierbare nichtnegative Funktionen f_1 auf $\bar{I}_1$ und f_2 auf $\bar{I}_2$, so daß die Beziehungen

$$F_1(x) = \int_a^x f_1(\xi)\,d\xi + F_1(a),$$

$$F_2(y) = \int_c^y f_2(\eta)\,d\eta + F_2(c)$$

bestehen (dabei sei $\bar{I}_1 = [a, b]$, $\bar{I}_2 = [c, d]$). Nach der Substitutionsregel ist dann

$$F_2(y) = (F_2 \circ F_1)(x) = F_2(F_1(a)) + \int_a^x (f_2 \circ F_1)\cdot f_1\,d\xi,$$

d.h. $F_2 \circ F_1$ ist absolut stetig.

Satz 5.5. *Ist F eine absolut stetige Parametertransformation, deren Ableitung fast überall von Null verschieden ist, dann ist auch F^{-1} absolut stetig.*

Beweis. Als erstes müssen wir uns klarmachen, daß F^{-1} überhaupt existiert; mit anderen Worten, F muß als streng monoton nachgewiesen werden. Ist

$F(x_1)=F(x_2)$ und $x_1<x_2$, so ist F im Intervall $[x_1, x_2]$ konstant; daher ist dort $F'\equiv 0$, was nach Voraussetzung ausgeschlossen ist. Nun zum eigentlichen Beweis.

Wie in früheren Überlegungen läßt sich, wenn

$$F(x)=F(a)+\int_a^x f(\xi)d\xi$$

ist, eine Folge integrierbarer positiver nach unten halbstetiger Funktionen g_ν finden, die monoton fallend fast überall gegen f konvergiert. In jedem Punkt ξ mit $f(\xi)>0$ und $\lim_{\nu\to\infty} g_\nu(\xi)=f(\xi)$ ist $\lim_{\nu\to\infty} \frac{1}{g_\nu(\xi)}=\frac{1}{f(\xi)}$; nach Voraussetzung bildet die Menge der ξ, in denen diese Beziehung nicht gilt, eine Nullmenge. Demnach konvergiert die Folge $1/g_\nu$ monoton wachsend fast überall gegen $1/f$.

Betrachten wir die Funktionen $\frac{1}{g_\nu\circ F^{-1}}$. Jedes g_ν läßt sich als Limes einer monoton wachsenden Folge $(t_{\nu\mu})$ von positiven Treppenfunktionen darstellen, also ist auf ganz $\bar{I}_2=[c,d]$

$$\frac{1}{g_\nu\circ F^{-1}}=\lim_{\mu\to\infty}\frac{1}{t_{\nu\mu}\circ F^{-1}},$$

und da die Folge $\frac{1}{t_{\nu\mu}\circ F^{-1}}$ für festes ν monoton fällt und nur positive Glieder hat, muß $\frac{1}{g_\nu\circ F^{-1}}$ nach dem Satz über monotone Konvergenz eine integrierbare Funktion sein. Anwendung von Satz 5.3 liefert die Abschätzung

$$\int_c^y \frac{d\eta}{g_\nu(F^{-1}(\eta))}=\int_a^x \frac{f(\xi)d\xi}{g_\nu(\xi)}\leq\int_a^x d\xi;$$

also strebt die Folge $\frac{1}{g_\nu\circ F^{-1}}$ monoton wachsend gegen eine integrierbare Grenzfunktion g. Jetzt folgt aus Satz 5.3

$$\begin{aligned}\int_c^y g(\eta)d\eta &= \lim_{\nu\to\infty}\int_c^y \frac{d\eta}{g_\nu(F^{-1}(\eta))}\\ &= \lim_{\nu\to\infty}\int_a^x \frac{f(\xi)d\xi}{g_\nu(\xi)}\\ &= \int_a^x d\xi\\ &= F^{-1}(y)-F^{-1}(c).\end{aligned}$$

Damit ist die absolute Stetigkeit von F^{-1} nachgewiesen. (Aus der Substitutionsregel für F^{-1} ergibt sich noch, daß fast überall $g=\frac{1}{f\circ F^{-1}}$ sein muß, daß also die Folge $\frac{1}{g_\nu\circ F^{-1}}$ fast überall gegen $\frac{1}{f\circ F^{-1}}$ konvergiert.)

Die Voraussetzung, F' möge fast überall positiv sein, kann nicht abgeschwächt werden. Wir konstruieren, um das einzusehen, eine absolut stetige streng monotone Funktion F auf dem Einheitsintervall $\bar{I}$, deren Umkehrung nicht absolut stetig ist. Dazu wählen wir irgendeine Zahl A mit $0<A<1$ und bilden die folgenden meßbaren Mengen:

$$E_0=\left[0,1-\frac{1-A}{4}\right]$$

Es ist also

$$1-\frac{1-A}{4}\leqq I(E_0)<1.$$

Nehmen wir an, für alle Zahlen $0\leqq m\leqq n$ seien schon meßbare Mengen E_m mit folgenden Eigenschaften konstruiert:

1. $E_m\subset E_{m-1}$.
2. $1-\frac{1-A}{4}\cdot\sum_{\mu=0}^{m}\frac{1}{2^\mu}\leqq I(E_m)<1$.
3. Ist $\bar{I}_{\nu,m}=\left[\frac{\nu-1}{2^m},\frac{\nu}{2^m}\right]$, so gilt für $\nu=1,\ldots,2^m$:

$$I(E_m\cap\bar{I}_{\nu,m})<\frac{1}{2^m}.$$

Wir zerlegen dann das Einheitsintervall in 2^{n+1} Teilintervalle

$$\bar{I}_{\nu,n+1}=\left[\frac{\nu-1}{2^{n+1}},\frac{\nu}{2^{n+1}}\right]$$

der Länge $\frac{1}{2^{n+1}}$, setzen für jedes ν

$$M_{\nu,n+1}=\left(\frac{\nu-\frac{1-A}{4}\cdot\frac{1}{2^{n+1}}}{2^{n+1}},\frac{\nu}{2^{n+1}}\right)\subset\bar{I}_{\nu,n+1}$$

und bilden

$$M_{n+1}=\bigcup_{\nu=1}^{2^{n+1}}M_{\nu,n+1}.$$

Die Menge $E_{n+1}=E_n-M_{n+1}$ hat nun die gewünschten Eigenschaften.

1. $E_{n+1}\subset E_n$.
2. $$1>I(E_{n+1})\geqq I(E_n)-I(M_{n+1})$$
$$=I(E_n)-2^{n+1}\frac{1-A}{4}\cdot\frac{1}{4^{n+1}}$$
$$=I(E_n)-\frac{1-A}{4}\cdot\frac{1}{2^{n+1}}$$
$$\geqq 1-\frac{1-A}{4}\left(\sum_{\mu=0}^{n}\frac{1}{2^\mu}+\frac{1}{2^{n+1}}\right)$$
$$=1-\frac{1-A}{4}\sum_{\mu=0}^{n+1}\frac{1}{2^\mu}.$$
3. $I(E_{n+1}\cap\bar{I}_{\nu,n+1})\leqq\frac{1}{2^{n+1}}-\frac{1-A}{4^{n+2}}<\frac{1}{2^{n+1}}$,

da $I(\bar{I}_{\nu,n+1})=2^{-(n+1)}$ und $I(M_{\nu,n+1})=(1-A)4^{-(n+2)}$ ist.

Durch

$$E=\bigcap_{n=0}^{\infty}E_n$$

wird eine meßbare Menge[9] definiert, deren Inhalt zwischen A und 1 liegt:

$$I(E)=\lim_{n\to\infty}I(E_n)$$
$$\geqq 1-\frac{1-A}{4}\sum_{\mu=0}^{\infty}\frac{1}{2^\mu}$$
$$=1-\frac{1-A}{4}\,\frac{1}{1-\frac{1}{2}}=\frac{A+1}{2}>A.$$

Wenn $\bar{J}$ irgendein abgeschlossenes Teilintervall positiver Länge von $\bar{I}$ ist, so gibt es ein n und ein ν mit $\bar{I}_{\nu,n}\subset\bar{J}$. Wegen $I(E_n\cap\bar{I}_{\nu,n})<I(\bar{I}_{\nu,n})$ bestehen dann auch die Ungleichungen $I(E\cap\bar{I}_{\nu,n})\leqq I(E_n\cap\bar{I}_{\nu,n})<I(\bar{I}_{\nu,n})$, also $I(E\cap\bar{J})<I(\bar{J})$.

Es sei nun $E'=\bar{I}-E$ und f die charakteristische Funktion von E'. Wegen der Meßbarkeit von E' ist f integrierbar, und wir definieren

$$F(x)=\int_0^x f(\xi)\,d\xi.$$

Diese Funktion ist definitionsgemäß absolut stetig und monoton wachsend. Nehmen wir an, für $x_1<x_2$ gälte $F(x_1)=F(x_2)$. Dann ist F auf dem Intervall

[9] E ist eine Menge vom „Cantorschen Typus“. Die obige Konstruktion läßt sich in vielerlei Abwandlungen anwenden und liefert meßbare Mengen mit interessanten Eigenschaften.

$[x_1, x_2]$ konstant, hat also dort die Ableitung $F' \equiv 0$. Dann müßte f auf $[x_1, x_2]$ fast überall verschwinden, d.h. $I(E \cap [x_1, x_2]) = x_2 - x_1$, was, wie wir gerade gesehen haben, unmöglich ist. Demnach ist F sogar streng monoton. Wäre F^{-1} auch absolut stetig, so gälte:

$$F^{-1}(y) = \int_0^y g(\eta)\, d\eta \qquad (\text{für } y \in F(\bar{I})),$$

also

$$F^{-1}(F(x)) = \int_0^{F^{-1}(y)} g(F(\xi))\, f(\xi)\, d\xi,$$

$$x = \int_0^x g(F(\xi))\, f(\xi)\, d\xi.$$

Hieraus folgt aber, daß fast überall $g(F(\xi))\, f(\xi) = 1$ sein muß. Andererseits verschwindet f auf E; dort ist also $g(F(\xi))\, f(\xi) = 0$. Wegen $I(E) > 0$ haben wir einen Widerspruch erhalten.

Im folgenden Satz geben wir ein nützliches Kriterium für die absolute Stetigkeit einer Funktion F an. Dabei verstehen wir unter dem *Sehnenpolygon* T von F zu einer Zerlegung $\mathfrak{Z} = (x_0, x_1, \ldots, x_n)$ des Intervalls $\bar{I} = [a, b]$ die Funktion, deren Graph das Polygon mit den Eckpunkten $(x_\nu, F(x_\nu))$ ist. T ist auf $\bar{I}$ fast überall differenzierbar; T' ist eine Treppenfunktion, wenn man T' noch in den Zerlegungspunkten irgendwie festsetzt. – Die *Feinheit* $|\mathfrak{Z}|$ von $\mathfrak{Z}$ ist das Maximum der Längen der Zerlegungsintervalle $(x_{\nu-1}, x_\nu)$.

Satz 5.6. *F sei eine Funktion auf $\bar{I}$ mit gleichmäßig beschränkten Differenzenquotienten, d.h. es gebe eine Konstante R, so daß für je zwei Punkte x, $x_0 \in \bar{I}$ mit $x \neq x_0$*

$$|\Delta(x, x_0)| = \left| \frac{F(x) - F(x_0)}{x - x_0} \right| \leqq R$$

ist. Dann ist F absolut stetig. Ist $(\mathfrak{Z}_\nu)$ eine Folge von Zerlegungen von $\bar{I}$ mit $\mathfrak{Z}_{\nu+1} \leqq \mathfrak{Z}_\nu$ und $\lim\limits_{\nu \to \infty} |\mathfrak{Z}_\nu| = 0$ und bezeichnet T_ν das Sehnenpolygon von F zu $\mathfrak{Z}_\nu$, so gibt es eine Teilfolge (T_{ν_μ}) von (T_ν), deren Ableitungsfolge T'_{ν_μ} L-beschränkt ist und fast überall gegen F' konvergiert.

Beweis. Wir wählen eine Folge $\mathfrak{Z}_1 \geqq \mathfrak{Z}_2 \geqq \ldots$ von Zerlegungen mit $\lim\limits_{\nu \to \infty} |\mathfrak{Z}_\nu| = 0$ und setzen $t_\nu = T'_\nu$ (und $t_\nu(x) = 0$ in den Zerlegungspunkten). Zu konstruieren ist eine L-beschränkte fast überall konvergente Teilfolge von (t_ν).

Da $t_\nu(x)$ stets ein Differenzenquotient der Funktion F (oder gleich Null) ist, besteht nach Voraussetzung die Ungleichung $|t_\nu(x)| \leqq R$. Es sei $\tau_\nu = t_{\nu+1} - t_\nu$ und I_λ ein Zerlegungsintervall von $\mathfrak{Z}_\nu$. Es gilt

$$\int_{\bar{I}_\lambda} t_{\nu+1}^2(x)\, dx = \int_{\bar{I}_\lambda} t_\nu^2(x)\, dx + 2 \int_{\bar{I}_\lambda} t_\nu(x)\, \tau_\nu(x)\, dx + \int_{\bar{I}_\lambda} \tau_\nu^2(x)\, dx.$$

Setzt man $\bar{I}_\lambda=[\alpha, \beta]$ und bezeichnet man weiter die in $\bar{I}_\lambda$ gelegenen Punkte von $\mathfrak{Z}_{\nu+1}$ mit $\alpha_0, \ldots, \alpha_r$ (also $\alpha_0=\alpha$, $\alpha_r=\beta$), so folgt:

$$\begin{aligned}\int_{\bar{I}_\lambda} t_\nu(x)\,\tau_\nu(x)\,dx &= t_\nu(I_\lambda)\cdot\int_\alpha^\beta \tau_\nu(x)\,dx\\ &= t_\nu(I_\lambda)\cdot\sum_{i=1}^r \int_{\alpha_{i-1}}^{\alpha_i} \tau_\nu(x)\,dx\\ &= t_\nu(I_\lambda)\cdot\sum_{i=1}^r \int_{\alpha_{i-1}}^{\alpha_i} (t_{\nu+1}(x)-t_\nu(x))\,dx\\ &= t_\nu(I_\lambda)\cdot\sum_{i=1}^r (T_{\nu+1}(\alpha_i)-T_{\nu+1}(\alpha_{i-1})-T_\nu(\alpha_i)+T_\nu(\alpha_{i-1}))\\ &= t_\nu(I_\lambda)\,(T_{\nu+1}(\alpha_r)-T_{\nu+1}(\alpha_0)-T_\nu(\alpha_r)+T_\nu(\alpha_0))\\ &= 0.\end{aligned}$$

Demnach wird, wenn man noch über alle I_λ summiert,

$$\int_a^b t_{\nu+1}^2(x)\,dx = \int_a^b t_\nu^2(x)\,dx + \int_a^b \tau_\nu^2(x)\,dx \geqq \int_a^b t_\nu^2(x)\,dx.$$

Die Folge dieser Integrale wächst also monoton, ist wegen $|t_\nu| \leqq R$ durch die Zahl $R^2(b-a)$ beschränkt und konvergiert somit in $\mathbb{R}$. Es sei

$$A=\lim_{\nu\to\infty} \int_a^b t_\nu^2(x)\,dx.$$

Wir können eine Teilfolge (t_{ν_μ}) von (t_ν) mit $\lim\limits_{\mu\to\infty} |\mathfrak{Z}_{\nu_\mu}|=0$ finden, so daß für alle μ die Ungleichungen

$$\left|A-\int_a^b t_{\nu_\mu}^2(x)\,dx\right| \leqq \tfrac{1}{2}\cdot 4^{-\mu}$$

bestehen, und diese Teilfolge wieder mit (t_ν) bezeichnen. Auf Grund der obigen Formel wird dann

$$\int_a^b \tau_\nu^2(x)\,dx \leqq 4^{-\nu}.$$

Hieraus läßt sich eine Abschätzung für $\int_a^b |\tau_\nu|\,dx$ herleiten. Dazu bezeichnen wir die Zerlegungsintervalle von $\mathfrak{Z}_{\nu+1}$ mit I_λ (für $\lambda=1, \ldots, m$), ihre Längen mit μ_λ, setzen $a_\lambda=\tau_\nu(I_\lambda)$ und

$$\begin{aligned}\mathfrak{a} &= (|a_1|\,\mu_1^{\frac{1}{2}}, \ldots, |a_m|\,\mu_m^{\frac{1}{2}}),\\ \mathfrak{e} &= (\mu_1^{\frac{1}{2}}, \ldots, \mu_m^{\frac{1}{2}}).\end{aligned}$$

Dann ergibt sich aus der Schwarzschen Ungleichung[10]:

$$\begin{aligned}\int_a^b |\tau_\nu(x)|\,dx &= \sum_{\lambda=1}^{m} |a_\lambda|\,\mu_\lambda \\ &= \mathfrak{a}\cdot\mathfrak{e} \\ &\leqq \|\mathfrak{a}\|\cdot\|\mathfrak{e}\| \\ &= \left(\sum_{\lambda=1}^{m} a_\lambda^2\,\mu_\lambda\right)^{\frac{1}{2}} \left(\sum_{\lambda=1}^{m} \mu_\lambda\right)^{\frac{1}{2}} \\ &= \left(\int_a^b \tau_\nu^2(x)\,dx\right)^{\frac{1}{2}} \sqrt{b-a} \\ &= 2^{-\nu}\cdot\sqrt{b-a}.\end{aligned}$$

Wir setzen jetzt $g_\mu = \sum_{\nu=\mu+1}^{\infty} |\tau_\nu|$ (also $g_\mu(x) \leqq \infty$) und erhalten auf diese Weise eine monoton fallende Folge nichtnegativer Funktionen. Die Abschätzung

$$\sum_{\nu=\mu+1}^{\infty} \int_a^b |\tau_\nu|\,dx \leqq 2^{-\mu}\sqrt{b-a}$$

zeigt, daß alle g_μ integrierbar sind und $\lim_{\mu\to\infty} \int_a^b g_\mu\,dx = 0$ ist. Also strebt (g_μ) fast überall gegen Null. Die Zahl $\mu > 0$ sei irgendwie fest gewählt; für $\nu \geqq \mu$ ist

$$|t_\nu - t_\mu| \leqq \sum_{\lambda=\mu}^{\nu-1} |\tau_\lambda| \leqq g_{\mu-1}.$$

Mithin konvergiert die Folge (t_ν) fast überall gegen eine Grenzfunktion f, die wegen der L-Beschränktheit von (t_ν) integrierbar sein muß. Also:

$$\int_a^x f(\xi)\,d\xi = \lim_{\nu\to\infty} \int_a^x t_\nu(\xi)\,d\xi = \lim_{\nu\to\infty} T_\nu(x) - F(a).$$

Um den Beweis zu vollenden, brauchen wir nur noch die Gleichung $\lim_{\nu\to\infty} T_\nu(x) = F(x)$ nachzuprüfen. In allen Punkten x_0, die in irgendeiner der Zerlegungen $\mathfrak{Z}_\nu$ als Teilpunkte auftauchen, gilt sie trivialerweise; es sei also $x_0 \in \bar{I}$ ein Punkt, so daß es zu jedem ν ein Zerlegungsintervall $I_\nu = (a_\nu, b_\nu)$ von $\mathfrak{Z}_\nu$ mit $x_0 \in I_\nu$ gibt. Nach Voraussetzung ist $\lim_{\nu\to\infty}(b_\nu - a_\nu) = 0$, also $\lim_{\nu\to\infty} a_\nu = \lim_{\nu\to\infty} b_\nu = x_0$. Da $T_\nu(x_0)$ stets zwischen $F(a_\nu)$ und $F(b_\nu)$ liegt und $\lim_{\nu\to\infty} F(a_\nu) = \lim_{\nu\to\infty} F(b_\nu) = F(x_0)$ ist (denn F ist trivialerweise stetig), konvergiert auch die Folge $(T_\nu(x_0))$ gegen $F(x_0)$. Satz 5.6 ist bewiesen.

[10] $\mathfrak{a}\cdot\mathfrak{e}$ ist das Skalarprodukt und $\|\mathfrak{a}\|$ die euklidische Norm.

§ 6. Rektifizierbare Wege

Der Begriff des Weges und des parametrisierten Weges war im ersten Kapitel des zweiten Bandes ausführlich untersucht worden; wir übernehmen die dortigen Ergebnisse und Bezeichnungen. Alle auftretenden Wege sind *abgeschlossen*, d.h. sie haben abgeschlossene Parameterintervalle. Es sei W ein durch $\Phi\colon [a,b]\to\mathbb{R}^n$ parametrisierter Weg und $\mathfrak{Z}=(x_0, x_1, \ldots, x_m)$ eine Zerlegung von $[a,b]$. Das Polygon durch die Punkte $(x_\nu, \Phi(x_\nu))$ ist Graph einer wohlbestimmten stückweise linearen Abbildung $T\colon [a,b]\to\mathbb{R}^n$, die wir als *Sehnenpolygon* von Φ bezüglich $\mathfrak{Z}$ bezeichnen. Außerdem setzen wir[11]

$$L(T)=\sum_{\nu=1}^{m}\|\Phi(x_\nu)-\Phi(x_{\nu-1})\|=\sum_{\nu=1}^{m}\|T(x_\nu)-T(x_{\nu-1})\|$$

(also $L(T)=L(W,\mathfrak{Z})$ in der Terminologie von Band II) und nennen $L(T)$ die *Länge* von T. Ist W *rektifizierbar*, d.h. ist das Supremum der Längen aller Sehnenpolygone zu Φ endlich, so liefert das Diagramm

$$\begin{array}{ccc} [a,b] & \xrightarrow{\;s\;} & [0, L(W)] \\ {\scriptstyle\Phi}\downarrow & \swarrow{\scriptstyle\Psi} & \\ \mathbb{R}^n & & \end{array}$$

mit $s(x)=L(W_x)$ ($=$ Länge des durch $\Phi\colon [a,x]\to\mathbb{R}^n$ parametrisierten *Teilweges*) eine zu Φ äquivalente Parametrisierung Ψ, die *ausgezeichnete Parametrisierung* (vgl. Band II, I. Kap., § 4).

Definition 6.1. *Ein Weg, der eine absolut stetige Parametrisierung besitzt, heißt absolut stetig.*

Wie üblich versteht man dabei unter einer absolut stetigen Parametrisierung eine Abbildung $\Phi=(\varphi_1, \ldots, \varphi_n)$ mit absolut stetigen Komponentenfunktionen φ_ν.

Satz 6.1. *Es sei W ein durch $\Phi\colon [a,b]\to\mathbb{R}^n$ repräsentierter Weg. Wenn es eine Zahl R gibt, so daß für $x_1, x_2\in[a,b]$ stets*

$$\|\Phi(x_2)-\Phi(x_1)\|\leqq R\cdot|x_2-x_1|$$

ist, dann ist Φ absolut stetig, $\|\Phi'\|$ integrierbar, W rektifizierbar, und es gilt die Formel

$$L(W)=\int_a^b\|\Phi'(x)\|\,dx.$$

[11] Wir benötigen in diesem Paragraphen die euklidische Norm im $\mathbb{R}^n$; es ist $\|\mathfrak{a}\| =\left(\sum_{i=1}^{n}a_i^2\right)^{\frac{1}{2}}$ für $\mathfrak{a}=(a_1, \ldots, a_n)$.

Beweis. Es sei $\mathfrak{Z}=(x_0,\ldots,x_m)$ eine Zerlegung von $[a,b]$ und T das Sehnenpolygon zu Φ bezüglich $\mathfrak{Z}$. Nach Voraussetzung ist

$$L(T)=\sum_{\nu=1}^{m}\|T(x_\nu)-T(x_{\nu-1})\|\leqq R\cdot\sum_{\nu=1}^{m}|x_\nu-x_{\nu-1}|=R\cdot(b-a).$$

Damit ist die Rektifizierbarkeit von W bewiesen. Wenn ferner Φ durch die Funktionen $\varphi_1,\ldots,\varphi_n$ gegeben wird, so gilt für irgend zwei Punkte $x_1,x_2\in[a,b]$ und beliebiges ν mit $1\leqq\nu\leqq n$:

$$|\varphi_\nu(x_2)-\varphi_\nu(x_1)|\leqq\|\Phi(x_2)-\Phi(x_1)\|\leqq R\cdot|x_2-x_1|;$$

nach Satz 5.6 ist φ_ν daher absolut stetig. Wir wählen nun eine Folge von Zerlegungen $\mathfrak{Z}_\lambda$ mit $\mathfrak{Z}_{\lambda+1}\leqq\mathfrak{Z}_\lambda$ und $\lim\limits_{\lambda\to\infty}|\mathfrak{Z}_\lambda|=0$ und nennen die zugehörigen Sehnenpolygone T_λ. Jedes T_λ ist also ein n-tupel $(T_{1\lambda},\ldots,T_{n\lambda})$ von Sehnenpolygonen $T_{\nu\lambda}$ zu φ_ν. Nach Satz 5.6 kann man durch Übergang zu einer Teilfolge der $\mathfrak{Z}_\lambda$ erreichen, daß die Folgen $t_{\nu\lambda}=T'_{\nu\lambda}$ L-beschränkt sind und fast überall gegen φ'_ν konvergieren; außerdem dürfen wir natürlich noch $\lim\limits_{\lambda\to\infty}L(T_\lambda)=L(W)$ annehmen. Unter diesen Voraussetzungen ist fast überall

$$\lim_{\lambda\to\infty}\|T'_\lambda\|=\|\Phi'\|,$$

und wegen

$$\|T'_\lambda\|\leqq\sqrt{n}\max_{\nu=1,\ldots,n}|t_{\nu\lambda}|$$

bilden auch die $\|T'_\lambda\|$ eine L-beschränkte Folge. Ihre Grenzfunktion $\|\Phi'\|$ ist somit integrierbar, und es gilt:

$$\int_a^b\|\Phi'\|\,dx=\lim_{\lambda\to\infty}\int_a^b\|T'_\lambda\|\,dx=\lim_{\lambda\to\infty}L(T_\lambda)=L(W).$$

was zu zeigen war.

Wir wenden dieses Ergebnis auf einen rektifizierbaren Weg W der Länge L an. Setzt man $s(x)=L(W_x)$, wobei W_x der Teilweg von $\Phi(a)$ bis $\Phi(x)$ ist und W durch $\Phi\colon[a,b]\to\mathbb{R}^n$ gegeben wird, und bezeichnet mit $\Psi\colon[0,L]\to\mathbb{R}^n$ die ausgezeichnete Parametrisierung von W, so gilt für zwei beliebige Punkte $s_1,s_2\in[0,L]$ und $x_1,x_2\in[a,b]$ mit $s(x_i)=s_i$:

$$\begin{aligned}\|\Psi(s_2)-\Psi(s_1)\|&=\|\Phi(x_2)-\Phi(x_1)\|\leqq|s(x_2)-s(x_1)|\\&=|s_2-s_1|.\end{aligned}$$

Damit haben wir

Satz 6.2. *Die ausgezeichnete Parametrisierung Ψ eines rektifizierbaren Weges W ist absolut stetig, und für die Länge von W gilt die Formel*

$$L(W)=\int_0^L\|\Psi'(s)\|\,ds.$$

Als nächstes werden wir nachweisen, daß jeder absolut stetige Weg rektifizierbar sein muß und die obige Formel für beliebige absolut stetige Parametrisierungen gilt. Versucht man den Beweis der entsprechenden Aussage für glatte Wege, so wie wir ihn im zweiten Band geführt haben (I. Kap., Satz 3.3), zu übernehmen, so stößt man auf die Schwierigkeit, die absolute Stetigkeit der Bogenlänge $s(x)$ nachzuweisen. Damals war das wegen der Stetigkeit von $\|\Phi'(t)\|$ einfach gewesen.

Satz 6.3. *Es sei W ein Weg mit der absolut stetigen Parametrisierung $\Phi\colon [a,b]\to\mathbb{R}^n$. Dann ist W rektifizierbar, $\|\Phi'\|$ integrierbar und*

$$L(W)\leqq \int_a^b \|\Phi'(x)\|\,dx.$$

Beweis. Es sei $\Phi=(\varphi_1,\dots,\varphi_n)$. Wegen der Integrierbarkeit der Funktionen φ'_ν lassen sich L-beschränkte Folgen $(t_{\nu\lambda})$ von Treppenfunktionen auf dem Intervall $[a,b]$ finden, die fast überall gegen φ'_ν konvergieren. Setzt man $t_\lambda=(t_{1\lambda},\dots,t_{n\lambda})$, so strebt die Folge $\|t_\lambda\|$ fast überall gegen $\|\Phi'\|$ und ist L-beschränkt; $\|\Phi'\|$ ist also integrierbar. Es seien nun x_1, x_2 zwei beliebige Punkte in $[a,b]$ mit $x_1<x_2$; wir verifizieren die Ungleichung

$$\|\Phi(x_2)-\Phi(x_1)\|\leqq \int_{x_1}^{x_2} \|\Phi'(x)\|\,dx,$$

aus welcher unser Satz unmittelbar folgt.

Auf Grund des Lebesgueschen Konvergenzsatzes konvergiert die Funktionenfolge[12]

$$T_\lambda(x)=\Phi(a)+\int_a^x t_\lambda(\xi)\,d\xi$$

gegen

$$\Phi(x)=\Phi(a)+\int_a^x \Phi'(\xi)\,d\xi.$$

Wir wählen ein beliebiges $\varepsilon>0$ und ein $\lambda_0\in\mathbb{N}$, so daß für $\lambda\geqq\lambda_0$ die Beziehungen

$$\|\Phi(x_1)-T_\lambda(x_1)\|\leqq\varepsilon,$$
$$\|\Phi(x_2)-T_\lambda(x_2)\|\leqq\varepsilon,$$
$$\left|\int_{x_1}^{x_2}\|\Phi'(x)\|\,dx-\int_{x_1}^{x_2}\|t_\lambda(x)\|\,dx\right|\leqq\varepsilon$$

---

[12] Für $\mathfrak{a}=(a_1,\dots,a_n)$ sei $\int_I \mathfrak{a}\,dx=(\int_I a_1\,dx,\dots,\int_I a_n\,dx)$. Wir nennen hier Abbildungen in den $\mathbb{R}^n$ einfach Funktionen.

gültig sind. Dann ergibt sich für $\lambda \geqq \lambda_0$:

$$\begin{aligned}\|\Phi(x_2)-\Phi(x_1)\| &\leqq 2\varepsilon+\|T_\lambda(x_2)-T_\lambda(x_1)\| \\ &=2\varepsilon+\left\|\int_{x_1}^{x_2} t_\lambda(x)\,dx\right\| \\ &\leqq 2\varepsilon+\int_{x_1}^{x_2}\|t_\lambda(x)\|\,dx \\ &\leqq 3\varepsilon+\int_{x_1}^{x_2}\|\Phi'(x)\|\,dx.\end{aligned}$$

Da $\varepsilon>0$ beliebig war, folgt die Behauptung.

Wir untersuchen jetzt die durch

$$\sigma(x)=\int_a^x \|\Phi'(\xi)\|\,d\xi$$

definierte absolut stetige Parametertransformation; es sei $\sigma(b)=c$. Falls für zwei Punkte $x_1 \neq x_2 \in [a,b]$ auch $\Phi(x_1)\neq\Phi(x_2)$ ist, so ist, wie wir gerade eingesehen haben, $\sigma(x_1)\neq\sigma(x_2)$. Durch $\Psi(\sigma)=\Phi(x)$, falls $\sigma=\sigma(x)$ ist, läßt sich also eine eindeutige Abbildung Ψ: $[0,c]\to\mathbb{R}^n$ definieren, die das Intervall $[0,c]$ auf $|W|$ abbildet. Bezeichnet s die Bogenlänge, so gilt ähnlich wie früher für $\sigma_1, \sigma_2 \in [0,c]$:

$$\|\Psi(\sigma_2)-\Psi(\sigma_1)\|=\|\Phi(x_2)-\Phi(x_1)\|\leqq|s_2-s_1|\leqq|\sigma_2-\sigma_1|;$$

demnach ist Ψ absolut stetig, und es folgt nach Satz 6.1

$$L(W)=\int_0^c \|\Psi'\|\,d\sigma.$$

Wir dürfen in diesem Integral die Substitution $\sigma=\sigma(x)$ vornehmen:

$$L(W)=\int_a^b (\|\Psi'\|\circ\sigma)\,\|\Phi'\|\,dx.$$

Nun ist, wenn $\Psi=(\psi_1,\ldots,\psi_n)$ gesetzt wird,

$$\begin{aligned}(\|\Psi'\|\circ\sigma)\,\|\Phi'\| &= \left(\sum_{\nu=1}^n (\psi'_\nu\circ\sigma)^2\right)^{\frac{1}{2}}\cdot\sigma' \\ &= \left(\sum_{\nu=1}^n [(\psi'_\nu\circ\sigma)\cdot\sigma']^2\right)^{\frac{1}{2}} = \left(\sum_{\nu=1}^n [(\psi_\nu\circ\sigma)']^2\right)^{\frac{1}{2}} \\ &\quad \left(\text{da } (\psi_\nu\circ\sigma)(x)+\text{const}=\int_a^x(\psi_\nu\circ\sigma)'(\xi)\,d\xi=\int_a^x(\psi'_\nu\circ\sigma)\,\sigma'\,d\xi \text{ ist}\right) \\ &= \left(\sum_{\nu=1}^n \varphi'^2_\nu\right)^{\frac{1}{2}} = \|\Phi'\|.\end{aligned}$$

Damit wird, wenn $\sigma(x)=\sigma$ ist,

$$\int_0^\sigma \|\Psi'(\sigma)\|\,d\sigma=\int_a^x \|\Phi'(\xi)\|\,d\xi=\sigma,$$

und wir haben die Beziehung

$$s(x)=L(W_x)=L(W_\sigma)=\int_0^\sigma \|\Psi'(\sigma)\|\,d\sigma=\int_a^x \|\Phi'(\xi)\|\,d\xi=\sigma(x).$$

Demnach ist σ die Bogenlänge zu Φ und Ψ die ausgezeichnete Parametrisierung von W.

Als Ergebnis unserer Überlegungen formulieren wir

Satz 6.4. *Folgende Aussagen über einen Weg W sind äquivalent:*

1. *W ist rektifizierbar.*
2. *W ist absolut stetig.*
3. *Die ausgezeichnete Parametrisierung von W ist absolut stetig.*

Wenn $\Phi\colon [a,b]\to\mathbb{R}^n$ irgendeine absolut stetige Parametrisierung von W und Ψ die ausgezeichnete Parametrisierung ist, so gilt die Formel $\Phi=\Psi\circ s$ mit der absolut stetigen Parametertransformation

$$s(x)=\int_a^x \|\Phi'(\xi)\|\,d\xi.$$

Insbesondere ist

$$L(W)=\int_a^b \|\Phi'(x)\|\,dx.$$

Jetzt können wir Integrale über rektifizierbare Wege erklären.

Definition 6.2. *Es sei W ein rektifizierbarer Weg im $\mathbb{R}^n$ mit ausgezeichneter Parametrisierung Ψ und Länge L. Eine Pfaffsche Form $\varphi=\sum_{\nu=1}^n a_\nu\,dy_\nu$ ist über W integrierbar, wenn sie auf $|W|$ erklärt ist und das Integral*

$$A=\int_{[0,L]} \varphi\circ\Psi=\sum_{\nu=1}^n \int_0^L (a_\nu\circ\Psi)\,\psi'_\nu\,ds$$

existiert.

Man schreibt kürzer

$$A=\int_W \varphi$$

und nennt A das *Integral von φ über den Weg W.* Ist Φ irgendeine andere absolut stetige Parametrisierung von W, so gilt: $\Phi=\Psi\circ s$, wo s eine absolut stetige Parametertransformation ist. Demnach ist

$$\begin{aligned}\int_W \varphi &= \int_{[0,L]} \varphi\circ\Psi \\ &= \sum_{\nu=1}^{n} \int_0^L (a_\nu\circ\Psi)\,\psi'_\nu\,ds \\ &= \sum_{\nu=1}^{n} \int_a^b (a_\nu\circ\Psi\circ s)\,(\psi'_\nu\circ s)\,s'\,dx \\ &= \sum_{\nu=1}^{n} \int_a^b (a_\nu\circ\Phi)\,\varphi'_\nu\,dx \\ &= \int_{[a,b]} \varphi\circ\Phi.\end{aligned}$$

Das Integral einer integrierbaren Form kann also mit Hilfe beliebiger absolut stetiger Parametrisierungen berechnet werden.

Satz 6.5. *Ist* $\varphi=\sum_{\nu=1}^{n} a_\nu\,dy_\nu$ *auf* $|W|$ *stetig und* W *rektifizierbar, so existiert* $\int_W \varphi$.

Beweis. Wieder sei Ψ: $[0,L]\to\mathbb{R}^n$ die ausgezeichnete Parametrisierung, $\Psi=(\psi_1,\ldots,\psi_n)$. Wir wählen L-beschränkte Folgen $(t_{\nu\lambda})$ von Treppenfunktionen, die fast überall gegen ψ'_ν streben; die Folgen $(a_\nu\circ\Psi)\,t_{\nu\lambda}$ konvergieren dann fast überall gegen $(a_\nu\circ\Psi)\,\psi'_\nu$ und sind wegen der Stetigkeit von $a_\nu\circ\Psi$ auch noch L-beschränkt; demnach existiert

$$\int_0^L (a_\nu\circ\Psi)\,\psi'_\nu\,ds,$$

was zu zeigen war.

Abschließend beweisen wir

Satz 6.6. Φ: $[a,b]\to\mathbb{R}^n$ *sei eine absolut stetige Parametrisierung des rektifizierbaren Weges* W *und* F *eine in einer Umgebung* U *von* $|W|$ *erklärte stetig differenzierbare Abbildung in den* $\mathbb{R}^m$. *Dann ist der durch* $F\circ\Phi$: $[a,b]\to\mathbb{R}^m$ *parametrisierte Weg* $F(W)$ *absolut stetig.*

Zum Beweis darf man für Φ die ausgezeichnete Parametrisierung von W wählen. Wie in Satz 3.2 zeigt man, daß es ein $\beta>0$ mit

$$|F(\mathfrak{y}_1)-F(\mathfrak{y}_2)|\leqq\beta|\mathfrak{y}_2-\mathfrak{y}_1|$$

für $\mathfrak{y}_1,\mathfrak{y}_2\in|W|$ gibt. Setzt man $R=\beta\cdot\sqrt{m}$, so ist

$$\|F(\mathfrak{y}_1)-F(\mathfrak{y}_2)\|\leqq R\,\|\mathfrak{y}_2-\mathfrak{y}_1\|.$$

Also:

$$\|(F\circ\Phi)(x_2)-(F\circ\Phi)(x_1)\|\leqq R\,\|\Phi(x_2)-\Phi(x_1)\|\leqq R\,|x_2-x_1|.$$

Nach Satz 5.6 ist $F\circ\Phi$ absolut stetig.

IV. Kapitel
Vektoranalysis

In diesem Kapitel interpretieren wir die Formeln der Vektoranalysis in der Sprache der Differentialformen. Da es uns nicht um eine Darstellung der Vektoranalysis, sondern um ihre Übersetzung in den in den vorigen Kapiteln entwickelten übersichtlicheren Kalkül geht, werden einige Begriffe aus der Vektoranalysis als bekannt vorausgesetzt, an ihre Definition wird lediglich erinnert.

§ 1. Differentialformen und Vektorfelder im $\mathbb{R}^3$

Mit B bezeichnen wir immer eine offene Menge im $\mathbb{R}^3$. Ein *Vektorfeld* auf B ist (vgl. Kap. II) eine Abbildung $\mathfrak{a}$, die jedem $\mathfrak{x} \in B$ einen Tangentialvektor

$$\mathfrak{a}(\mathfrak{x}) = \sum_{\nu=1}^{3} a_\nu(\mathfrak{x}) \frac{\partial}{\partial x_\nu} \in T_\mathfrak{x}$$

zuordnet. Wir veranschaulichen $\mathfrak{a}(\mathfrak{x})$ stets als den in $\mathfrak{x}$ abgetragenen Pfeil mit den Komponenten (a_1, a_2, a_3) und schreiben auch fast immer $\mathfrak{a}(\mathfrak{x}) = (a_1(\mathfrak{x}), a_2(\mathfrak{x}), a_3(\mathfrak{x}))$.

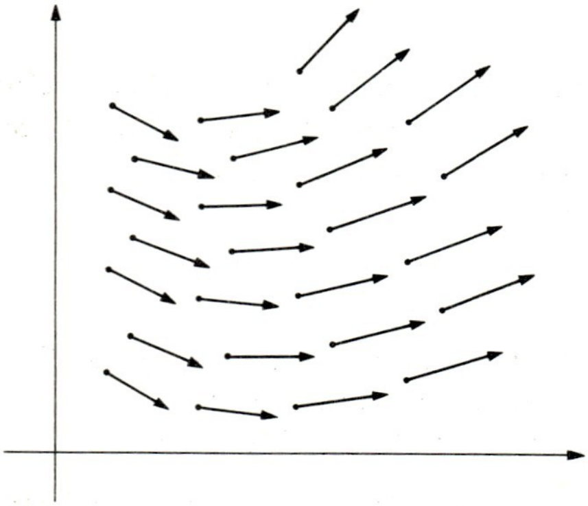

Fig. 20. Vektorfeld

Beispiele solcher Vektorfelder erhält man aus Differentialformen auf B.

1. Ist $\varphi = \sum_{\nu=1}^{3} a_\nu(\mathfrak{x})\, dx_\nu$ eine Pfaffsche Form, so kann man

$$\mathfrak{a}(\mathfrak{x}) = (a_1(\mathfrak{x}), a_2(\mathfrak{x}), a_3(\mathfrak{x}))$$

als Vektorfeld ansehen. Bei dieser Übertragung sind die festen Koordinaten des $\mathbb{R}^3$ natürlich wesentlich ausgenutzt worden. Wir werden auch

$$\mathfrak{a} = j(\varphi) = [\varphi]$$

schreiben. Offensichtlich entsprechen sich Vektorfelder und Pfaffsche Formen umkehrbar eindeutig unter j; φ ist genau dann differenzierbar bzw. stetig, wenn $j(\varphi)$ es ist.

2. Nun sei ψ eine 2-Form. Wir können ψ eindeutig in der Gestalt

$$\psi = \sum_{\nu=1}^{3} b_\nu(\mathfrak{x})\, \omega_\nu$$

schreiben, wo

$$\omega_1 = dx_2 \wedge dx_3$$
$$\omega_2 = dx_3 \wedge dx_1$$
$$\omega_3 = dx_1 \wedge dx_2$$

ist. Es handelt sich also nicht um die Grundform von ψ; die Indizes gehen durch zyklische Vertauschung auseinander hervor. Der Form ψ wird das Vektorfeld

$$j(\psi) = \mathfrak{b} = (b_1, b_2, b_3) = [\psi]$$

wieder mittels der Koordinaten des $\mathbb{R}^3$ zugeordnet. Auch jetzt liefert j eine umkehrbar eindeutige Entsprechung zwischen 2-Formen ψ und Vektorfeldern auf $B \subset \mathbb{R}^3$, die die Differenzierbarkeitseigenschaften erhält.

3. Schreibt man eine 3-Form als

$$\omega = c(\mathfrak{x})\, dx_1 \wedge dx_2 \wedge dx_3,$$

so erhält man eine wohlbestimmte Funktion $c = j(\omega) = [\omega]$ auf B. Also: 3-Formen im $\mathbb{R}^3$ entsprechen umkehrbar eindeutig den Funktionen.

4. Schließlich sind 0-Formen nichts weiter als Funktionen.

Die Abbildung j respektiert in allen Fällen Vektoraddition und Multiplikation mit Funktionen.

Mittels dieser Zuordnungen (Differentialform → Vektorfeld/Funktion) soll jetzt der Kalkül der alternierenden Differentialformen mit der Vektoranalysis im $\mathbb{R}^3$ verglichen werden.

a) Es seien

$$\varphi = a_1\,dx_1 + a_2\,dx_2 + a_3\,dx_3, \qquad \varphi' = a_1'\,dx_1 + a_2'\,dx_2 + a_3'\,dx_3$$

zwei differenzierbare 1-Formen und

$$\mathfrak{a} = (a_1, a_2, a_3), \qquad \mathfrak{a}' = (a_1', a_2', a_3')$$

die zugehörigen Vektorfelder. Man errechnet

$$\begin{aligned}\varphi \wedge \varphi' = {}& (a_2 a_3' - a_3 a_2')\,dx_2 \wedge dx_3 + (a_3 a_1' - a_1 a_3')\,dx_3 \wedge dx_1 \\ & + (a_1 a_2' - a_2 a_1')\,dx_1 \wedge dx_2 .\end{aligned}$$

Das zu $\varphi \wedge \varphi'$ gehörige Vektorfeld ist also gerade das *Kreuzprodukt* der Vektorfelder $\mathfrak{a}$ und $\mathfrak{a}'$:

$$j(\varphi \wedge \varphi') = [\varphi \wedge \varphi'] = \mathfrak{a} \times \mathfrak{a}'.$$

Bemerkung: Die Komponenten von $\mathfrak{a} \times \mathfrak{a}'$ bekommt man, indem man

$$\det \begin{pmatrix} (1) & (2) & (3) \\ a_1 & a_2 & a_3 \\ a_1' & a_2' & a_3' \end{pmatrix}$$

formal nach der ersten Zeile entwickelt, also

$$1.\ \text{Komponente} = \det \begin{pmatrix} a_2 & a_3 \\ a_2' & a_3' \end{pmatrix}$$

$$2.\ \text{Komponente} = -\det \begin{pmatrix} a_1 & a_3 \\ a_1 & a_3' \end{pmatrix}$$

$$3.\ \text{Komponente} = \det \begin{pmatrix} a_1 & a_2 \\ a_1' & a_2' \end{pmatrix}.$$

b) Jetzt seien

$$\varphi = a_1\,dx_1 + a_2\,dx_2 + a_3\,dx_3$$

und

$$\psi = b_1\,dx_2 \wedge dx_3 + b_2\,dx_3 \wedge dx_1 + b_3\,dx_1 \wedge dx_2$$

zwei Formen;

$$\mathfrak{a} = (a_1, a_2, a_3), \qquad \mathfrak{b} = (b_1, b_2, b_3)$$

seien die zugehörigen Vektorfelder. Man errechnet

$$\varphi \wedge \psi = (a_1 b_1 + a_2 b_2 + a_3 b_3)\, dx_1 \wedge dx_2 \wedge dx_3.$$

Also gilt: die zur 3-Fom $\varphi \wedge \psi$ gehörige Funktion ist das *Skalarprodukt* der Vektorfelder $\mathfrak{a}$ und $\mathfrak{b}$:

$$j(\varphi \wedge \psi) = [\varphi \wedge \psi] = \mathfrak{a}\,\mathfrak{b}.$$

Wir wollen nun untersuchen, wie sich der eben konstruierte Isomorphismus j unter Transformationen des $\mathbb{R}^3$ verhält. Zunächst sei

$$F\colon\ B \to B'$$

eine umkehrbar stetig differenzierbare Abbildung von B auf den Bereich B'; die Koordinaten in B werden mit (x_1, x_2, x_3), in B' mit (y_1, y_2, y_3) bezeichnet.

Zu 1. Es sei $\varphi = \sum_{\nu=1}^{3} a_\nu\, dx_\nu$ eine Pfaffsche Form auf B und $\mathfrak{a} = \sum_{\nu=1}^{3} a_\nu \frac{\partial}{\partial x_\nu}$ das zugehörige Vektorfeld. Im zweiten Band haben wir auf B' die *transformierte Form*

$$\varphi \circ F^{-1} = \sum_{\nu=1}^{3} b_\nu\, dy_\nu$$

erklärt. Außerdem definiert F für jedes $\mathfrak{x} \in B$ eine lineare Abbildung

$$F_*\colon\ T_{\mathfrak{x}} \to T_{F(\mathfrak{x})}$$

(vgl. Band II); da F umkehrbar ist, können wir eindeutig ein *Bildvektorfeld*

$$F_*(\mathfrak{a}) = \sum_{\nu=1}^{3} (a_\nu \circ F^{-1})\, F_*\left(\frac{\partial}{\partial x_\nu}\right)$$

auf B' erklären. Ist nun

$$\mathfrak{b} = j(\varphi \circ F^{-1}) = F_*(\mathfrak{a})?$$

Wir setzen

$$\mathfrak{b} = (b_1, b_2, b_3),$$

$$F_*(\mathfrak{a}) = \sum_{\nu=1}^{3} b'_\nu \frac{\partial}{\partial y_\nu},$$

$$\mathfrak{b}' = (b'_1, b'_2, b'_3).$$

Ist $\mathfrak{J}_F$ die Funktionalmatrix von F, so folgt, wie in Band II bewiesen wurde, mit $\mathfrak{y}=F(\mathfrak{x})$,

$$\mathfrak{b}(\mathfrak{y})=({}^t\mathfrak{J}_F)^{-1}\circ\mathfrak{a}(\mathfrak{x}),$$
$$\mathfrak{b}'(\mathfrak{y})=\mathfrak{J}_F\circ\mathfrak{a}(\mathfrak{x}).$$

(${}^tC$ bezeichnet die zu C transponierte Matrix). Im allgemeinen ist also $\mathfrak{b}\neq\mathfrak{b}'$ und damit

$$j(\varphi\circ F^{-1})\neq F_*(j(\varphi)).$$

Für die Klasse der *orthogonalen Abbildungen*

$$\mathfrak{y}=F(\mathfrak{x})=A\,\mathfrak{x}+\mathfrak{a}_0,$$

wo A eine orthogonale Matrix und $\mathfrak{a}_0$ ein konstanter Vektor ist, gilt aber

$$\mathfrak{J}_F=A$$

und

$${}^tA=A^{-1},$$

d.h. ${}^tA^{-1}=A$, und wir sehen: Bei orthogonalen Abbildungen F ist stets

$$j(\varphi\circ F^{-1})=F_*(j(\varphi)),$$

d.h. die Koeffizienten von φ transformieren sich wie ein Vektorfeld.

Ab jetzt sollen nur noch orthogonale Transformationen zugrunde gelegt werden:

$$\mathfrak{y}=F(\mathfrak{x})=A\,\mathfrak{x}+\mathfrak{a}_0.$$

Zu 3. Ist $\omega=c\,dx_1\wedge dx_2\wedge dx_3$ eine 3-Form auf B, so wird

$$\begin{aligned}\omega\circ F^{-1}&=(c\circ F^{-1})\det{}^tA^{-1}\,dy_1\wedge dy_2\wedge dy_3\\&=(c\circ F^{-1})\det A\,dy_1\wedge dy_2\wedge dy_3\\&=\pm c\circ F^{-1}\,dy_1\wedge dy_2\wedge dy_3.\end{aligned}$$

Das $+$-Zeichen gilt für $\det A=+1$, d.h. für eigentliche orthogonale Transformationen, d.h. für Drehungen, das $-$-Zeichen für Drehspiegelungen. Demnach ist

$$c^*=j(\omega\circ F^{-1})=\begin{cases} c\circ F^{-1}, & \text{falls } F \text{ eine Drehung ist,}\\ -c\circ F^{-1}, & \text{falls } F \text{ eine Drehspiegelung ist.}\end{cases}$$

Die Vektoranalysis bezeichnet Größen, die sich dergestalt transformieren, gelegentlich als *Pseudoskalare*.

Zu 2. Jetzt sei ψ eine 2-Form auf B, $[\psi]=\mathfrak{b}$ das zugehörige Vektorfeld;

$$\psi^*=\psi\circ F^{-1}, \qquad \mathfrak{b}^*=[\psi^*].$$

Ist φ eine beliebige 1-Form auf B und $[\varphi]=\mathfrak{a}$, so ist

$$\begin{aligned}[(\varphi\wedge\psi)\circ F^{-1}]&=[\varphi\circ F^{-1}\wedge\psi\circ F^{-1}]=[\varphi\circ F^{-1}]\cdot[\psi\circ F^{-1}]\\ &=(A(\mathfrak{a}\circ F^{-1}))\cdot\mathfrak{b}^*.\end{aligned}$$

Andererseits ist

$$\begin{aligned}[(\varphi\wedge\psi)\circ F^{-1}]&=\pm(\mathfrak{a}\cdot\mathfrak{b})\circ F^{-1}=\pm(\mathfrak{a}\circ F^{-1})\cdot(\mathfrak{b}\circ F^{-1})\\ &=\pm(A(\mathfrak{a}\circ F^{-1}))\cdot(A(\mathfrak{b}\circ F^{-1})),\end{aligned}$$

also

$$A(\mathfrak{a}\circ F^{-1})\cdot\mathfrak{b}^*=\pm A(\mathfrak{a}\circ F^{-1})\cdot A(\mathfrak{b}\circ F^{-1}),$$

also

$$\mathfrak{b}^*=\begin{cases}A(\mathfrak{b}\circ F^{-1}) & \text{falls } A \text{ Drehung,}\\ -A(\mathfrak{b}\circ F^{-1}) & \text{falls } A \text{ Drehspiegelung.}\end{cases}$$

Damit hat man: Das zu einer 2-Form ψ gehörige Vektorfeld $\mathfrak{b}$ auf B transformiert sich bei Drehungen wie ein gewöhnliches Vektorfeld, bei Drehspiegelungen tritt ein Vorzeichenwechsel auf. Physiker nennen $\mathfrak{b}$ deshalb ein *axiales Vektorfeld;* $\mathfrak{b}(\mathfrak{x})$ ist ein *axialer Vektor.*

Wie soll man sich Vektorfelder und axiale Vektorfelder vorstellen?

Man betrachte die Spiegelung

$$\mathfrak{y}=F(\mathfrak{x})$$
$$y_1=-x_1,\ y_2=x_2,\ y_3=x_3.$$

Fig. 21 (umseitig) zeigt, wie sich $\mathfrak{v}=(1,0,0)\in T_{\mathfrak{x}_0}$ a) als Vektor, b) als axialer Vektor transformiert. Ein Vektor ist also eine „Strecke mit Richtung", ein axialer Vektor eine „Strecke mit Drehsinn". Im Bild b) bleibt der eingezeichnete Drehsinn von $\mathfrak{v}$ nach der Spiegelung erhalten. (Man stelle sich den Drehsinn als durch einen parametrisierten Kreisbogen gegeben vor. Der gespiegelte Kreisbogen wird dann im gleichen Sinne durchlaufen!)

Wir untersuchen abschließend die totale Ableitung von Differentialformen im $\mathbb{R}^3$ und die entsprechenden Operatoren der Vektoranalysis.

1. Es sei f eine stetig differenzierbare Funktion. Dann ist

$$df=\frac{\partial f}{\partial x_1}dx_1+\frac{\partial f}{\partial x_2}dx_2+\frac{\partial f}{\partial x_3}dx_3.$$

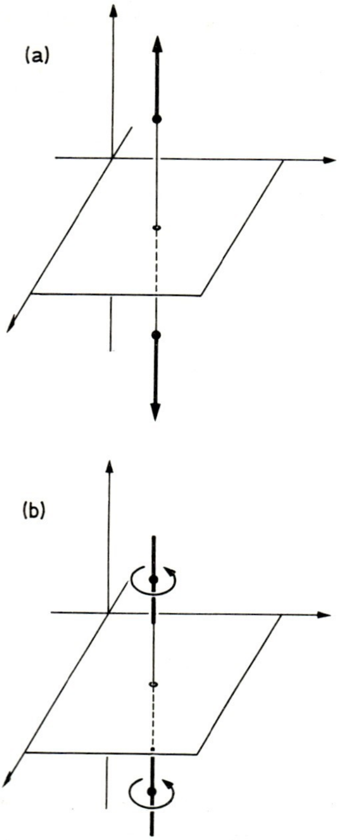

Fig. 21 a u. b. Vektor und axialer Vektor

Das zugehörige Vektorfeld $[df]=\left(\frac{\partial f}{\partial x_1}, \frac{\partial f}{\partial x_2}, \frac{\partial f}{\partial x_3}\right)$ wird *Gradient* von f genannt, in Zeichen:

$$\operatorname{grad} f = \left(\frac{\partial f}{\partial x_1}, \frac{\partial f}{\partial x_2}, \frac{\partial f}{\partial x_3}\right).$$

Illustration. Es sei $c \in \mathbb{R}$ und $\mathfrak{x}_0 \in B$ mit $f(\mathfrak{x}_0)=c$. Der Untervektorraum

$$V=\left\{\mathfrak{v} \in T_{\mathfrak{x}_0}\colon \frac{\partial f}{\partial x_1}(\mathfrak{x}_0)\, v_1 + \frac{\partial f}{\partial x_2}(\mathfrak{x}_0)\, v_2 + \frac{\partial f}{\partial x_3}(\mathfrak{x}_0)\, v_3 = 0\right\}$$

ist dann die Tangentialebene der Niveaulinie $N_c=\{\mathfrak{x} \in B \mid f(\mathfrak{x})=c\}$ im Punkte $\mathfrak{x}_0$, vorausgesetzt natürlich, daß $\operatorname{grad} f$ in $\mathfrak{x}_0$ nicht verschwindet! (Beweis!) Dabei wird $T_{\mathfrak{x}_0}$ wie üblich mit dem $\mathbb{R}^3$ mit $\mathfrak{x}_0$ als Aufpunkt identifiziert. – Der Gradient steht immer senkrecht auf den Niveaulinien.

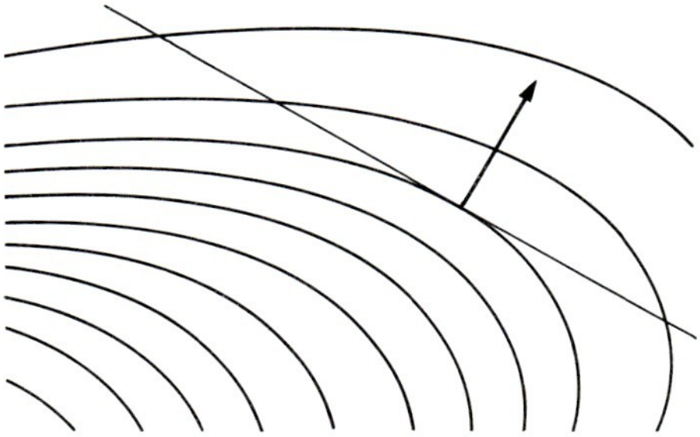

Fig. 22. Gradient und Niveaulinien

2. Nun sei

$$\varphi = a_1\, dx_1 + a_2\, dx_2 + a_3\, dx_3$$

eine 1-Form auf B. Man errechnet

$$d\varphi = \left(\frac{\partial a_3}{\partial x_2} - \frac{\partial a_2}{\partial x_3}\right) dx_2 \wedge dx_3 + \left(\frac{\partial a_1}{\partial x_3} - \frac{\partial a_3}{\partial x_1}\right) dx_3 \wedge dx_1$$
$$+ \left(\frac{\partial a_2}{\partial x_1} - \frac{\partial a_1}{\partial x_2}\right) dx_1 \wedge dx_2 .$$

Es sei $\mathfrak{a} = (a_1, a_2, a_3)$ das zu φ gehörige Vektorfeld. Das zu $d\varphi$ gehörige Vektorfeld heißt *Rotation* von $\mathfrak{a}$ und wird mit $\operatorname{rot} \mathfrak{a}$ bezeichnet. (Nach den vorangegangenen Überlegungen hat man $\operatorname{rot} \mathfrak{a}$ als ein axiales Vektorfeld anzusehen.)

Mit Hilfe von Differentialformen ist $\operatorname{rot} \mathfrak{a}$ also ganz einfach beschrieben: $\operatorname{rot} \mathfrak{a}$ ist gegeben durch die totale Ableitung $d\varphi$ der zu $\mathfrak{a}$ gehörigen 1-Form φ.

In der Vektoranalysis ist folgende Symbolik gebräuchlich: Es wird der *Nabla-Operator*

$$\nabla = \left(\frac{\partial}{\partial x_1}, \frac{\partial}{\partial x_2}, \frac{\partial}{\partial x_3}\right)$$

betrachtet; $\operatorname{rot} \mathfrak{a}$ erhält man durch formales Entwickeln der folgenden Determinante nach der ersten Zeile

$$\det \begin{pmatrix} (1) & (2) & (3) \\ \dfrac{\partial}{\partial x_1} & \dfrac{\partial}{\partial x_2} & \dfrac{\partial}{\partial x_3} \\ a_1 & a_2 & a_3 \end{pmatrix}$$

($\frac{\partial}{\partial x_i} \cdot a$ ist stets als $\frac{\partial a}{\partial x_i}$ zu verstehen). Man schreibt deshalb auch $\operatorname{rot} \mathfrak{a} = \nabla \times \mathfrak{a}$.

3. Es sei

$$\psi = b_1\, dx_2 \wedge dx_3 + b_2\, dx_3 \wedge dx_1 + b_3\, dx_1 \wedge dx_2,$$
$$\mathfrak{b} = (b_1, b_2, b_3).$$

Dann ist

$$d\psi = \left(\frac{\partial b_1}{\partial x_1} + \frac{\partial b_2}{\partial x_2} + \frac{\partial b_3}{\partial x_3}\right) dx_1 \wedge dx_2 \wedge dx_3 .$$

Die zu $d\psi$ gehörige Funktion wird *Divergenz* von $\mathfrak{b}$ genannt:

$$\operatorname{div} \mathfrak{b} = \frac{\partial b_1}{\partial x_1} + \frac{\partial b_2}{\partial x_2} + \frac{\partial b_3}{\partial x_3}.$$

Mit dem Nabla-Operator kann man formal schreiben

$$\operatorname{div} \mathfrak{b} = \nabla \mathfrak{b}.$$

Mittels des Kalküls der alternierenden Differentialformen kann man nun sämtliche Formeln der Vektoranalysis sehr leicht herleiten, z.B. folgt aus $dd = 0$:

$$\operatorname{rot} \operatorname{grad} = 0$$
$$\operatorname{div} \operatorname{rot} = 0.$$

Die Übersetzung von Formeln der Vektoranalysis in den Kalkül der Differentialformen kann sich auf die folgende Tabelle stützen:

Differentialformen	Vektoranalysis
Funktion f	Funktion (Skalar) f
totales Differential df	Gradient $\operatorname{grad} f$
1-Form φ	Vektorfeld $\mathfrak{a}$
totales Differential $d\varphi$	Rotation $\operatorname{rot} \mathfrak{a} = \nabla \times \mathfrak{a}$ (axiales Vektorfeld)
2-Form ψ	(axiales) Vektorfeld $\mathfrak{b}$
totales Differential $d\psi$	Divergenz $\operatorname{div} \mathfrak{b} = \nabla \mathfrak{b}$ (ein Pseudoskalar)
3-Form ω	(Pseudo)-Skalar c

§ 2. Kurven- und Flächenintegrale im $\mathbb{R}^3$

1. Kurvenintegrale

Es sei

$$\Phi\colon\ [a,b]\to\mathbb{R}^3$$

ein 2-mal stetig differenzierbar regulär parametrisiertes 1-Pflaster, d.h. die Abbildung $\Phi=(\varphi_1,\varphi_2,\varphi_3)$ ist injektiv, 2-mal stetig differenzierbar und der Vektor

$$\Phi'(t)=(\varphi_1'(t),\varphi_2'(t),\varphi_3'(t))$$

ist für alle $t\in\bar{I}=[a,b]$ von Null verschieden. Φ definiert dann einen *regulären Weg* im Sinne von Band II, den wir mit K bezeichnen. Da K auch ein 1-Pflaster ist, ist das Kurvenintegral

$$\int_K \varphi=\int_a^b \varphi\circ\Phi$$

jeder stetigen 1-Form $\varphi=\sum_{\nu=1} a_\nu\, dx_\nu$ über K erklärt. Schließlich nennen wir

$$\mathfrak{v}(t)=\frac{1}{\|\Phi'(t)\|}\,\Phi'(t)$$

den *Tangentialeinheitsvektor* an K in $\Phi(t)$.

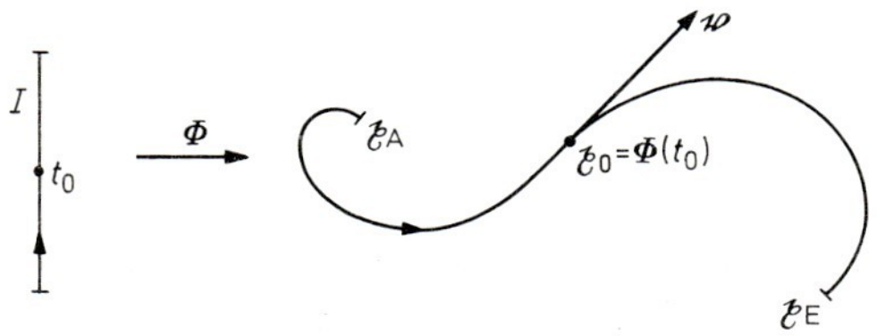

Fig. 23. Glatte Kurve

Die Vektoranalysis definiert das Integral des zu φ gehörigen Vektorfeldes $\mathfrak{a}=(a_1,a_2,a_3)$ über K durch

$$\int_K (\mathfrak{a}\,\mathfrak{v})\,ds=\int_a^b (\mathfrak{a}\,\mathfrak{v})\,(ds\circ\Phi),$$

wobei

$$ds\circ\Phi=\|\Phi'(t)\|\;dt$$

gesetzt wird (ds heißt *Linienelement*).

Falls $0 \in K$ und $\mathfrak{v}(0) = (1, 0, 0)$, also

$$\varphi_1'(t_0) > 0, \qquad \varphi_2'(t_0) = \varphi_3'(t_0) = 0$$

(mit $\Phi(t_0) = 0$) gilt, wird in t_0

$$ds \circ \Phi = \varphi_1'(t_0)\, dt,$$
$$(\mathfrak{a}\,\mathfrak{v})\,(ds \circ \Phi) = \varphi \circ \Phi.$$

Durch eine eigentliche orthogonale Transformation und eine Translation läßt sich aber jedes $\mathfrak{x}_0 \in K$ in $0 \in \mathbb{R}^3$ so transformieren, daß der Tangentialvektor der Bildkurve in 0 gerade $(1, 0, 0)$ wird; wegen der Invarianz von $\|\Phi'\|$, des Skalarproduktes und von j unter solchen Transformationen gilt die Formel

$$(\mathfrak{a}\,\mathfrak{v})\,(ds \circ \Phi) = \varphi \circ \Phi$$

also allgemein. Damit folgt

$$\int_K \varphi = \int_K (\mathfrak{a}\,\mathfrak{v})\, ds,$$

wenn $\mathfrak{a} = j(\varphi)$ ist; das Kurvenintegral wird in der Vektoranalysis also nur anders geschrieben als im Kalkül der Differentialformen.

Welche der beiden Seiten dieser Gleichung ist nun die bessere Schreibweise?

Wir untersuchen diese Frage zunächst im Hinblick auf Transformationen. Es sei also $F: B \to G$ eine umkehrbar stetig differenzierbare Abbildung von B auf eine offene Menge $G \subset \mathbb{R}^3$ und $K^* = F(K)$ mit der Parametrisierung $F \circ \Phi$ der Bildweg von K. Ist φ eine 1-Form auf B, $\varphi^* = \varphi \circ F^{-1}$ die transformierte 1-Form auf G, so gilt

$$\int_{K^*} \varphi^* = \int_K \varphi,$$

denn:

$$\int_{K^*} \varphi^* = \int_I \varphi^* \circ (F \circ \Phi) = \int_I \varphi \circ F^{-1} \circ F \circ \Phi = \int_I \varphi \circ \Phi = \int_K \varphi.$$

Nun sei $\mathfrak{a}$ ein Vektorfeld auf B und $\mathfrak{a}^* = F_*(\mathfrak{a})$ das transformierte Vektorfeld auf G, also $\mathfrak{a}^*(\mathfrak{y}) = F_*(\mathfrak{a}(F^{-1}(\mathfrak{y})))$. $\mathfrak{v}^0(t)$ bezeichne den Tangentialvektor an K^* im Punkte $F(\Phi(t))$. Dann ist schon im allgemeinen $F_*(\mathfrak{v}) \neq \mathfrak{v}^0$. (Es gilt nur noch $F_*(\mathfrak{v}) = \lambda\, \mathfrak{v}^0$, $\lambda = \|F_*(\mathfrak{v})\|$.) Weiter ist im allgemeinen

$$\int_K \mathfrak{a}\, \mathfrak{v}\, ds \neq \int_{K^*} \mathfrak{a}^* \cdot \mathfrak{v}^0\, ds^* \neq \int_{K^*} F_*(\mathfrak{a}) \cdot F_*(\mathfrak{v})\, ds^*.$$

Gleichheit gilt nur, wenn F eine orthogonale Transformation ist.

Die Schreibweise $\int_K \varphi$ ist also invariant gegenüber beliebigen Transformationen, die Schreibweise $\int_K \mathfrak{a}\cdot\mathfrak{v}\,ds$ dagegen nicht (sie hängt wesentlich von der gewöhnlichen euklidischen Metrik des $\mathbb{R}^3$ ab).

Außerdem läßt sich das Kurvenintegral nach der Formel $\int_K \varphi$ leicht berechnen. Bei $\int_K \mathfrak{a}\cdot\mathfrak{v}\,ds$ ist das Ausrechnen komplizierter, da man – überflüssigerweise – erst $\mathfrak{v}$ und ds, d.h. $\|\Phi'(t)\|$, berechnen müßte.

2. Flächenintegrale

Wir legen besonders einfache stückweise glatt berandete Flächen K zugrunde: K sei die Spur eines einzigen semiregulären Pflasters

$$\Phi\colon\ Q^2 \to \mathbb{R}^3$$

mit

$$\Phi(\mathring{Q}^2) \cap \Phi(\partial Q^2) = \emptyset.$$

Die Abbildung Φ ist also zweimal stetig differenzierbar und auf Q^2 injektiv und regulär.

$$\mathring{K} = \Phi(\mathring{Q}^2)$$

ist ein *offenes orientiertes glattes Flächenstück* (im Sinne der Geometrie). Bezeichnet

$$\Phi_\nu = \frac{\partial \Phi}{\partial t_\nu}, \qquad \nu = 1, 2$$

die Ableitungen des Vektors

$$\Phi(t_1, t_2) = (\varphi_1(t_1, t_2), \varphi_2(t_1, t_2), \varphi_3(t_1, t_2))$$

nach den Koordinaten von Q^2, so sind Φ_1 und Φ_2 in allen $\mathfrak{t} \in Q^2$ linear unabhängig. Der Vektor

$$\mathfrak{n}(\mathfrak{x}) = \frac{\Phi_1(\mathfrak{t}) \times \Phi_2(\mathfrak{t})}{\|\Phi_1(\mathfrak{t}) \times \Phi_2(\mathfrak{t})\|}; \qquad \mathfrak{x} = \Phi(\mathfrak{t}) \in \mathring{K},$$

hat daher die Länge 1 und steht auf der Tangentialebene an die Fläche in $\mathfrak{x}$ senkrecht: es ist „der“ *Normaleneinheitsvektor*. ($-\mathfrak{n}$ hat natürlich dieselben Eigenschaften; wir betrachten aber immer den durch die obige Formel definierten Vektor.) Durch $\mathfrak{x} \to \mathfrak{n}(\mathfrak{x})$ ist ein Vektorfeld auf $\mathring{K}$ definiert, das *Normalenfeld*.

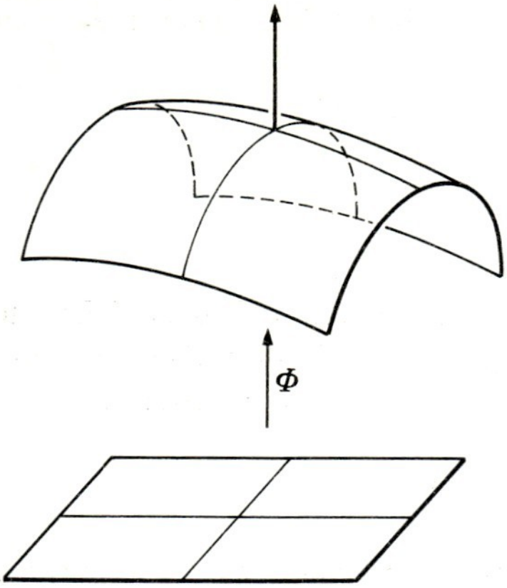

Fig. 24. Normalenvektor

In der Vektoranalysis definiert man das *Flächenintegral* über ein Vektorfeld $\mathfrak{b}=(b_1, b_2, b_3)$ durch

$$\int_K (\mathfrak{b}\,\mathfrak{n})\,do = \int_{Q^2} (\mathfrak{b}\,\mathfrak{n})\,(do\circ\Phi),$$

wobei

$$do\circ\Phi = \|\Phi_1 \times \Phi_2\|\,dt_1 \wedge dt_2$$

gesetzt wird. (*do* heißt das *Oberflächen-Element.*)

Es sei nun ψ eine 2-Form mit zugehörigem Vektorfeld $j(\psi)=\mathfrak{b}$. Falls $\mathfrak{x}_0=0\in K$ und $\mathfrak{n}(\mathfrak{x}_0)=(0,0,1)$ ist, sind die dritten Komponenten von Φ_1 und Φ_2 Null, und es ist

$$do = dx_1 \wedge dx_2,$$
$$(\mathfrak{b}\,\mathfrak{n})\,(do\circ\Phi) = (b_1\,dx_1 \wedge dx_2)\circ\Phi = \psi\circ\Phi.$$

Da diese Situation durch eigentliche orthogonale Transformationen aber stets erreichbar ist und alles unter diesen Transformationen invariant bleibt, gilt die Formel allgemein.

Man hat also

$$\int_K \psi = \int_{Q^2} \psi\circ\Phi = \int_K (\mathfrak{b}\,\mathfrak{n})\,do.$$

Wieder führen die beiden verschiedenen Definitionen des Flächenintegrals zum selben Ergebnis; die Definition in der Vektoranalysis macht allerdings, stärker noch als bei Kurvenintegralen, längere Zwischenrechnungen notwendig und transformiert sich in einfacher Weise lediglich bei eigentlichen orthogonalen Abbildungen.

Man kann zeigen, daß der durch die Formel

$$F(K)=\int_K do=\int_K \psi$$

mit $j(\psi)=\mathfrak{n}$ erklärte Flächeninhalt mit dem anschaulich definierten (durch Approximation von K mittels tangentialer Polyeder) übereinstimmt. Für das Linienelement kennen wir schon aus Band II die Längenformel

$$L(K)=\int ds.$$

Wird z.B. K als Niveaufläche einer differenzierbaren Funktion f mit $df\neq 0$ gegeben:

$$K=\{\mathfrak{x}\in B:\ f(\mathfrak{x})=0\},$$

so ist

$$\mathfrak{n}(\mathfrak{x})=\frac{\operatorname{grad} f(\mathfrak{x})}{\|\operatorname{grad} f(\mathfrak{x})\|},$$

da $\operatorname{grad} f$ auf K senkrecht steht. Es sei etwa $K=S^2=\{\mathfrak{x}:\ \|\mathfrak{x}\|^2=R^2\}$. Dann ist

$$\operatorname{grad} f(\mathfrak{x})=2\mathfrak{x}$$

$$\mathfrak{n}(\mathfrak{x})=\frac{\mathfrak{x}}{\|\mathfrak{x}\|}=\frac{\mathfrak{x}}{R}.$$

Also ist

$$F(K)=\frac{1}{R}\int_K (x_1\, dx_2\wedge dx_3+x_2\, dx_3\wedge dx_1+x_3\, dx_1\wedge dx_2).$$

Zur Auswertung wenden wir den Stokesschen Satz an:

$$F(K)=\frac{1}{R}\int_D d(x_1\, dx_2\wedge dx_3+x_2\, dx_3\wedge dx_1+x_3\, dx_1\wedge dx_2),$$

wo $D=\{\mathfrak{x}:\ \|\mathfrak{x}\|^2\leqq R^2\}$ die Vollkugel mit Rand $\partial D=K$ ist. Also

$$\begin{aligned}F(K)&=\frac{1}{R}\,3\int_D dx_1\wedge dx_2\wedge dx_3\\&=\frac{1}{R}\,3\,\frac{4}{3}\pi R^3=4\pi R^2.\end{aligned}$$

3. Die klassischen Integralsätze der Vektoranalysis

Wir können nun den Stokesschen Satz für Formen im $\mathbb{R}^3$ in der Sprache der Vektoranalysis ausdrücken und erhalten als Sonderfälle die Integralsätze der Vektoranalysis. Alle Formen und Flächen seien so oft differenzierbar, wie es für den Stokesschen Satz nötig ist.

1. Ist f eine 0-Form und K ein 1-Pflaster, so gilt

$$\int_{\partial K} f = \int_K df,$$

d.h., es folgt, wenn A der Anfangspunkt und B der Endpunkt des glatten Weges K ist,

Satz 2.1.

$$\int_K (\operatorname{grad} f)\mathfrak{v}\, ds = f(E) - f(A).$$

2. Aus der Formel

$$\int_{\partial K} \varphi = \int_K d\varphi$$

entnimmt man für Vektorfelder $\mathfrak{a} = j(\varphi)$ den

Satz 2.2 (klassischer Satz von Stokes)

$$\int_{\partial K} \mathfrak{a}\mathfrak{v}\, ds = \int_K (\operatorname{rot} \mathfrak{a})\mathfrak{n}\, do$$

für reguläre Flächen mit regulärem Rand ∂K.

3. Für axiale Vektorfelder liefert der Stokessche Satz für 2-Formen

Satz 3.3. (Gaußscher Satz)

$$\int_{\partial K} \mathfrak{b}\mathfrak{n}\, do = \int_K \operatorname{div} \mathfrak{b}\, d\mathfrak{x},$$

wenn K *ein Bereich mit glattem Rand im* $\mathbb{R}^3$ *ist.*

§ 3. Veranschaulichung von Differentialformen

Die folgenden Ausführungen dienen zur Veranschaulichung von Differentialformen und erheben deshalb naturgemäß nicht an jeder Stelle Anspruch auf mathematische Exaktheit.

1. Orientierungen

In diesem Abschnitt werden wir orientierte Pflaster auf anschaulichem Wege einführen; die mathematischen Definitionen sind zum Teil sehr umständlich. Alle auftretenden Pflaster seien regulär.

Bei jedem Pflaster hat man zwischen *innerer* und *äußerer Orientierung* zu unterscheiden. Die innere Orientierung ist eine Eigenschaft, die dem Pflaster ganz unabhängig von seiner Einbettung in den $\mathbb{R}^3$ zukommt; eine äußere Orientierung dagegen beschreibt die Art der Einbettung des Pflasters in den $\mathbb{R}^3$.

Jedes Intervall I kann in zwei Richtungen durchlaufen werden. Wir ordnen I die positive Richtung zu. Sie überträgt sich auf die Spur eines jeden Weges W im $\mathbb{R}^3$ mit I als Parameterintervall. Bei Parametertransformation ändert sie sich nicht.

Wir sagen, daß *W von innen orientiert* ist und geben die Orientierung durch einen Pfeil auf der Spur an. Der *entgegengesetzt orientierte* Weg $-W$ entsteht aus W durch Umkehren des Pfeiles. Ein Weg mit innerer Orientierung ist also ein Weg, wie er früher definiert wurde.

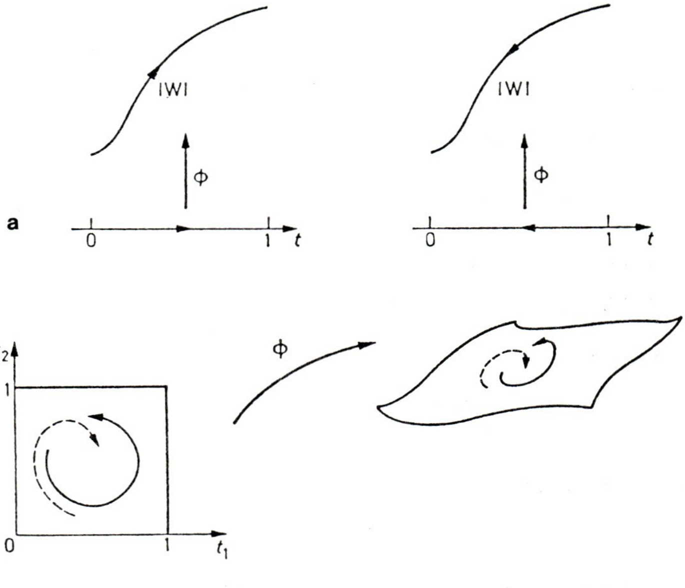

Fig. 25a u. b. Wege und 2-Pflaster mit innerer Orientierung

So wie ein Intervall einen Durchlaufungssinn tragen kann, kann man jedem Quadrat Q durch Angabe der Reihenfolge seiner Ecken einen Drehsinn zuordnen, und zwar ist das auf genau zwei Weisen möglich. Wir wählen stets die linke Richtung. Mit Hilfe von Φ: $Q \to \mathbb{R}^3$ überträgt sich jeder Drehsinn von Q auf das Flächenstück $\Phi(Q)$. Ein 2-Pflaster im $\mathbb{R}^3$ mit *innerer Orientierung* ist also ein durch Φ: $Q \to \mathbb{R}^3$ definiertes Pflaster $\mathfrak{P}$ im alten Sinne. Bei Parametertransformation ändert sich die Orientierung von $\mathfrak{P}$ nicht.

Jetzt sei wieder ein regulärer Weg W gegeben. Eine *transversale Orientierung* (*äußere Orientierung*) ist die Angabe eines Drehsinnes um den Weg herum:

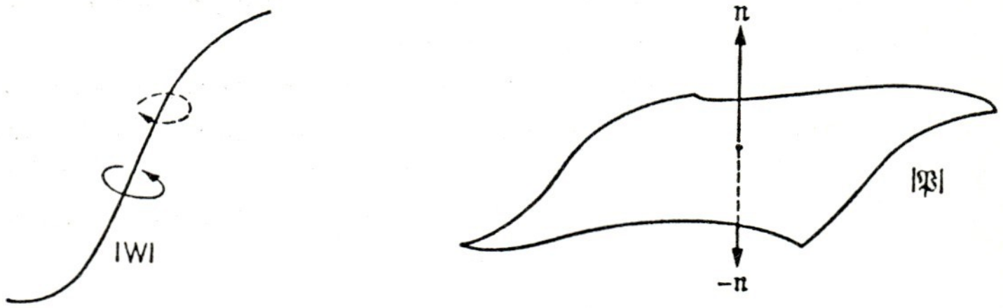

Fig. 26. Transversal orientierte Pflaster im $\mathbb{R}^3$

Jeder Weg kann auf genau zwei Weisen transversal orientiert werden. Man stelle sich W als Achse eines Rades vor. Durch eine transversale Orientierung von W ist festgelegt, in welche Richtung das Rad rollen soll.

Auf jedem 2-dimensionalen regulären Pflaster $\mathfrak{P}$ kann man die Normalenvektoren $\mathfrak{n}$ errichten; *transversale Orientierung* von $\mathfrak{P}$ bedeutet „kohärente" Auszeichnung einer der beiden Normalenrichtungen in den Innenpunkten von $|\mathfrak{P}|$. Durch eine transversale Orientierung ist festgelegt, welche der beiden Seiten von $|\mathfrak{P}|$ oben, welche unten liegt: $\mathfrak{n}$ soll von unten nach oben weisen.

Jedem transversal orientierten Weg W^t kann durch die folgende Konvention ein von innen orientierter Weg zugeordnet werden. *Man wähle auf W diejenige eindeutig bestimmte innere Orientierung, die zusammen mit der transversalen Orientierung von W ein Rechtssystem bilden* (*Korkenzieherregel*):

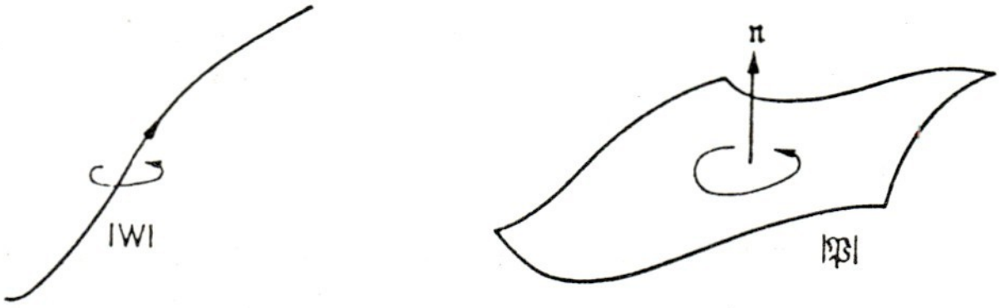

Fig. 27. Übergang zwischen innerer und transversaler Orientierung

Dieser Zusammenhang zwischen transversalen und inneren Orientierungen ist umkehrbar eindeutig. Trotzdem kann man auf keine der beiden Orientierungen verzichten. Spiegelt man nämlich den Raum an der Ebene, in welcher der Drehsinn um W liegt, so ändert sich an der transversalen Orientierung nichts, die innere Orientierung verkehrt sich aber in ihr Gegenteil und bildet jetzt mit der transversalen Orientierung ein Linkssystem. *Der Zusammenhang zwischen den Orientierungsarten ist demnach nicht spiegelungsinvariant.*

Auch jedem transversal orientierten 2-Pflaster läßt sich eine innere Orientierung zuordnen. Die Vorschrift ist wie oben: *Innere und transversale Orientierung sollen im* $\mathbb{R}^3$ *eine Rechtsschraube bilden.* Wieder ist der Übergang zwischen den Orientierungen nicht spiegelungsinvariant.

Im $\mathbb{R}^2$ läßt sich in ähnlicher Weise 1-Pflastern (Wegen) neben ihrer inneren auch noch eine äußere (transversale) Orientierung zuordnen: In Analogie zum Fall von 2-Pflastern im $\mathbb{R}^3$ erklärt man, welches die linke und welches die rechte Seite des Weges W sein soll; wir unterscheiden die beiden Seiten durch ein $+$- und ein $-$-Zeichen.

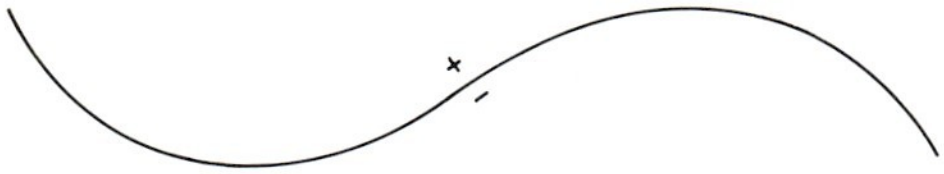

Fig. 28. Transversal orientierter Weg im $\mathbb{R}^2$

2. Formen als Flächenfunktionale

Es sei $U \subset \mathbb{R}^n$ eine offene Menge und φ eine stetige k-dimensionale Differentialform auf U. Für jedes reguläre k-dimensionale Pflaster $\mathfrak{P}$ mit $|\mathfrak{P}| \subset U$ setzen wir $F(\mathfrak{P}) = \int_{\mathfrak{P}} \varphi$ und erhalten so eine Funktion F auf der Menge aller dieser Pflaster.

Hilfssatz 1. *Die Form* φ *ist durch* F *eindeutig bestimmt.*

Beweis. Es sei $\varphi = \sum a_{i_1 \dots i_k} dx_{i_1} \wedge \dots \wedge dx_{i_k}$. Um die Koeffizienten von φ durch F auszudrücken, wählen wir irgendeinen Punkt $\mathfrak{x}_0 = (x_1^0, \dots, x_n^0) \in U$ sowie ein Index-k-tupel $(i_1, \dots, i_k)$ und betrachten die Ebene $E = \{\mathfrak{x}\colon x_j = x_j^0$ für $j \neq i_1, \dots, i_k\}$. Die Funktion $a_{i_1 \dots i_k} | E \cap U$ läßt sich in der Form

$$a_{i_1 \dots i_k}(\mathfrak{x}) = a_{i_1 \dots i_k}(\mathfrak{x}_0) + h(\mathfrak{x}')$$

schreiben, wobei h eine auf $E \cap U$ stetige, in $\mathfrak{x}_0'$ verschwindende Funktion ist und die Koordinaten auf E mit $\mathfrak{x}'$ bezeichnet werden. Q_ε sei die abgeschlossene k-dimensionale ε-Umgebung von $\mathfrak{x}_0$ in $E \cap U$ und $I(Q_\varepsilon)$ ihr k-dimensionaler Inhalt. Q_ε läßt sich als k-Pflaster ansehen, und bei geeigneter Parametrisierung gilt

$$\int_{Q_\varepsilon} \varphi = \int a_{i_1 \dots i_k}(\mathfrak{x}') \, d\mathfrak{x}'.$$

Dabei bezeichnet $d\mathfrak{x}'$ das k-dimensionale Lebesgue-Maß in E. Damit wird

$$\frac{1}{I(Q_\varepsilon)} \cdot \int_{Q_\varepsilon} \varphi = \frac{F(Q_\varepsilon)}{I(Q_\varepsilon)} = a_{i_1 \dots i_k}(\mathfrak{x}_0) + \frac{1}{I(Q_\varepsilon)} \int_{Q_\varepsilon} h(\mathfrak{x}')\, d\mathfrak{x}'.$$

Wegen der Stetigkeit von h und der Gleichung $h(\mathfrak{x}_0')=0$ folgt

$$\lim_{\varepsilon \to 0} \frac{1}{I(Q_\varepsilon)} \cdot \int_{Q_\varepsilon} h(\mathfrak{x}')\, d\mathfrak{x}' = 0,$$

also

$$a_{i_1 \dots i_k}(\mathfrak{x}_0) = \lim_{\varepsilon \to 0} \frac{F(Q_\varepsilon)}{I(Q_\varepsilon)},$$

was zu zeigen war.

3. Pfaffsche Formen im $\mathbb{R}^2$

Es sei $\varphi = a_1 dx_1 + a_2 dx_2$ eine 1-Form im $\mathbb{R}^2$. Sie definiert also ein Funktional auf der Menge der regulären Kurvenstücke im $\mathbb{R}^2$ und läßt sich nun folgendermaßen über dieses Funktional $K \to \int_K \varphi$ geometrisch veranschaulichen:

a) Wir betrachten den Fall, wo $d\varphi = 0$, also $\varphi = df$ mit einer bis auf eine Konstante eindeutig bestimmten Funktion f auf $\mathbb{R}^2$ ist. Man lege dann einen Normierungsfaktor N (d.h. eine sehr große reelle Zahl: je größer, desto genauer wird die Veranschaulichung) fest und zeichne in die anschauliche Ebene $\mathbb{R}^2$ alle Niveaulinien (Höhenlinien)

$$L_k = \left\{ \mathfrak{x} \,\middle|\, f(\mathfrak{x}) = \frac{k}{N} \right\}, \qquad k \in \mathbb{Z}$$

der Funktion f. Die Angabe der Höhe k der Linie L_k ist dabei nicht wesentlich (sie hängt ja auch von der Wahl der Funktion f ab und nicht von φ allein!); wichtig ist nur, welche von zwei benachbarten Linien höher bzw. niedriger liegt, da der Höhenunterschied von benachbarten Linien stets $\frac{1}{N}$ ist. Die Höhenlinien werden transversal orientiert: in Richtung wachsender Funktionswerte überschreitet man die Linie von $-$ nach $+$.

Man hat somit ein Feld $\hat{\varphi}$ von transversal orientierten geschlossenen (d.h. Linien ohne Anfangs- und Endpunkt) Linien im $\mathbb{R}^2$. *$\hat{\varphi}$ veranschaulicht die 1-Form φ.*

Beachte: $\hat{\varphi}$ hängt von φ, von N und auch noch von f ab, denn ersetzt man etwa f durch $f + \frac{1}{2N}$, so erhält man ein zu $\hat{\varphi}$ disjunktes Feld von Linien, das aber nicht wesentlich anders als das erste Feld aussieht.

Ist K eine Kurve im $\mathbb{R}^2$ (wie immer orientiert), so ist

$$\int_K \varphi \approx \frac{A(K)}{N} \quad \text{(annäherungsweise gleich, bis auf } \frac{1}{N} \text{ genau)}$$

wobei

$A(K)$ = Anzahl der Feldlinien des Feldes $\hat{\varphi}$, die die Kurve K schneidet.

Dabei wird ein Schnitt als $+1$ gezählt, wenn K die Feldlinie von $-$ nach $+$ durchläuft, und als -1, wenn K sie von $+$ nach $-$ durchläuft. In Figur 29 ist $A(K)=5-5=0$.

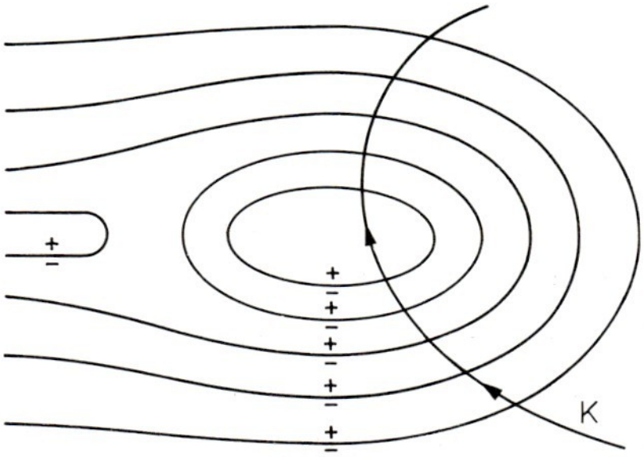

Fig. 29. Kurvenintegral und Höhenlinien

Auch eine beliebige (nicht notwendig exakte) Pfaffsche Form φ kann durch ein Feld $\hat{\varphi}$ transversal orientierter Linien veranschaulicht werden. Jetzt muß man aber, will man Kurvenintegrale wieder als Feldlinienzahlen interpretieren, auch Linien zulassen, die nicht geschlossen sind. Ist z.B.

$$\varphi = h(\mathfrak{x})\alpha,$$

wo $\alpha = df$ eine exakte Form und h eine überall positive Funktion sein soll, so sind die Feldlinien zu φ Stücke gewisser Niveaulinien von f. Je größer aber h in einem Punkte ist, desto dichter müssen dort diese Stücke beieinander liegen. Es ist deswegen klar, daß sie sich i.a. nicht schließen können, wenn h nicht konstant ist.

Das Integral von $\hat{\varphi}$ längs einer Kurve K ist wieder zu definieren als

$$\int_K \hat{\varphi} := \frac{A(K)}{N}$$

Es ist dann $\int_K \varphi \approx \int_K \hat{\varphi}$ bis auf etwa $\frac{1}{N}$ genau.

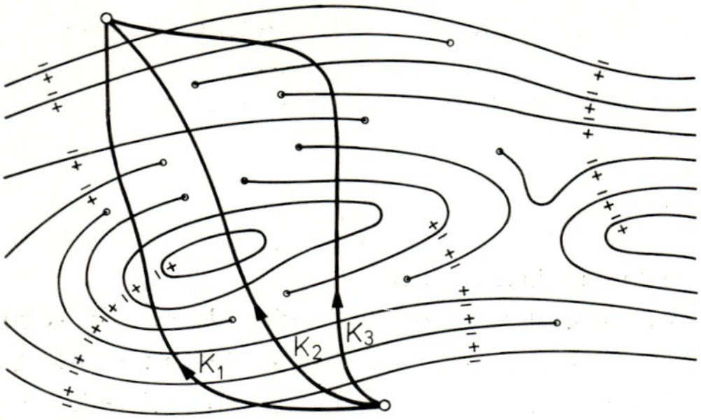

Fig. 30. Linienfeld einer 1-Form im $\mathbb{R}^2$

In Figur 30 sieht man, daß jetzt das Integral längs eines Weges von A nach B nicht nur von A und B wie im Fall a), sondern auch vom Verlauf des Weges abhängt. In Figur 30 ist z.B.

$$A(K_1) = -1, \qquad A(K_2) = 0, \qquad A(K_3) = -3.$$

4. 2-Formen im $\mathbb{R}^3$

Der Schnitt aus einem 2-dimensionalen Pflaster K mit innerer Orientierung und einem transversal orientierten Weg W (alles im $\mathbb{R}^3$) besteht im allgemeinen aus einzelnen Punkten, die wir positiv zählen, wenn der Drehsinn von W in der Nähe des betreffenden Schnittpunktes mit dem von K übereinstimmt, negativ, wenn das nicht der Fall ist.

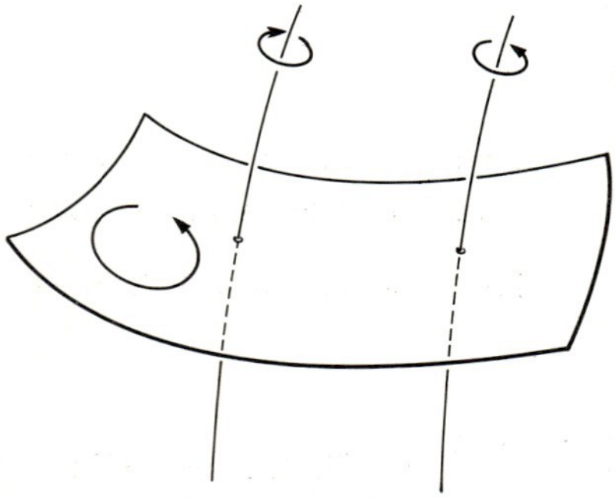

Fig. 31. Schnitt zwischen Wegen und 2-Pflastern

2-Formen werden über 2-Pflaster integriert. Um das Flächenintegral

$$\int_K \psi$$

als eine Summe von Schnittzahlen näherungsweise darzustellen, müssen wir der Form ψ also ein transversal orientiertes Linienfeld $\hat{\psi}$ zuordnen. Das sei zunächst in einem sehr einfachen Spezialfall durchgeführt. Es sei

$$\psi = b_1 dx_2 \wedge dx_3 + b_2 dx_3 \wedge dx_1 + b_3 dx_1 \wedge dx_2,$$
$$b_\nu \in \mathbb{R}, \qquad \|\mathfrak{b}\| = \|(b_1, b_2, b_3)\| \neq 0.$$

Für $\hat{\psi}$ nehmen wir, nachdem wir einen sehr großen Maßstabsfaktor N vorgegeben haben, ein Feld paralleler Geraden mit Richtungsvektor $\mathfrak{b}$. Der Vektor $\mathfrak{b}$ legt eine innere Orientierung (Richtung) auf jeder dieser Geraden fest; wir ordnen der Geraden die zugehörige transversale Orientierung gemäß Abschnitt 1 zu. Die Geraden werden nun so dicht gewählt, daß jedes Einheitsquadrat in der zu $\mathfrak{b}$ senkrechten Ebene ungefähr (d.h. bis auf $2(N\|\mathfrak{b}\|)^{-1}$ genau) in $N \cdot \|\mathfrak{b}\|$ Geraden geschnitten wird. Ist $A(K)$ die Schnittpunktzahl zwischen Feldlinien von $\hat{\psi}$ und einem Pflaster K und setzt man

$$\int_K \hat{\psi} = \frac{A(K)}{N},$$

so überlegt man sich auf anschaulichem Wege, daß

$$\int_K \psi \approx \int_K \hat{\psi}$$

ist.

Im Fall eines von $\mathfrak{x}_1, \mathfrak{x}_2$ aufgespanntes Parallelogrammes K im $\mathbb{R}^3$ erhält man etwa

$$\int_K \psi = \mathfrak{b} \cdot (\mathfrak{x}_1 \times \mathfrak{x}_2) = \mathfrak{b} \cdot (\mathfrak{x}'_1 \times \mathfrak{x}'_2) = b \cdot \|\mathfrak{x}'_1 \times \mathfrak{x}'_2\|$$
$$= b \cdot \text{Flächeninhalt von } K',$$

wobei $\mathfrak{x}'_i$ die Projektion in die zu $\mathfrak{b}$ senkrechte Ebene ist und K' die Projektion von K, also das von $\mathfrak{x}'_1$, $\mathfrak{x}'_2$ aufgespannte Parallelogramm. Andererseits ist $\int_K \hat{\psi} = \int_{K'} \hat{\psi}$, weil K und K' nach Konstruktion von denselben Feldlinien geschnitten werden. Nach Konstruktion ist weiter

$$\int_{K'} \hat{\psi} \approx \frac{N b \cdot \text{Flächeninhalt von } K'}{N} \approx b \cdot \text{Flächeninhalt } (K')$$

also

$$\int_K \psi \approx \int_K \hat{\psi}.)$$

In diesem Spezialfall waren die Feldlinien geradlinig, ohne Anfangs- und Endpunkt und gleichmäßig verteilt – eben weil $j(\psi)$ als konstantes Vektorfeld gewählt wurde. Im allgemeinen erhält man für $\hat{\psi}$ ein Feld transversal orientierter Linien, die nicht geschlossen zu sein brauchen und natürlich nicht mehr geradlinig sind.

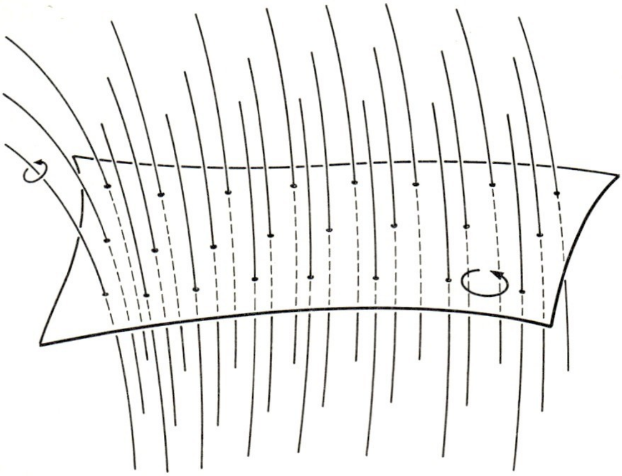

Fig. 32. Flächenintegral und Linienfeld

Es wird in Kapitel V gezeigt, daß die magnetische Feldintensität eine 2-Form ist. Die Linien sind dann die „Feldlinien“.

5. 3-Formen im $\mathbb{R}^3$

Eine 3-Form $\omega = c(\mathfrak{x})dx_1 \wedge dx_2 \wedge dx_3$ ist durch eine Verteilung $\hat{\omega}$ „transversal orientierter“ Punkte zu beschreiben, das sind Punkte mit Drehsinn, wobei der Drehsinn durch eine orientierte Sphäre um den betreffenden Punkt gegeben wird. Die Verteilung muß – je nach Größe von $c(\mathfrak{x})$ und nach Wahl eines Maßstabsfaktors N – so vorgenommen werden, daß für jeden Bereich $B \subset \mathbb{R}^3$ die Beziehung

$$\int_B \omega \approx \int_B \hat{\omega} = \frac{A(B)}{N}$$

bis auf etwa

$$\frac{3|A|(B)^{\frac{2}{3}}}{N}$$

genau gilt, wobei $|A|(B)$ die Anzahl aller Punkte, mit $+1$ gezählt, ist. Dabei ist $A(B)$ die Anzahl der Punkte in B, wobei ein Punkt mit $+1$ zu zählen ist, wenn sein Drehsinn mit der natürlichen, durch die Koordinatenreihenfolge gegebenen, Orientierung des $\mathbb{R}^3$ übereinstimmt, sonst mit -1.

Im $\mathbb{R}^2$ wäre der Drehsinn eines Punktes durch eine orientierte Kreislinie um diesen Punkt zu repräsentieren: das wird in der folgenden Figur, die an sich eine 2-Form im $\mathbb{R}^2$ veranschaulicht, dargestellt.

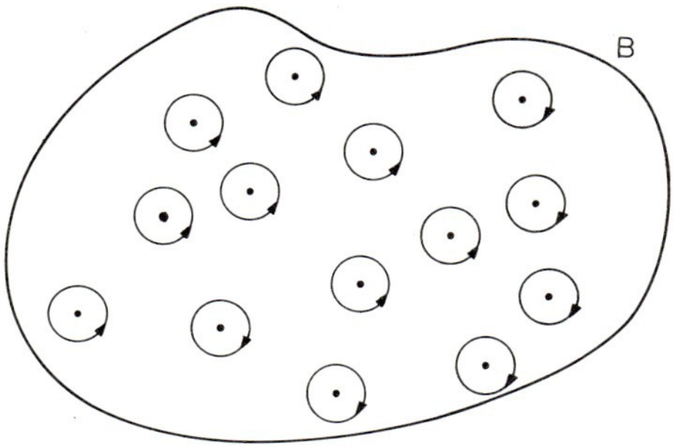

Fig. 33. Transversal orientierte Punkte im $\mathbb{R}^2$

6. Pfaffsche Formen im $\mathbb{R}^3$

Eine 1-Form

$$\varphi = \sum_{\nu=1}^{3} a_\nu dx_\nu$$

im $\mathbb{R}^3$ wird durch eine Verteilung $\hat{\varphi}$ transversal orientierter Flächen veranschaulicht. Die Flächen können durchaus berandet sein. Die Verteilung ist wieder nach Wahl eines Maßstabsfaktors N so zu treffen, daß

$$\int_K \varphi \approx \int_K \hat{\varphi} = \frac{A(K)}{N}$$

bis auf etwa $\frac{1}{N}$ genau gilt. Dabei ist K eine Kurve, $A(K)$ die Anzahl der Schnittpunkte zwischen K und den Flächen der Verteilung, wobei ein Schnittpunkt positiv gezählt wird, wenn in ihm die Orientierung der Fläche mit der der Kurve übereinstimmt, sonst negativ.

Wie im zweiten Abschnitt gilt, daß die Flächen unberandet sein dürfen, wenn $\varphi = df$ exakt ist: es sind dann die Niveauflächen von f.

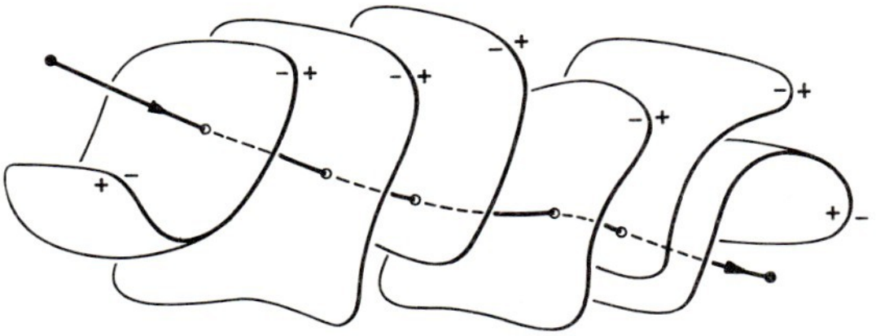

Fig. 34. Flächenfeld einer 1-Form im $\mathbb{R}^3$ und Kurvenintegral

Später werden wir zeigen, daß die elektrische Feldstärke $\mathfrak{E}$ eine Pfaffsche Form ist. Die zugehörigen Flächen sind dann die Potentialflächen. Sie sind nur in der Elektrostatik unberandet.

7. Anschauliche Deutung des Gaußschen Satzes

Es sei ψ eine 2-Form im $\mathbb{R}^3$, veranschaulicht durch ein Feld $\hat{\psi}$ transversal orientierter Linien. Die Verteilung der Randpunkte der Feldlinien veranschaulicht die Form $d\psi$. Die transversale Orientierung der Feldlinien ergibt nämlich sofort eine Orientierung von Sphären um die Randpunkte und damit eine transversale Orientierung dieser Randpunkte.

Ein transversal orientierter Punkt heißt eine *Quelle*, wenn seine Orientierung die gewöhnliche des $\mathbb{R}^3$ durch ein Rechtssystem ist; sonst heißt er eine *Senke*. Jeder transversal orientierte Weg bildet mit seiner Orientierung in einem seiner Randpunkte ein Rechtssystem, im anderen ein Linkssystem, und definiert so in seinen beiden Randpunkten natürliche transversale Orientierungen: er läuft von Quelle zu Senke.

Ist nun $B \subset \mathbb{R}^3$ ein Bereich, so sieht man sofort, daß die Anzahl der Feldlinien, die durch den Rand ∂B von B treten, gerade die Differenz aus der Anzahl der Randpunkte in B mit der Orientierung von B und der Anzahl der Randpunkte in B mit entgegengesetzter Orientierung ist, d.h.

$$\int_{\partial B} \psi = \int_B d\psi .$$

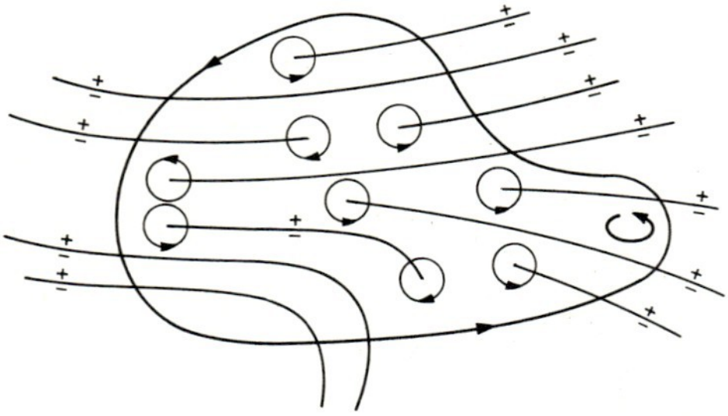

Fig. 35. Interpretation des Gaußschen Satzes

Das ist der Gaußsche Satz! In der Figur ist der Gaußsche Satz im $\mathbb{R}^2$ illustriert. Ist etwa $d\psi = 0$ (dies gilt z.B. für die magnetische Feldintensität $\mathfrak{B}$), so ist nach dem Gaußschen Satz stets

$$\int_F \psi = 0$$

für jede geschlossene Fläche $F = \partial B$. Dann kann $\hat{\psi}$ keine Quellen haben und kann beispielsweise nicht von der folgenden Gestalt sein:

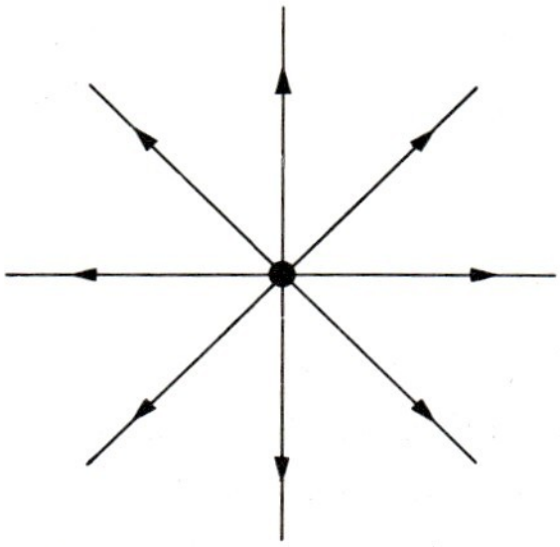

Fig. 36. Quelle eines Feldes

Sonst wäre nämlich

$$\int_F \psi \neq 0$$

für hinreichend kleine Kugelflächen um die Quelle. Für die magnetische Feldintensität $\mathfrak{B}$ erhält man insbesondere: es gibt keine magnetischen Monopole (Quellen von $\mathfrak{B}$).

8. Anschauliche Deutung des Stokesschen Satzes

Es sei φ eine 1-Form im $\mathbb{R}^3$ und $\psi = d\varphi$. Wir wählen ein Feld $\hat{\varphi}$ transversal orientierter Flächen, das φ veranschaulicht. Die Randlinien der Flächen des Feldes $\hat{\varphi}$ liefern ein Feld $\hat{\psi}$ von orientierten Linien, das die 2-Form $\psi = d\varphi$ veranschaulicht. Die Orientierung der Linien wird durch die der Flächen in natürlicher Weise induziert.

Nach dem Stokesschen Satz ist $\int_K \hat{\varphi} = \int_F \hat{\psi}$; mit $K = \partial F$.

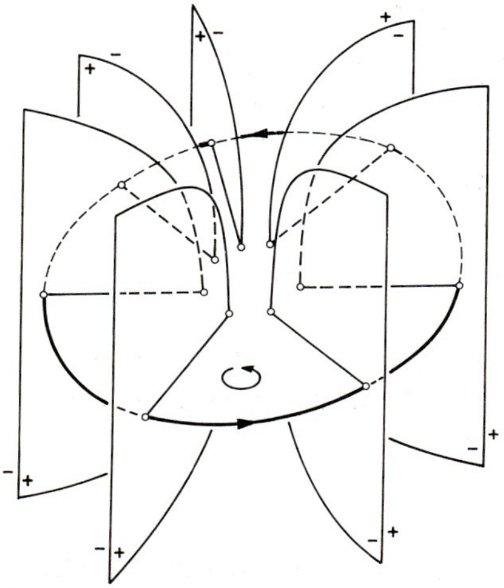

Fig. 37. Interpretation des Stokesschen Satzes

Figur 37 und 38 zeigen den typischen Verlauf eines Feldes $\hat{\varphi}$ mit nicht verschwindender Rotation: rot $\mathfrak{a} \neq 0$, wobei $\mathfrak{a} = [\varphi]$ das zu φ gehörige Vektorfeld ist. Die Vektoren des Feldes $\mathfrak{a}$ stehen senkrecht auf den Flächen des Feldes $\hat{\varphi}$ und zeigen in positive Richtung.

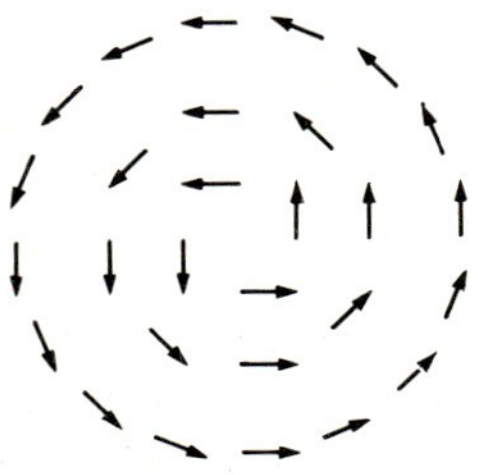

Fig. 38. Vektorfeld mit Rotation

V. Kapitel

Anwendungen auf die Elektrodynamik

Physikalische Größen werden durch Messung bezüglich eines festen Koordinatensystems (eines sogenannten *Bezugssystems*) bestimmt. Das gilt zum Beispiel für die Komponenten der Geschwindigkeit, ebenso für die der elektrischen und magnetischen Feldstärke. Werden die Koordinaten durch eine Transformation geändert, so unterliegen auch die gemessenen physikalischen Werte einer Transformation. Man wird versuchen, zu jeder Größe das passende mathematische Objekt zu finden, das sich seiner mathematischen Natur nach so transformiert wie die physikalische Meßgröße. So wird man eine q-dimensionale Differentialform wählen, wenn die physikalischen Werte sich wie die Koeffizienten einer solchen transformieren.

Natürlich haben nur Bezugssysteme einen Sinn, in bezug auf welche eine Messung möglich ist. Dazu gehören zunächst die Inertialsysteme. In vielen Fällen sind jedoch auch sehr allgemeine Systeme sinnvoll. Das gilt z.B. für die Meßgrößen der Energie, des Impulses und auch der elektromagnetischen Feldintensitäten. In anderen Fällen sind die möglichen Koordinatensysteme mehr eingeschränkt und damit natürlich auch die Gruppe der Transformationen. Da sich bei eingeschränkten Transformationen mehrere verschiedene mathematische Objekte gleich transformieren, kann man dann auch nicht immer festlegen, was einer physikalischen Größe mathematisch entspricht.

§ 1. Elektrisches und magnetisches Feld

1. Elektrische Feldstärke

Durch Einführung eines Koordinatensystems identifiziert man die Punkte des dreidimensionalen physikalischen Raumes mit den Punkten des $\mathbb{R}^3$. Alle Ereignisse finden also im $\mathbb{R}^3$ statt.

Ein Ladung e befinde sich zur Zeit t im Punkte $\mathfrak{x}$. Dann wirkt, wenn ein elektrisches Feld vorhanden ist, auf diese Ladung in Richtung des kontravarianten Tangentialvektors $\xi \neq 0$ eine zu e proportionale Kraft[1]

$$K\left(\frac{\xi}{\|\xi\|}, \mathfrak{x}, t\right) = e \cdot F\left(\frac{\xi}{\|\xi\|}, \mathfrak{x}, t\right).$$

Die Funktion $\|\xi\| \cdot F\left(\frac{\xi}{\|\xi\|}, \mathfrak{x}, t\right)$ ist linear in ξ (nach dem Parallelogramm der Kräfte), also eine Pfaffsche Form

$$\mathfrak{E} = \sum_{\nu=1}^{3} E_\nu(\mathfrak{x}, t)\, dx_\nu$$

im $\mathbb{R}^3$. Sie heißt *elektrische Feldstärke.* Nach Konstruktion ist $E_\nu(\mathfrak{x}, t)$ also diejenige Kraft, welche auf eine Einheitsladung in Richtung der ν-ten Koordinatenachse wirkt.

2. Magnetische Feldintensität

Die einfachsten magnetischen Erscheinungen seien bekannt; insbesondere soll nachprüfbar sein, ob an einer Stelle ein Magnetfeld vorliegt oder nicht. Es handelt sich nun darum, eine mathematische Beschreibung dieser Erfahrungen zu finden. Ausgangspunkt ist das folgende Induktionsexperiment.

Ein (stückweise glatter) geschlossener Leiter L wird in der Zeit zwischen t_0 und t_1 aus dem Magnetfeld entfernt, ohne dabei deformiert zu werden. Dabei beobachtet man einen Spannungsstoß

$$S = \int_{t_0}^{t_1} \int_L \mathfrak{E}\, dt$$

in diesem Leiter und stellt fest, daß S nicht von der Art, wie man die Leiterschleife bewegt, abhängt, sondern nur von der Stelle, an der L sich zur Zeit t_0 befand. Zu dieser Zeit hat L einen bestimmten geschlossenen Weg W ausgefüllt; dem Weg W wird also durch das vorliegende Experiment ein wohlbestimmter Spannungsstoß $S = B^*(W)$ zugeordnet. Die so auf der Menge aller geschlossenen (regulären) Wege erklärte Funktion S kann in der Form

$$B^*(W) = \int_W \varphi$$

---

[1] Es sei ds das Längenelement im $\mathbb{R}^3$. Für das Differential der Arbeit gilt dann bei einer Verschiebung von e in Richtung $\frac{\xi}{\|\xi\|}$ die Gleichung $dA = K\, ds$. Hierdurch ist die Kraft in Richtung $\frac{\xi}{\|\xi\|}$ definiert. Die Definition beruht also auf der Energie, wie das nach den Ergebnissen der Relativitätstheorie sein muß, und nicht auf dem Bewegungsbegriff.

mit einer passenden Pfaffschen Form φ geschrieben werden (das beweisen wir nicht, sondern überlassen die Begründung den Physikern); φ ist aber nicht eindeutig bestimmt, da B^* nur auf den geschlossenen Wegen erklärt ist.

Ist $\mathfrak{P}$ irgendein reguläres 2-Pflaster mit $\partial\mathfrak{P}=W$ und setzt man $B(\mathfrak{P}) = B^*(\partial\mathfrak{P})$, so erhält man eine auf der Menge aller dieser Pflaster erklärte Funktion B, für die nach dem Stokesschen Satz die Gleichung

$$B(\mathfrak{P}) = \int_{\partial\mathfrak{P}} \varphi = \int_{\mathfrak{P}} d\varphi$$

gilt. Die 2-dimensionale Differentialform $d\varphi$ ist durch diese Beziehung und damit durch das Induktionsexperiment eindeutig bestimmt. Wir nennen sie die *magnetische Feldintensität* und bezeichnen sie mit

$$\mathfrak{B} = B_{12}\,dx_1 \wedge dx_2 + B_{23}\,dx_2 \wedge dx_3 + B_{31}\,dx_3 \wedge dx_1 .$$

(In den Physikbüchern wird $\mathfrak{B}$ als der Vektor $\mathfrak{B}=(B_1, B_2, B_3)$ mit den Komponenten $B_1 = B_{23}$, $B_2 = B_{31}$, $B_3 = B_{12}$ angesehen.) Aus der Definition folgt die Gleichung

$$d\mathfrak{B} = 0,$$

eine der vier Maxwellschen Gleichungen (alte Schreibweise: $\operatorname{div}\mathfrak{B} = 0$).

3. Elektromagnetisches Feld

Nach Definition hat die elektrische Feldstärke die physikalische Dimension

$$[\mathfrak{E}] = \frac{\text{Kraft}}{\text{Ladung}} \cdot \text{Länge} = \frac{\text{Energie}}{\text{Ladung}} = \frac{\text{Wirkung}}{\text{Ladung} \cdot \text{Zeit}},$$

die magnetische Feldintensität die Dimension

$$[\mathfrak{B}] = [\mathfrak{E}] \cdot \text{Zeit} = \frac{\text{Wirkung}}{\text{Ladung}}.$$

In der Relativitätstheorie zeigt man, daß Ladung und Wirkung unabhängige (skalare) Größen sind, nicht dagegen Länge und Zeit. Die Dimension der elektrischen Feldstärke hat also noch einen Schönheitsfehler.

Was ist zu tun? Die physikalischen Ereignisse finden in Raum und Zeit statt. Ihnen sind somit drei Raumkoordinaten x_1, x_2, x_3 und eine Zeitkoordinate t, also ein Punkt des $\mathbb{R}^4$, zugeordnet. Die Koeffizienten von $\mathfrak{E}$ und $\mathfrak{B}$ sind Funktionen im $\mathbb{R}^4$. Wir können $\mathfrak{E}$ und $\mathfrak{B}$ also auch als Differentialformen im $\mathbb{R}^4$ auffassen. Schreiben wir $\hat{\mathfrak{E}} = \mathfrak{E} \wedge dt$, so erhalten wir eine Form, die die gleiche Dimension wie $\mathfrak{B}$ hat. Ihre physikalische Dimension ist also $\dfrac{\text{Wirkung}}{\text{Ladung}}$, und das hat absolute Bedeutung. Ferner zeigt die Relativitätstheorie, daß die Energie E kein Skalar, sondern die erste Komponente einer Differentialform $E\cdot dt+p_1 dx_1+p_2 dx_2+p_3 dx_3$ ist, in der p_1, p_2, p_3 die Impulskomponenten bezeichnen. Die Arbeit, die bei Transport einer Einheitsladung längs des Weges W geleistet wird, ist also eigentlich eine Form $E\,dt$. Eine solche erhält man durch Integration über $\hat{\mathfrak{E}}=\mathfrak{E}\wedge dt$. Auch das zeigt, daß es richtig ist, anstelle von $\mathfrak{E}$ die Form $\hat{\mathfrak{E}}$ zu verwenden. Setzen wir noch

$$\mathfrak{F}=\hat{\mathfrak{E}}+\mathfrak{B},$$

so folgt, wie im nächsten Abschnitt gezeigt werden soll, die wichtige Gleichung

$$d\mathfrak{F}=0.$$

$\mathfrak{F}$ hat 6 Komponenten und wird deshalb von den Physikern ein Sechservektor genannt[2].

4. Die zweite Maxwellsche Gleichung

Es sei $\mathfrak{P}$ ein 2-dimensionales reguläres Pflaster mit regulärem Rand $\partial\mathfrak{P}$. Wir entfernen $\partial\mathfrak{P}$ (man stelle sich $\partial\mathfrak{P}$ als Leiterschleife vor) auf zwei Arten aus dem Magnetfeld $\mathfrak{B}$: Im ersten Fall nehmen wir $\partial\mathfrak{P}$ im Augenblick t_0 direkt heraus, im zweiten Fall lassen wir $\partial\mathfrak{P}$ in der Zeit zwischen t_0 und $t_1>t_0$ noch an seiner Stelle und entfernen die Schleife erst dann. Beide Male entsteht derselbe Spannungsstoß S. Also gilt

$$S(t_0)=\int_{t_0}^{t_1} dt \int_{\partial\mathfrak{P}} \mathfrak{E}(t)+S(t_1),$$

$$-\int_{t_0}^{t_1} dt \int_{\partial\mathfrak{P}} \mathfrak{E}(t)=S(t_1)-S(t_0),$$

$$-\int_{\partial\mathfrak{P}} \mathfrak{E}(t)=\frac{d}{dt}\,S(t)=\frac{d}{dt}\int_{\mathfrak{P}} \mathfrak{B}(t).$$

Da wir Deformationen von $\partial\mathfrak{P}$ nicht zugelassen haben, folgt weiter (der Punkt bezeichnet Ableitung nach der Zeit):

$$-\int_{\partial\mathfrak{P}} \mathfrak{E}(t)=\int_{\mathfrak{P}} \dot{\mathfrak{B}}(t),$$

$$-\int_{\mathfrak{P}} d\mathfrak{E}=\int_{\mathfrak{P}} \dot{\mathfrak{B}}.$$

[2] $\mathfrak{F}$ verhält sich sicher wie eine zweidimensionale Differentialform unter räumlichen Koordinatentransformationen, ferner gegenüber allen Lorentz-Transformationen. Dagegen dürfte es Koordinatensysteme geben, in denen $\mathfrak{F}$ nicht sinnvoll definiert werden kann.

Weil diese Beziehung für jedes Pflaster gilt, haben wir damit die gesuchte Gleichung gewonnen:

$$-d\mathfrak{E}=\dot{\mathfrak{B}}$$

(*Induktionsgesetz* oder 2. *Maxwellsche Gleichung*).

Die Gleichungen

$$d\mathfrak{B}=0, \qquad d\mathfrak{E}=-\dot{\mathfrak{B}}$$

ergeben

$$\begin{aligned} d\mathfrak{F} &= d\hat{\mathfrak{E}}+d\mathfrak{B} \\ &= d(\mathfrak{E}\wedge dt)+d\mathfrak{B} \\ &= d\mathfrak{E}\wedge dt+d\mathfrak{B} \\ &= d_{\mathfrak{x}}\mathfrak{E}\wedge dt+d_{\mathfrak{x}}\mathfrak{B}+\dot{\mathfrak{B}}\wedge dt. \end{aligned}$$

Dabei bezeichnet d die äußere Ableitung im $\mathbb{R}^4$, $d_{\mathfrak{x}}$ die Ableitung nach den Ortskoordinaten x_1, x_2, x_3, Demnach ist $d_{\mathfrak{x}}\mathfrak{B}=0$, $d_{\mathfrak{x}}\mathfrak{E}=-\dot{\mathfrak{B}}$, also:

$$d\mathfrak{F}=0.$$

Aus $d\mathfrak{F}=0$ folgen umgekehrt wieder die obigen Maxwellschen Gleichungen.

5. Das allgemeine Induktionsgesetz

Wir untersuchen nun Induktionserscheinungen bei Bewegungen und Deformationen von Leitern. Dazu fordern wir, daß bei der Form $\mathfrak{F}$ beliebige räumliche differenzierbare Abbildungen physikalisch sinnvoll sind (also nicht nur die Lorentz-Transformationen!). Diese Eigenschaft hat große physikalische Bedeutung.

Eine Leiterschleife L fülle zur Zeit t_0 die Spur des Weges W_0 aus und werde in der Zeit zwischen t_0 und t_1 in den Weg W_1 überführt. Zu jeder Zeit $t\in[t_0, t_1]$ stellt L einen gewissen Weg W_t dar, dessen Parameterintervall das Intervall $0\leqq s\leqq b$ sein möge. W_t wird also durch Φ_t: $[0,b]\to\mathbb{R}^3$ gegeben. Durch $\Phi(s,t)=(\Phi_t(s),t)$ mit $0\leqq s\leqq b$ und $t_0\leqq t\leqq t_1$ wird ein zweidimensionales Pflaster $\mathfrak{P}$ im $\mathbb{R}^4$ definiert. Das ist die mathematische Beschreibung der Bewegung.

K_0 und K_1 seien Flächen im $\mathbb{R}^3$ mit $\partial K_i=W_i$ für $i=0,1$. Wir setzen $K_i^*=K_i\times\{t_i\}$ und nennen eine von den drei zweidimensionalen Flächen K_0^*, K_1^* und $|\mathfrak{P}|$ berandete dreidimensionale Fläche K. Sie liegt im $\mathbb{R}^4$.

Nach Teil 4 dieses Paragraphen ist $d\mathfrak{F}=0$, also

$$0=\int_K d\mathfrak{F}=\int_{\partial K}\mathfrak{F}.$$

$$\int_{\mathfrak{P}} \mathfrak{F} = -[\int_{K_1^*} \mathfrak{F} - \int_{K_0^*} \mathfrak{F}] = -[\int_{K_1} \mathfrak{F} - \int_{K_0} \mathfrak{F}].$$

Zur Interpretation dieser Gleichung nehmen wir $\mathfrak{F} = \mathfrak{B}$ an. Das Integral links schreibt sich in der Form

$$\int_{\mathfrak{P}} \mathfrak{F} = \int_{\mathfrak{P}} \mathfrak{B} = \int_{t_0}^{t_1} dt \int_0^b A(s,t)\, ds$$

und stellt somit einen Spannungsstoß S dar. In der Tat beobachtet man einen Spannungsstoß dieser Größe in der Leiterschleife. Es gilt also

$$S = -[\int_{K_1} \mathfrak{B} - \int_{K_0} \mathfrak{B}];$$

in Worten: *Der induzierte Spannungsstoß ist bis auf das Vorzeichen gleich der Differenz der Integrale von $\mathfrak{B}$ über irgendwelche von den Wegen W_i umschlossene Flächen.*

Man kann also das allgemeine Induktionsgesetz rein formal – im Gegensatz zu den alten Methoden ohne Grenzbetrachtungen – aus den Maxwellschen Gleichungen ableiten. Hier zeigt sich, daß auch aus praktischen Gründen die neue Form besser ist.

§ 2. Ströme

Zur Beschreibung von Strom- und Ladungsdichten brauchen wir einen neuen mathematischen Begriff.

Es sei G ein Gebiet im $\mathbb{R}^n$; τ sei eine k-dimensionale Differentialform auf G, die auf einer gewissen (von τ abhängigen) kompakten Menge $K \subset G$ stetig und außerhalb von K Null ist. Formen dieser Art wollen wir *Testformen* nennen. Offensichtlich bilden die k-dimensionalen Testformen einen Vektorraum $\mathfrak{S}^k$.

Definition 2.1. *Eine Linearform σ auf $\mathfrak{S}^k$ heißt k-dimensionaler stetiger Strom, wenn es auf G eine $(n-k)$-dimensionale stetige Differentialform φ gibt, so daß für jedes $\tau \in \mathfrak{S}$*

$$\sigma(\tau) = \int_G \varphi \wedge \tau$$

gilt.

Da die Summe zweier stetiger Ströme sowie das Produkt eines stetigen Stromes mit einer reellen Zahl ebenfalls ein Strom ist, handelt es sich bei der Menge aller stetigen k-dimensionalen Ströme wieder um einen Vektorraum $\mathfrak{S}'_k$, der auf Grund des folgenden Satzes zum Raum $\mathscr{E}^{n-k}$ der stetigen $(n-k)$-Formen isomorph ist.

Satz 2.1. *Aus $\int_G \varphi \wedge \tau = 0$ für alle τ folgt $\varphi = 0$.*

Beweis. Es sei $\varphi = \sum a_{\iota_1 \dots \iota_{n-k}} dx_{\iota_1} \wedge \dots \wedge dx_{\iota_{n-k}}$. Ist $K \subset G$ irgendeine kompakte Menge und $\{i_1, \dots, i_k\}$ die Komplementmenge von $\{\iota_1, \dots, \iota_{n-k}\}$ in $\{1, \dots, n\}$, so gilt, wenn

$$\tau = \begin{cases} dx_{i_1} \wedge \dots \wedge dx_{i_k} & \text{auf } K, \\ 0 & \text{auf } G - K \end{cases}$$

gesetzt wird:

$$0 = \int_G \varphi \wedge \tau = \pm \int_K a_{\iota_1 \dots \iota_{n-k}}(\mathfrak{x}) \, d\mathfrak{x}.$$

Wäre nun in einem Punkt $\mathfrak{x}_0 \in G$ der Wert $a_{\iota_1 \dots \iota_{n-k}}(\mathfrak{x}_0)$ positiv, so müßte $a_{\iota_1 \dots \iota_{n-k}} > 0$ in einer gewissen kompakten Umgebung K von $\mathfrak{x}_0$ sein. Dann wäre aber das letzte Integral von Null verschieden: Widerspruch!

Ist φ die dem Strom σ zugeordnete Form, so schreiben wir $\varphi = \langle \sigma \rangle$.

Nun sei $F\colon G \to G^*$ eine umkehrbar stetig differenzierbare Abbildung und σ ein Strom auf G. Durch

$$F_* \sigma(\tau) = \sigma(\tau \circ F)$$

(τ Testform auf G^*) ist ein Strom $F_* \sigma$ auf G^* definiert. In der Tat hat mit τ auch $\tau \circ F$ kompakten Träger. Ist ferner $\langle \sigma \rangle = \varphi$, so gilt:

$$\begin{aligned} (F_* \sigma)(\tau) &= \sigma(\tau \circ F) \\ &= \int_G \varphi \wedge (\tau \circ F) \\ &= \int_G (\varphi \circ F) \wedge (\tau \circ F) \qquad (\text{mit } \psi = \varphi \circ F^{-1}) \\ &= \int_G (\psi \wedge \tau) \circ F \\ &= \operatorname{sgn} J_F \int_{G^*} \psi \wedge \tau. \end{aligned}$$

Also ist

$$\langle F_* \sigma \rangle = \operatorname{sgn} J_F \cdot (\langle \sigma \rangle \circ F^{-1}).$$

Es wäre unzweckmäßig, k-dimensionale Ströme mit $(n-k)$-dimensionalen Differentialformen zu identifizieren: *Bei Abbildungen transformieren sich Ströme anders als Formen*, wie die obige Formel zeigt. Das Diagramm

$$\begin{array}{ccc} \mathfrak{S}'_k(G) & \xrightarrow{F_*} & \mathfrak{S}'_k(G^*) \\ \downarrow & & \downarrow \\ \mathscr{E}^{n-k}(G) & \xrightarrow{F^{-1}} & \mathscr{E}^{n-k}(G^*), \end{array}$$

in dem die senkrechten Pfeile die Isomorphismen $\sigma \to \langle\sigma\rangle$, $\sigma^* \to \langle\sigma^*\rangle$ und der untere waagerechte Pfeil den Isomorphismus $\varphi \to \varphi \circ F^{-1}$ bezeichnen, ist nicht kommutativ, falls $J_F < 0$ ist.

Eine besonders anschauliche Bedeutung haben die *Nullströme*. Die Gesamtmasse eines Körpers K berechnet sich aus seiner Massendichte σ nach der Formel

$$M = \int_K \sigma = \int_K f(\mathfrak{x})\, d\mathfrak{x}.$$

In einem andern Koordinatensystem $F\colon U \to \mathbb{R}^3$ gilt:

$$M = \int_K \sigma = \int_{F^{-1}(K)} \operatorname{sgn} J_F \cdot (f \circ F) \cdot J_F\, d\mathfrak{y}.$$

Demnach transformiert sich σ wie ein Nullstrom, d.h. Dichten sind durch Nullströme (und nicht durch n-Formen) zu beschreiben.

Abschließend führen wir das *äußere Produkt* $\sigma \wedge \varphi$ eines Stromes σ mit einer Differentialform φ und die *äußere Ableitung* $d\sigma$ eines differenzierbaren Stromes durch die Formeln

$$\langle\sigma \wedge \varphi\rangle = \langle\sigma\rangle \wedge \varphi,$$
$$\langle d\sigma\rangle = d\langle\sigma\rangle$$

ein. Dabei heißt ein Strom σ differenzierbar, wenn $\langle\sigma\rangle$ differenzierbar ist. Das Produkt ist also wieder ein Strom, ebenso die Ableitung.

Wir erklären jetzt *Integrale von Strömen über transversal orientierte Pflaster*. Ist $\mathfrak{P}^t$ ein transversal orientiertes Pflaster, so bezeichne $\mathfrak{P}^i$ dasselbe Pflaster mit der zu t gehörigen inneren Orientierung. Wir setzen für einen 2-Strom σ und einen transversal orientierten Weg W^t:

$$\int_{W^t} \sigma = \int_{W^i} \langle\sigma\rangle.$$

Diese Definition hängt nicht von der Orientierung des $\mathbb{R}^3$ ab: Bei einer Spiegelung geht W^i in $-W^i$, aber gleichzeitig $\langle\sigma\rangle$ in $-\langle\sigma\rangle$ über, das Integral bleibt also dasselbe.

Analog integriert man 1-Ströme über transversal orientierte 2-Pflaster:

$$\int_{\mathfrak{P}^t} \sigma = \int_{\mathfrak{P}^i} \langle\sigma\rangle.$$

Auch diese Definition ist spiegelungsinvariant.

Abschließend wollen wir die Formen $\mathfrak{E}$ und $\mathfrak{B}$ veranschaulichen. $\mathfrak{E}$ ist eine 1-Form. Ihr entspricht ein Feld von Flächenstücken $\mathfrak{E}$. Im Falle der Elektrostatik ist $d\mathfrak{E} = 0$; daher fügen sich die Flächen zu geschlossenen Flächen zusammen, den *Potentialflächen*.

Zu $\mathfrak{B}$ gehört ein Feld $\hat{\mathfrak{B}}$ von transversal orientierten Feldlinien. Das sind die (uralten) Feldlinien von $\mathfrak{B}$; wo $\mathfrak{B}$ besonders groß ist, liegen sie sehr dicht. – Man sieht, daß man die magnetischen Feldlinien nicht mit einer inneren Orientierung versehen darf. Das bedeutet u.a.: Kehrt man die Orientierung des $\mathbb{R}^3$ um (Rechtssystem $\to$ Linkssystem), so muß man bei Magneten den Nordpol in Südpol und den Südpol in Nordpol umbenennen, um die gleiche Elektrodynamik zu erhalten.

§ 3. Stromdichte und Erregungsgrößen

Die in einer kompakten Menge K des $\mathbb{R}^3$ enthaltene *Ladungsmenge* $e(K)$ kann in der Form

$$e(K) = \int_K \varrho$$

geschrieben werden. Im zweiten Paragraphen hatten wir schon bei der Besprechung der Massendichte eingesehen, daß ϱ eine *Dichte* (d.h. ein Nullstrom) ist; ϱ wird im $\mathbb{R}^3$ durch eine 3-Form

$$\langle\varrho\rangle = \varrho_{123}(\mathfrak{x}, t)\, dx_1 \wedge dx_2 \wedge dx_3$$

repräsentiert. Die physikalische Dimension von ϱ ist

$$[\varrho] = \text{Ladung},$$

die von ϱ_{123}: Ladung/Länge^3.

Neben der Ladung kennt die Elektrizitätslehre eine weitere Grundgröße: den *Strom* I (gemessen etwa in Ampere). Man kann den durch ein transversal orientiertes Flächenstück $\mathfrak{P}^t$ hindurchtretenden Strom bestimmen und erhält so eine Funktion $I(\mathfrak{P}^t)$, die sich ähnlich wie früher in der Form

$$I(\mathfrak{P}^t) = \int_{\mathfrak{P}^t} \mathfrak{j}$$

mit einem 1-*dimensionalen Strom* (daher die Bezeichnung!) $\mathfrak{j}$ als Integranden schreiben läßt. Im $\mathbb{R}^3$ ist $\langle\mathfrak{j}\rangle$ eine 2-Form:

$$\langle\mathfrak{j}\rangle = j_{23}\, dx_2 \wedge dx_3 + j_{31}\, dx_3 \wedge dx_1 + j_{12}\, dx_1 \wedge dx_2 .$$

Die drei Funktionen $j_{\mu\nu}$ werden in den Physikbüchern meist zu einem Vektorfeld (j_1, j_2, j_3) zusammengefaßt. Jedoch ist das Transformationsgesetz nicht das eines kontravarianten Vektors!

Zwischen Ladung und Strom besteht, wie die Erfahrung lehrt, ein Zusammenhang: Strom ist bewegte Ladung. Demgemäß ist die physikalische Dimension von I und $\mathfrak{j}$ Ladung/Zeit; außerdem gilt die *Kontinuitätsgleichung*

$$\dot{e}+I=0,$$

wobei e die in einem Körper enthaltene Ladung und I den durch die Körperfläche nach außen dringenden Strom bezeichnet. Es gilt also $\frac{d}{dt}\int_K \varrho + \int_{\partial K} \mathfrak{j}=0$ und mithin auf Grund des Stokesschen Satzes (bei Beachtung der Orientierungen)

$$\dot{\varrho}+d\mathfrak{j}=0.$$

Wir fassen nun ϱ als einen 1-dimensionalen Strom im $\mathbb{R}^4$ der Koordinaten x_1, x_2, x_3 und t auf und bilden mit Hilfe von $\mathfrak{j}$ den 1-Strom $\hat{\mathfrak{j}}=\mathfrak{j}\wedge dt$. Ferner definieren wir $\Omega=-\varrho+\hat{\mathfrak{j}}$; Ω ist der sogenannte *Viererstrom*. Aus der Kontinuitätsgleichung ergibt sich die Beziehung

$$d\Omega=0$$

(d ist jetzt die äußere Ableitung im $\mathbb{R}^4$).

Wir legen im folgenden (der Einfachheit halber) stets das Vakuum zugrunde. Zur Beschreibung von Ereignissen ist es bequemer, anstelle von t als vierte Koordinate $x_0=ct$ (c=Lichtgeschwindigkeit) zu wählen. In der speziellen Relativitätstheorie wird der Übergang von einem physikalisch zulässigen Bezugssystem (zulässig=Inertialsystem) zu irgendeinem andern durch eine *Lorentz-Transformation* beschrieben. Die Gruppe dieser Transformationen besteht aus allen linearen Abbildungen des $\mathbb{R}^4$, welche die *Minkowski-Metrik*

$$s^2=x_0^2-x_1^2-x_2^2-x_3^2$$

invariant lassen. Bezüglich dieser Metrik läßt sich ein Isomorphismus zwischen den p-Formen und den p-Strömen herstellen, der natürlich nur invariant gegenüber Lorentz-Transformationen, nicht gegenüber beliebigen Koordinatentransformationen ist.

Es ist zweckmäßig, *komplexe Differentialformen* und *Ströme* im $\mathbb{R}^4$ zuzulassen. Eine komplexe p-Form φ ist eine Linearkombination von Monomen $dx_{\alpha_1}\wedge\ldots\wedge dx_{\alpha_p}$ mit komplexen Koeffizienten:

$$\varphi=\sum a_{\alpha_1\ldots\alpha_p}\,dx_{\alpha_1}\wedge\ldots\wedge dx_{\alpha_p}; \qquad a_{\alpha_1\ldots\alpha_p}\in\mathbb{C}.$$

Man rechnet mit solchen Formen wie in Kap. II, § 5 beschrieben (unter Berücksichtigung der Rechenregeln für komplexe Zahlen) und erhält einen $\binom{4}{p}$-dimensionalen komplexen Vektorraum. Es wird dem Leser leicht gelingen, aus diesen Andeutungen eine Definition zu gewinnen.

Wir setzen nun

$$y_0 = x_0, \qquad y_\nu = i\,x_\nu \qquad \text{für } \nu = 1,2,3 \text{ und } i^2 = -1,$$

also

$$s^2 = \sum_{\nu=0}^{3} y_\nu^2;$$

jede p-Form φ läßt sich dann als Linearkombination von Monomen $dy_{\alpha_1} \wedge \ldots \wedge dy_{\alpha_p}$ schreiben. Der einer $(4-p)$-Form φ zugeordnete p-Strom werde mit $\{\varphi\}$ bezeichnet. Jetzt definieren wir den gesuchten Isomorphismus $\varphi \to *\varphi$ durch:

$$*1 = \{dy_0 \wedge dy_1 \wedge dy_2 \wedge dy_3\},$$

$$*(dy_{\alpha_1} \wedge \ldots \wedge dy_{\alpha_p}) = \{\varepsilon\, dy_{\beta_1} \wedge \ldots \wedge dy_{\beta_{4-p}}\},$$

wobei $\varepsilon = \pm 1$ so zu bestimmen ist, daß

$$\varepsilon\, dy_{\alpha_1} \wedge \ldots \wedge dy_{\alpha_p} \wedge dy_{\beta_1} \wedge \ldots \wedge dy_{\beta_{4-p}} = dy_0 \wedge dy_1 \wedge dy_2 \wedge dy_3$$

gilt und $\{\beta_1, \ldots, \beta_{4-p}\}$ die Komplementmenge von $\{\alpha_1, \ldots, \alpha_p\}$ in der Menge $\{0,1,2,3\}$ ist. Damit ist der *$*$-Operator* auf allen Monomen $dy_{\alpha_1} \wedge \ldots \wedge dy_{\alpha_p}$ erklärt; auf beliebige Formen wird er linear fortgesetzt. Zum Beispiel ist

$$\begin{aligned}
*dx_1 &= -i * dy_1 &&= i\{dy_0 \wedge dy_2 \wedge dy_3\}\\
&&&= -i\{dx_0 \wedge dx_2 \wedge dx_3\},\\
*dx_0 &= \quad * dy_0 &&= \{dy_1 \wedge dy_2 \wedge dy_3\}\\
&&&= -i\{dx_1 \wedge dx_2 \wedge dx_3\},\\
(dx_0 \wedge dx_2) &= -i(dy_0 \wedge dy_2) &&= i\{dy_1 \wedge dy_3\} = -i\{dx_1 \wedge dx_3\}.
\end{aligned}$$

Ist umgekehrt σ ein p-Strom im $\mathbb{R}^4$, so erhalten wir durch die Festsetzung

$$*\sigma = \langle * \langle \sigma \rangle \rangle$$

eine wohlbestimmte p-Form.

An Rechenregeln für den $*$-Operator merken wir uns:

$$*(f\varphi + g\psi) = f*\varphi + g*\psi,$$

wobei f und g Funktionen sind.

Mit Hilfe des $*$-Operators gewinnen wir jetzt aus $\mathfrak{E}$ und $\mathfrak{B}$ zwei neue elektrodynamische Größen. Es sei $\varepsilon_0 > 0$ eine später noch geeignet zu wählende Konstante. Dann ist

$$\begin{aligned}
*(c\,\varepsilon_0\,\hat{\mathfrak{E}}) &= *(\varepsilon_0\,\mathfrak{E} \wedge dx_0)\\
&= \varepsilon_0 * (E_1\,dx_1 \wedge dx_0 + E_2\,dx_2 \wedge dx_0 + E_3\,dx_3 \wedge dx_0)\\
&= -i\,\varepsilon_0\{E_1\,dx_2 \wedge dx_3 + E_2\,dx_3 \wedge dx_1 + E_3\,dx_1 \wedge dx_2\}.
\end{aligned}$$

Diesen Strom (ein 1-Strom im $\mathbb{R}^3$ bzw. ein 2-Strom im $\mathbb{R}^4$) bezeichnen wir mit $-i\mathfrak{D}$ und nennen $\mathfrak{D}$ die *elektrische Verschiebungsdichte.* Die physikalische Dimension von $\mathfrak{D}$ bleibt vorläufig noch offen. Es ist also $*(\varepsilon_0 c\,\mathfrak{E}\wedge dt) = -i\,\mathfrak{D}$.

Ähnlich wie $\mathfrak{B}$ läßt sich $\mathfrak{D}$ durch Feldlinien im $\mathbb{R}^3$ veranschaulichen. Dazu bezeichnet man, wenn $\mathfrak{P}$ ein transversal orientiertes 2-Pflaster ist, $\int_{\mathfrak{P}} \mathfrak{D}$ als Zahl der durch $\mathfrak{P}$ hindurchtretenden Feldlinien. Wieder gibt es eine Verteilung von Wegen, diesmal mit innerer Orientierung, für die diese Interpretation des Integrals sinnvoll ist. Da aber im allgemeinen $d\mathfrak{D} \neq 0$ ist (es ist $d\mathfrak{D} = \varrho$, wie sich später herausstellt), sind die Feldlinien nicht geschlossen. Ist etwa e^+ eine positive, e^- eine negative Ladung, so gehen die Feldlinien von e^+ aus oder enden in e^-.

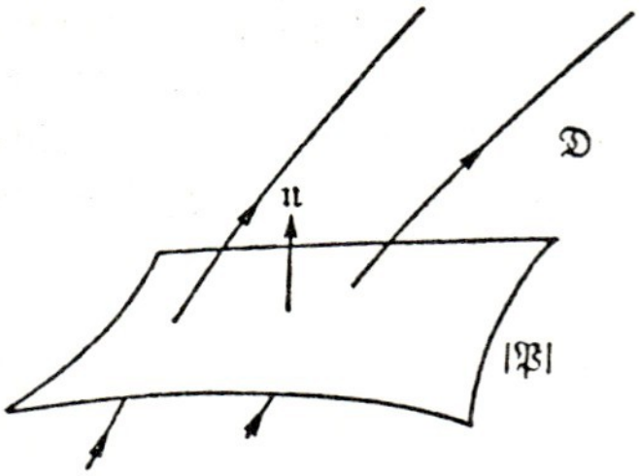

Fig. 39. Feldlinie von $\mathfrak{D}$

Weiterhin berechnen wir $*(\varepsilon_0 c\,\mathfrak{B})$:

$$\begin{aligned}
*(\varepsilon_0 c\,\mathfrak{B}) &= *(\varepsilon_0 c(B_{12}dx_1\wedge dx_2 + B_{31}dx_3\wedge dx_1 + B_{23}dx_2\wedge dx_3))\\
&= -i\,\varepsilon_0 c\{B_{12}\,dx_0\wedge dx_3 + B_{31}\,dx_0\wedge dx_2 + B_{23}\,dx_0\wedge dx_1\}\\
&= i\,\varepsilon_0 c^2\{B_{12}\,dx_3 + B_{31}\,dx_2 + B_{23}\,dx_1\}\wedge dt.
\end{aligned}$$

Für den rechts stehenden Strom schreibt man $i\,\mathfrak{H}\wedge dt$ und nennt $\mathfrak{H}$ die *magnetische Felderregung:*

$$-i*(\varepsilon_0 c\,\mathfrak{B}) = \mathfrak{H}\wedge dt.$$

Genau wie $\mathfrak{E}\wedge dt$ und $\mathfrak{B}$ muß man $\mathfrak{D}$ und $\mathfrak{H}\wedge dt$ zu einem Strom im $\mathbb{R}^4$ zusammenfassen:

$$\mathfrak{G} = -i*\varepsilon_0 c\,\mathfrak{F} = -\mathfrak{D} + \mathfrak{H}\wedge dt.$$

In den folgenden Abschnitten untersuchen wir den Zusammenhang zwischen $\mathfrak{G}$ und Ω.

Durch Experimente kann man zeigen, daß in jedem Punkt aus $\Omega = 0$ die Gleichung $d\mathfrak{G} = 0$ folgt („Quellenfreiheit" des leeren Raumes – wegen der

Lorentz-Invarianz braucht man das nur für $d\mathfrak{D}$ zu wissen). Es gilt ferner: Ω läßt sich approximativ als eine Summe von *Punktströmen* darstellen; das sind Ströme, in denen die Koeffizienten von Ω nur auf einer Kurve $\mathfrak{x}=\Phi(t)$ von Null verschieden sind. (Als Koeffizienten treten dann verallgemeinerte Funktionen auf.) Wir betrachten zunächst einen solchen Punktstrom. Er erzeugt ein Feld $\mathfrak{G} = -\mathfrak{D}+\mathfrak{H}\wedge dt$. Integriert man $d\mathfrak{D}$ zu den Zeiten t_0 und t_1 über den $\mathbb{R}^3$, so folgt

$$\int\limits_{t=t_0} d\mathfrak{D}=\int\limits_{t=t_1} d\mathfrak{D}.$$

In der Tat kann man die Integration über den $\mathbb{R}^3$ ersetzen durch eine Integration über ein endliches Gebiet G im $\mathbb{R}^3$ (s. Fig. 40), welches die Ladung enthält (da außerhalb dieses Gebietes wegen $\varrho=\Omega=0$ auch $d\mathfrak{D}=0$ ist), und ohne Schaden darf man sogar noch Integrale über weitere Randflächen des eingezeichneten vierdimensionalen Körpers $K=G\times[t_0,t_1]$ hinzufügen (aus demselben Grunde). Also

$$\begin{aligned}\int\limits_{t=t_1} d\mathfrak{D}-\int\limits_{t=t_0} d\mathfrak{D}&=\int\limits_{G\times\{t_1\}} d\mathfrak{D}-\int\limits_{G\times\{t_0\}} d\mathfrak{D}\\&=\int\limits_{\partial K} d\mathfrak{D}\\&=\int\limits_{K} dd\mathfrak{D}\\&=0.\end{aligned}$$

Demnach ist $\int\limits_{\mathbb{R}^3} d\mathfrak{D}$ (ohne Zeitangabe) wohldefiniert und zeitunabhängig. Das gleiche gilt für die Integration über Ω. Man erhält die zeitunabhängige Ladung e und nennt sie die *Ladung des Punktstromes*. Experimentell zeigt sich nun, daß das Feld proportional zu e ist. Es gilt also

$$\int\limits_{\mathbb{R}^3} d\mathfrak{D}=\alpha e.$$

Dabei ist α eine universelle Konstante, die auch nicht vom Verlauf des Weges der Ladung abhängt. Die Integrale ändern sich ja nicht, wenn man die Bahn etwa für $t\leqq t_0$ konstant macht.

Wir nutzen aus, daß $\int d\mathfrak{D}$, zur Zeit $t=t_0$ gebildet, unabhängig von Ω für $t>t_0$ und für $t<t_0$ ist. Dies folgt aus der Proportionalität zu e (auch für negative Ladungen) und dem weiter unten geforderten Additionsprinzip – also aus dem sogenannten Superpositionsprinzip –, weil nur dort, wo $\Omega\neq 0$ ist, $d\mathfrak{D}\neq 0$ sein kann.

Man braucht also die Proportionalität des Feldes zu e auch nur für ruhende Ladungen zu fordern.

Wir können ε_0 so wählen, daß $\alpha=1$ wird. Man hat dann

$$-\int_{\mathbb{R}^3} d\mathfrak{G} = \int_{\mathbb{R}^3} d\mathfrak{D} = e.$$

Damit sind die Dimensionen von $\mathfrak{D}$ und $\mathfrak{H}$ festgelegt:

$$[\mathfrak{D}] = \text{Ladung},$$

$$[\mathfrak{H}] = \frac{\text{Ladung}}{\text{Zeit}}.$$

Bei mehreren Punktladungen $e_1, \ldots, e_n$ addieren sich die Felder, wie man experimentell nachweist. Integriert man nun über eine kompakte Menge M, welche etwa die Punktladungen $e_1, \ldots, e_m$ im Innern und die übrigen im (offenen) Äußeren enthält, so gilt:

$$\int_M d\mathfrak{D}_i = e_i \qquad \text{für } 1 \leqq i \leqq m,$$

$$\int_M d\mathfrak{D}_i = 0 \qquad \text{für } m+1 \leqq i \leqq n.$$

Bezeichnet $e(M) = \sum_{i=1}^{m} e_i$ die gesamte in M enthaltene Ladung und $\mathfrak{D} = \sum_{i=1}^{n} \mathfrak{D}_i$ das gesamte Feld, das von den e_i erzeugt wird, so besteht demnach die Beziehung

$$-\int_M d\mathfrak{G} = \int_M d\mathfrak{D} = e(M) = \int_M \varrho = -\int_M \Omega.$$

Diese Überlegungen übertragen wir jetzt auf den Fall nicht notwendig zu $\mathbb{R}^3$ paralleler Hyperebenen H, s. Figur 40.

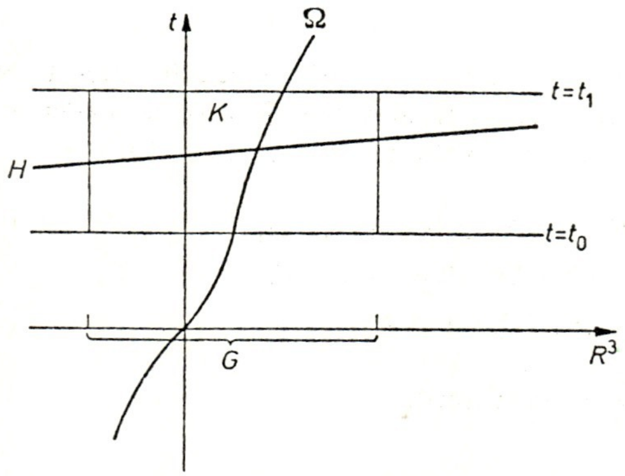

Fig. 40. Zur Herleitung der 1. Maxwellschen Gleichung

Es gilt für Punktströme

$$\int_H d\mathfrak{G} = \int_{t=t_0} d\mathfrak{G},$$
$$\int_H \Omega = \int_{t=t_0} \Omega,$$

denn $d\mathfrak{G}$ und Ω sind beides geschlossene Ströme, auf die man die eben für $\mathfrak{D}$ durchgeführte Rechnung anwenden kann (H darf nicht steiler liegen als die Bahn von e; wenn H das Bild des $\mathbb{R}^3$ unter einer Lorentz-Transformation ist, dann ist diese Bedingung automatisch erfüllt). Also gilt

$$\int_H d\mathfrak{G} = \int_H \Omega.$$

Betrachtet man mehrere bewegte Ladungen $e_1, \ldots, e_n$ und bezeichnet die von ihnen erzeugten Ströme mit Ω_i, die Felder mit $\mathfrak{G}_i$, so folgt wie eben, wenn $\Omega = \sum_i \Omega_i$, $\mathfrak{G} = \sum_i \mathfrak{G}_i$ gesetzt wird:

$$\int_M d\mathfrak{G} = \int_M \Omega;$$

dabei ist M irgendein kompakter 3-dimensionaler ebener Bereich. Hieraus folgt

$$d\mathfrak{G} = \Omega,$$

die 1. *Maxwellsche Gleichung.*

Insgesamt haben wir die Feldgleichungen

$$d\mathfrak{G} = \Omega,$$
$$d\mathfrak{F} = 0$$

erhalten. Das sind die Maxwellschen Gleichungen in ihrer kürzesten und allgemeinsten Formulierung. Geht man von $\mathfrak{F}$ und $\mathfrak{G}$ wieder zu den vier Feldern $\mathfrak{E}$, $\mathfrak{B}$, $\mathfrak{D}$, $\mathfrak{H}$ zurück, so folgt (mit $d\varphi = d_x\varphi + \dot{\varphi} \wedge dt$):

$$\begin{aligned} d(-\mathfrak{D} + \mathfrak{H} \wedge dt) &= -\varrho + \mathfrak{j} \wedge dt, \\ -d\mathfrak{D} + d\mathfrak{H} \wedge dt &= -\varrho + \mathfrak{j} \wedge dt, \\ -d_x\mathfrak{D} - \dot{\mathfrak{D}} \wedge dt + d_x\mathfrak{H} \wedge dt &= -\varrho + \mathfrak{j} \wedge dt, \end{aligned}$$

also, wenn wieder $d_x = d$ gesetzt wird:

$$d\mathfrak{D} = \varrho,$$
$$d\mathfrak{H} = \mathfrak{j} + \dot{\mathfrak{D}}.$$

Umgekehrt ergibt sich aus diesen beiden Gleichungen wieder $d\mathfrak{G}=\Omega$. Schon im ersten Paragraphen hatten wir aus $d\mathfrak{F}=0$ die Gleichungen

$$d\mathfrak{B}=0,$$
$$d\mathfrak{E}=-\dot{\mathfrak{B}}$$

abgeleitet. Die letzten 4 Gleichungen sind die Maxwellschen Gleichungen in der üblichen (relativistisch nicht invarianten!) Form. Wir hatten gesehen, daß die Größen $\mathfrak{D}$, $\mathfrak{H}$, $\mathfrak{E}$ und $\mathfrak{B}$ sich in ihrem Transformationsverhalten wesentlich voneinander unterscheiden. Bei beliebigen (räumlichen) differenzierbaren Transformationen transformieren sie sich sicher nicht wie Vektoren.

Neben den bisher eingeführten Feldern spielt in der Physik noch der sogenannte *Energie-Spannungs-Tensor* T eine Rolle. T ist ein Strom (Tensordichte)[3], der nicht mehr durch eine Differentialform dargestellt wird, sondern durch die folgende Multilinearform:

$$\begin{aligned}&\langle T\rangle(\xi_0,\xi_1,\xi_2,\xi_3)\\&=\frac{1}{12}\sum_{\iota_1,\iota_2,\iota_3}\delta(\iota_1,\iota_2,\iota_3)\cdot[\mathfrak{F}(\xi_0,\xi_{\iota_1})\langle\mathfrak{G}\rangle(\xi_{\iota_2},\xi_{\iota_3})+\langle\mathfrak{G}\rangle(\xi_0,\xi_{\iota_1})\mathfrak{F}(\xi_{\iota_2},\xi_{\iota_3})]\end{aligned}$$

$\langle T\rangle$ ist in ξ_1, ξ_2, ξ_3 antisymmetrisch und natürlich ein 4-fach kovarianter Tensor. Offenbar läßt sich T durch einen 1-Strom mit 1-Formen als Koeffizienten darstellen:

$$T=\sum_{\substack{i\\ \iota_1<\iota_2<\iota_3}} T_{i,\iota_1\iota_2\iota_3}\,dx_i\cdot dx_{\iota_1}\wedge dx_{\iota_2}\wedge dx_{\iota_3}.$$

Integration von T über 3-dimensionale Flächen B liefert den Energie-Impuls-Vektor des in B enthaltenen Feldes.

Man kann durch den inversen $*$-Operator von T zu einem kovarianten Tensor 2-ter Stufe

$$\hat{T}=*^{-1}T=\sum_{i,j}T_{ij}\,dx_i\cdot dx_j$$

übergehen. Ein wichtiges physikalisches Resultat besagt dann, daß die Koeffizientenmatrix T_{ij} symmetrisch ist (Einstein: Gleichheit von Impuls und Energiestrom). – Die Koeffizienten stehen in allen Inertialsystemen in einfacher Beziehung zu den $T_{i,\iota_1\iota_2\iota_3}$. Es gilt z.B. $\hat{T}_{00}=\pm T_{0,123}$. Nimmt man eine beliebige differenzierbare Koordinatentransformation vor, so kann man $\hat{T}$ natürlich wie einen 2fach kovarianten Tensor transformieren. Die einfache Beziehung von $\hat{T}$ und T bleibt dann jedoch nicht mehr erhalten, d.h. die Koeffizienten von $\hat{T}$ dürfen nicht physikalisch gedeutet werden. Sie stehen zu Meßwerten in keiner direkten Beziehung mehr. (Vgl. dagegen: Max von Laue – *Die Relativitätstheorie* – 2. Band, 5. Aufl., S. 90f. – Braunschweig 1965).

---

[3] Wir benutzen einen Begriff, der hier nicht mehr explizit definiert werden soll, dessen Sinn aber ersichtlich ist.

Literatur

[1] Apostol, T.M.: *Mathematical Analysis.* Reading, Mass.: Addison-Wesley 1957.
[2] Behnke, H. (Herausgeber): *Grundzüge der Mathematik.* 3. *Analysis.* Göttingen: Vandenhoeck & Ruprecht 1962.
[3] Gelbaum, B.R., and J.M. Olmsted: *Counterexamples in Analysis.* San Francisco: Holden-Day 1964.
[4] Hu, S.-T.: *Elements of Real Analysis.* San Francisco: Holden-Day 1967.
[5] James, R.C.: *Advanced Calculus.* Belmont, Calif.: Wadsworth 1966.
[6] Munroe, M.E.: *Modern Multidimensional Calculus.* Reading, Mass.: Addison-Wesley 1963.

Außerdem die Titel [4], [7], [8], [14], [15], [16], [20] des Literaturverzeichnisses aus Band I.

Zur Integrationstheorie

[7] Berberian, S.K.: *Measure and Integration.* New York: MacMillan; London: Collier-Macmillan 1965.
[8] Bourbaki, N.: *Intégration* (*Eléments de mathématique* VI). Paris: Hermann 1952ff.
[9] Halmos, P.R.: *Measure Theory.* Toronto: Van Nostrand 1950.
[10] Hartmann, S., and J. Mikusinski: *The Theory of Lebesgue Measure and Integration.* Oxford: Pergamon 1961.
[11] Hewitt, E., and K. Stromberg: *Real and Abstract Analysis.* Berlin: Springer 1965.
[12] Hildebrandt, T.H.: *Introduction to the Theory of Integration.* New York: Academic Press 1963.
[13] McShane, E.J.: *Integration.* Princeton, N.J.: Princeton University Press 1947.
[14] Munroe, M.E.: *Introduction to Measure and Integration.* Reading, Mass.: Addison-Wesley 1953.
[15] Rudin, W.: *Real and Complex Analysis.* New York: McGraw-Hill 1966.
[16] Shilov, G.E., and B.L. Gurevich: *Integral, Measure, and Derivative: A Unified Approach.* Englewood Cliffs, N.J.: Prentice-Hall 1966.
[17] Sz.-Nagy, B.: *Introduction to Real Functions and Orthogonal Expansions.* New York: Oxford University Press 1965.
[18] Taylor, A.E.: *General Theory of Functions and Integration.* New York: Blaisdell 1965.
[19] Williamson, J.H.: *Lebesgue Integration.* New York: Holt, Rinehart and Winston 1962.
[20] Zaanen, A.C.: *Integration.* Amsterdam: North-Holland Publ. Co. 1967.

Außerdem die Titel [29], [30] und [35] des Literaturverzeichnisses aus Band I.

Wichtige Bezeichnungen

Namen- und Sachverzeichnis

Heidelberger Taschenbücher

Mathematik – Physik – Informatik – Technik

12 B. L. van der Waerden: Algebra I. 8. Auflage der Modernen Algebra. DM 12,80
13 H. S. Green: Quantenmechanik in algebraischer Darstellung. DM 12,80
15 L. Collatz/W. Wetterling: Optimierungsaufgaben. 2. Auflage. DM 16,80
19 A. Sommerfeld/H. Bethe: Elektronentheorie der Metalle. DM 16,80
20 K. Marguerre: Technische Mechanik. I. Teil: Statik. 2. Auflage. DM 14,80
21 K. Marguerre: Technische Mechanik. II. Teil: Elastostatik. 2. Auflage. DM 17,80
22 K. Marguerre: Technische Mechanik. III. Teil: Kinetik. DM 14,80
23 B. L. van der Waerden: Algebra II. 5. Auflage der Modernen Algebra. DM 16,80
26 H. Grauert/I. Lieb: Differential- und Integralrechnung I. 4. Auflage. DM 14,80
30 R. Courant/D. Hilbert: Methoden der mathematischen Physik I. 3. Auflage. DM 19,80
31 R. Courant/D. Hilbert: Methoden der mathematischen Physik II. 2. Auflage. DM 19,80
36 H. Grauert/W. Fischer: Differential- und Integralrechnung II. 2. Auflage. DM 14,80
43 H. Grauert/I. Lieb: Differential- und Integralrechnung III. 2. Auflage. DM 19,80
44 J. H. Wilkinson: Rundungsfehler. DM 16,80
50 H. Rademacher/O. Toeplitz: Von Zahlen und Figuren. DM 12,80
51 E. B. Dynkin/A. A. Juschkewitsch: Sätze und Aufgaben über Markoffsche Prozesse. DM 19,80
54 G. Fuchs: Mathematik für Mediziner und Biologen. DM 14,80
64 F. Rehbock: Darstellende Geometrie. 3. Auflage. DM 16,80
65 H. Schubert: Kategorien I. DM 16,80
66 H. Schubert: Kategorien II. DM 14,80
71 O. Madelung: Grundlagen der Halbleiterphysik. DM 14,80
73 G. Pólya/G. Szegö: Aufgaben und Lehrsätze aus der Analysis I. 4. Auflage. DM 16,80
74 G. Pólya/G. Szegö: Aufgaben und Lehrsätze aus der Analysis. II. 4. Auflage. DM 16,80
75 Technologie der Zukunft. Hrsg. von R. Jungk. DM 19,80
80 F. L. Bauer/G. Goos: Informatik – Eine einführende Übersicht. Erster Teil. 2. Auflage. DM 14,80
81 K. Steinbuch: Automat und Mensch. 4. Auflage. DM 19,80
85 W. Hahn: Elektronik-Praktikum für Informatiker. DM 14,80
87 H. Hermes: Aufzählbarkeit, Entscheidbarkeit, Berechenbarkeit. 2. Auflage. DM 16,80
93 O. Komarnicki: Programmiermethodik. DM 16,80
99 P. Deussen: Halbgruppen und Automaten. DM 14,80
102 W. Franz: Quantentheorie. DM 19,80
104 O. Madelung: Festkörpertheorie I. DM 16,80
105 J. Stoer: Einführung in die Numerische Mathematik I. 2., neubearbeitete und erweiterte Auflage. DM 18,80
107 W. Klingenberg: Eine Vorlesung über Differentialgeometrie. DM 16,80
108 F. W. Schäfke/D. Schmidt: Gewöhnliche Differentialgleichungen. DM 16,80
109 O. Madelung: Festkörpertheorie II. DM 16,80
110 W. Walter: Gewöhnliche Differentialgleichungen. 2., korr. Auflage. DM 18,80
114 J. Stoer/R. Bulirsch: Einführung in die Numerische Mathematik II. DM 16,80
117 M. J. Beckmann/H. P. Künzi: Mathematik für Ökonomen II. DM 14,80

Springer-Verlag Berlin Heidelberg New York

120 H. Hofer: Datenfernverarbeitung. DM 19,80
126 O. Madelung: Festkörpertheorie III. DM 16,80
127 H. Schecher: Funktioneller Aufbau digitaler Rechenanlagen. DM 19,80
129 K. P. Hadeler: Mathematik für Biologen. DM 16,80
140 R. Alletsee/G. Umhauer: Assembler 1. Ein Lernprogramm. 2., verb. Auflage. DM 17,80
141 R. Alletsee/G. Umhauer: Assembler 2. Ein Lernprogramm. 2., verb. Auflage. DM 18,80
142 R. Alletsee/G. Umhauer: Assembler 3. Ein Lernprogramm. 2., verb. Auflage. DM 19,80
143 T. Bröcker/K. Jänich: Einführung in die Differentialtopologie. DM 16,80
150 E. Oeljeklaus/R. Remmert: Lineare Algebra I. DM 19,80
151 C. Blatter: Analysis 1. 2., verb. Auflage. DM 16,80
152 C. Blatter: Analysis 2. DM 14,80
153 C. Blatter: Analysis 3. DM 14,80
159 F. L. Bauer/R. Gnatz/U. Hill: Informatik. Aufgaben und Lösungen. Teil 1. DM 14,80
160 F. L. Bauer/R. Gnatz/U. Hill: Informatik. Aufgaben und Lösungen. Teil 2. DM 14,80
172 H. P. Künzi/W. Krelle: Nichtlineare Programmierung. DM 18,80
175 E. Jessen: Architektur digitaler Rechenanlagen. DM 17,80
179 W. Greub: Lineare Algebra. DM 16,80
184 O. Forster: Riemannsche Flächen. DM 24,80

Hochschultext

Mathematik

M. Aigner: Kombinatorik I. Grundlagen und Zähltheorie. DM 36,–
M. Aigner: Kombinatorik II. Matroide und Transversaltheorie. DM 34,–
K. Bauknecht/J. Kohlas/C. A. Zehnder: Simulationstechnik. DM 24,50
H. Grauert/K. Fritzsche: Einführung in die Funktionentheorie mehrerer Veränderlicher. DM 19,80
M. Gross/A. Lentin: Mathematische Linguistik. DM 46,–
H. Hermes: Introduction to Mathematical Logic. DM 34,–
H. Heyer: Mathematische Theorie statistischer Experimente. DM 19,80
K. Hinderer: Grundbegriffe der Wahrscheinlichkeitstheorie. DM 19,80
K. Jörgens/F. Rellich: Eigenwerttheorie gewöhnlicher Differentialgleichungen. DM 28,–
G. Kreisel/J.-L. Krivine: Modelltheorie. DM 35,–
A. Langenbach: Monotone Potentialoperatoren in Theorie und Anwendung. DM 54,–
H. Lüneburg: Einführung in die Algebra. DM 24,–
S. MacLane: Kategorien. DM 38,–
G. Owen: Spieltheorie. DM 36,–
J. C. Oxtoby: Maß und Kategorie. DM 28,–
G. Preuss: Allgemeine Topologie. 2., korrigierte Auflage. DM 38,–
B. v. Querenburg: Mengentheoretische Topologie. DM 16,80
S. Rolewicz: Funktionalanalysis und Steuerungstheorie. DM 36,–
H. Werner: Praktische Mathematik I. 2. Auflage. DM 19,80
H. Werner/R. Schaback: Praktische Mathematik II. DM 22,–

Preisänderungen vorbehalten

Springer-Verlag Berlin Heidelberg New York